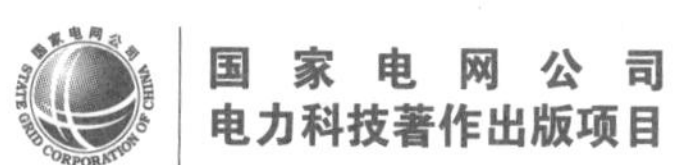

超/特高压磁控式并联电抗器仿真建模及保护技术

郑涛 刘校销 王增平 郑彬 周佩朋 编著

中国电力出版社
CHINA ELECTRIC POWER PRESS

内容提要

磁控式并联电抗器（MCSR）可实现容量大范围平滑调节，是解决超/特高压交流输电线路无功补偿和限制过电压矛盾的有效措施，性能优良的本体保护是确保其安全可靠运行的关键。因此，本书对 MCSR 的仿真建模及保护技术进行了较为全面的阐述、分析和探讨。

本书共 9 章，第 1 章概述 MCSR 的技术及应用现状等；第 2 章介绍了 MCSR 的工作原理及仿真建模；第 3 章对 MCSR 接入电网的特性进行了研究；第 4 章分析了 MCSR 的本体保护配置；第 5 章探讨了 MCSR 的合闸暂态特性及其对匝间保护的影响与对策；第 6 章分析了 MCSR 容量大范围调节暂态特性及其对匝间保护的影响与对策；第 7 章研究了 MCSR 励磁系统故障对匝间保护的影响与对策；第 8 章提出了 MCSR 匝间保护新原理；第 9 章介绍了 MCSR 系统调试技术。

本书对电力系统继电保护方向研究生、继电保护工程师及相关行业技术人员均有重要的参考价值。

图书在版编目（CIP）数据

超/特高压磁控式并联电抗器仿真建模及保护技术/郑涛等编著. —北京：中国电力出版社，2023.12

ISBN 978-7-5198-8107-8

Ⅰ.①超…　Ⅱ.①郑…　Ⅲ.①特高压电网－并联电抗器－系统仿真　Ⅳ.①TM727

中国国家版本馆 CIP 数据核字（2023）第 169411 号

出版发行：中国电力出版社
地　　址：北京市东城区北京站西街 19 号（邮政编码 100005）
网　　址：http://www.cepp.sgcc.com.cn
责任编辑：雷　锦　马玲科
责任校对：黄　蓓　马　宁
装帧设计：赵姗姗
责任印制：吴　迪

印　　刷：三河市航远印刷有限公司
版　　次：2023 年 12 月第一版
印　　次：2023 年 12 月北京第一次印刷
开　　本：787 毫米×1092 毫米　16 开本
印　　张：12.75
字　　数：282 千字
定　　价：95.00 元

前言

我国能源资源与能源消费呈逆向分布的特点，促进了大容量、远距离输电技术的快速发展。然而，随着输电距离和容量的增加，线路充电功率增大，容升效应随之增强，导致线路末端可能产生工频过电压及暂态振荡过电压。此外，西北电网送端电源多为大容量风电场、水电站、光伏电站等，可再生能源比例较大，功率波动频繁。因此，系统的无功补偿与电压控制问题亟待解决。

磁控式并联电抗器（MCSR）作为 FACTS 并联补偿设备家族的重要成员，具有容量大范围平滑可调、电网注入的谐波含量小等优点，具有广泛的发展前景，是解决超/特高压交流输电线路无功补偿和限制过电压矛盾的有效措施。性能优良的本体保护是确保其安全可靠运行的关键，为此，本书结合我国亦是世界首台 750kV MCSR 的本体保护及控制在研制和示范工程调试中遇到的难题，重点开展如下研究：

本书采取理论分析、数字仿真、物理模型试验三位一体的技术路线，首先，针对 MCSR 本体故障特征复杂且难以准确模拟的问题，构建了精确的 MCSR 故障仿真模型，在揭示其本体故障特性的同时，研究了适用于 MCSR 的本体保护新原理；其次，针对 MCSR 容量大范围调节可能引起的本体保护误动，研究了其暂态特性与机理，并提出了一种 MCSR 容量调节过程中的保护防误动方法，针对 MCSR 不同合闸方式可能引起的本体保护误动，相应地研究了不同合闸方式下的暂态识别方法及保护闭锁措施，同时，针对励磁系统故障可能引起 MCSR 本体匝间保护误动的问题，分析了此时励磁系统的故障特性，提出了一种励磁系统故障识别方案；最后，结合实际工程，分析了 MCSR 对系统工频过电压、甩负荷操作过电压、潜供电流和恢复电压等造成的影响，提出了相应对策，进一步针对 MCSR 接入的新疆与西北主网联网第二通道工程，提出了多 FACTS 系统级和设备级协调控制方法及二者之间的切换原则。

本书由华北电力大学郑涛教授、刘校销硕士，中国电力科学研究院有限公司郑彬高工、周佩朋高工共同撰写，其中第 1～2、4 章由郑涛撰写，第 3 章由周佩朋撰写，第 5～8 章由刘校销、郑涛共同撰写，第 9 章由郑彬撰写，王增平教授协助统稿。

感谢国家重点研发计划“储能与智能电网技术”重点专项（2021YFB2401003）和“智能电网技术与装备”重点专项（2016YF0900604）、国家自然科学基金面上项目（51677069）对本书的资助。

此外，华北电力大学的赵彦杰、于凯、马玉龙、韦俊琪、田浩宇、孟令昆等硕士研究生对本书部分研究工作也做出了重要贡献，在此表示由衷的感谢。

作者希望通过本书分享已有及最新研究成果，对提升我国超/特高压 MCSR 本体保护性能、提高我国远距离输电及大规模新能源接入技术尽一份绵薄之力。由于作者水平和实践经验有限，书中难免有不足之处，敬请读者不吝赐教。

编　者

目 录

第1章

概　　述

我国能源资源与能源消费呈逆向分布的特点，促进了大容量、远距离输电技术的快速发展。我国可再生能源如风能、水能、太阳能多分布在西部及北部地区，而电力负荷则集中在中东部及南部沿海地区，因此西部、北部能源资源需要通过大容量、远距离输电线路向中东部及南部沿海地区外送，西电东送战略的实施，是适应我国基本国情的必须之举[1-3]。伴随我国“2030年前实现碳达峰、2060年前实现碳中和”以及“构建以新能源为主体的新型电力系统”战略目标的提出，“十四五”时期（即2021～2025年）将是我国能源发展的又一重大历史转型期，“清洁、低碳、安全、高效”的能源发展与转型主题将更加鲜明。未来将继续在西部、北部地区集约化建设风能、太阳能发电基地，西电东送将以清洁能源为主且规模将进一步扩大[4]。

无功平衡和电压稳定对大容量、远距离输电系统的安全可靠运行至关重要。然而，随着输电距离和容量的增加，线路充电功率增大，容升效应随之增强，导致线路末端可能产生工频过电压及暂态振荡过电压；此外，西北电网送端电源多为大容量风电场、水电站、光伏电站等，可再生能源比例较大，功率波动频繁。因此，系统的无功补偿与电压控制问题亟待解决[5,6]。

目前，我国普遍采用超/特高压固定式并联电抗器来解决大容量、远距离输电过程中的无功补偿问题。固定式并联电抗器原理简单，但无法根据系统的需要灵活调节自身容量。超/特高压线路的最大传输功率通常接近线路的自然功率，当传输小功率时，固定式并联电抗器可以起到充分补偿线路容性无功的作用。然而，当传输功率接近自然功率时，线路容性和感性无功恰好自我补偿，固定式并联电抗器就将成为多余的装置，不仅会使线路电压过分地降低，其无功电流还会在电网中造成附加的有功损耗，将会降低全网的经济效率。因此，当传输大功率时，固定式并联电抗器就应从线路上切除，然而，若此时线路发生故障，则在故障切除后重合闸的过程中，空载线路会因为失去补偿而产生不能容许的工频和操作过电压。可以设想，如果有一种特殊的无功补偿装置，它不仅能够随着传输功率的变化而自动平滑地调节本身的容量，还具有良好的暂态特性，在小容量运行时，一旦发生暂态过电压，就能够快速地增大容量而呈现出深度的强补效应，这就在很大程度上提高了电网的运行效益。为解决电压控制及无功平衡动态控制难题，柔性交流输电系统（flexible AC transmission system，FACTS）越来越多地应用到实际工程中。

FACTS设备具有成本经济性和控制灵活性等方面的优点，在增加输电容量、提高系统稳定性方面具有显著的优势[7]。FACTS设备可分为串联补偿装置、并联补偿装置和综合控制装置。串联补偿装置，如晶闸管控制串联电容器（thyristor controlled series capacitors，TCSC）[8]、晶闸管控制串联电抗器（thyristor controlled series reactor，TCSR）[9]、静止同步串联补偿器（static synchronous series compensator，SSSC）[10]等，主要用于改变系统的有功潮流分布，进一步提高电力系统的输送容量和暂态稳定性等。并联补偿装置，如静止无功补偿器（static var compensator，SVC）[11,12]、可控并联电抗器（controllable shunt reactor，CSR）[13]、静止同步补偿器（static synchronous compensator，STATCOM）14 等，主要通过改变系统的无功分布来对系统进行电压调整，提高系统电压的稳定性；综合控制装置，如统一潮流控制器（unified power flow controller，UPFC）[15] 等，综合了串、并联补偿的功能和特点，可实现电力网络潮流控制、提高系统稳定性等多种功能。

新疆与西北主网联网的750kV第二输电通道上装设了5套CSR及2套SVC，是世界上首次在750kV输电系统中集中应用新型大容量FACTS设备的工程，如图1-1所示。由于750kV第二输电通道为大规模、远距离输电，线路充电功率大，因此常规固定式并联电抗器在无功补偿和限制过电压方面存在困难。此外，750kV输电通道电源为大容量风电基地，在风电间歇性、随机性的影响下，输电通道上的电压波动频繁且幅度较大，进一步增大了系统无功电压控制的难度[16]。装设FACTS设备对系统的无功平衡和电压控制、实现母线电压动态支撑等方面作用明显，并进一步提升了西北电网风电的消纳水平。其中，青海省鱼卡开关站（以下简称鱼卡站）配置磁控式并联电抗器（magnetically controlled shunt reactor，MCSR，以下简称磁控电抗），电压等级为750kV，容量为330Mvar，是目前世界上设计的电压等级最高、容量最大的磁控式并联电抗器[17-19]。

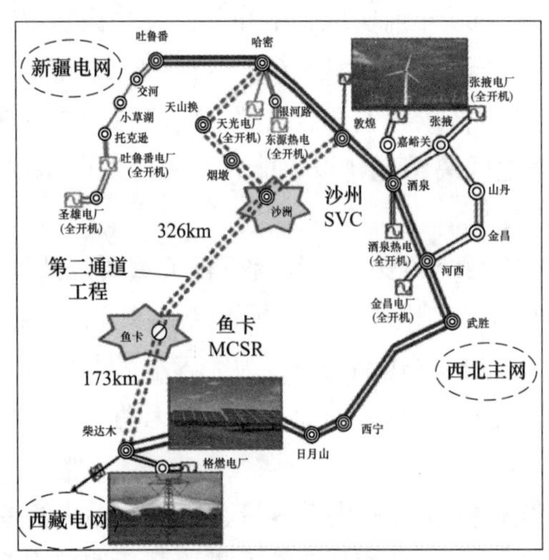

图1-1 750kV输电通道工程规划图

MCSR作为FACTS并联补偿设备家族的重要成员，具有容量大范围平滑可调、电网注入的谐波含量小等优点，具有广泛的发展前景[20,21]。国内外针对MCSR的研究，主要集中在以下几个方面：

（1）超/特高压MCSR的结构设计[21-23]；

（2）MCSR电磁暂态仿真模型搭建[24-26]；

（3）MCSR本体保护方案配置[27-31]；

（4）MCSR励磁控制系统设计[32-37]。

本体结构设计关系到MCSR的容量调节范围、谐波含量、控制响应时间、过负荷能力、制造成本等重要技术性能和经济指标；电磁暂态仿真模型是 MCSR 电磁暂态研究及保护配置整定的基础；本体保护是 MCSR 安全可靠运行的保障；控制系统设计决定了磁控电抗性能的优劣。

1.1　MCSR 本体结构设计

MCSR 的本体结构设计包括本体结构形式及工作原理、铁心结构及绕组联结方式、本体参数优化设计等方面。工程应用于超/特高压系统的 MCSR 主要为直流助磁式磁控式并联电抗器，如无特别说明，本书中提到的“磁控式并联电抗器”均指“直流助磁式磁控式并联电抗器”。本节将分别概述 MCSR 的工作原理、结构设计。

1.1.1　MCSR 的工作原理

MCSR 主要是借助铁磁材料的非线性，利用直流励磁改变铁心磁状态工作点及磁特性，从而改变工作绕组的等效电抗值。用于 MCSR 的铁磁材料具有近于矩形的磁滞回线，如图 1-2（a）所示。若某一未经磁化的铁磁材料在经受一逐渐增长的磁场强度 H 磁化时（即逐渐增加磁场强度），材料中的磁通密度 B 将沿着图 1-2（a）中的 OM 增大；此后若磁场强度逐渐减小，磁通密度 B 就不再沿 MO 线减小，而是沿着 MPN 变化；而后继续增加磁场强度时，磁通密度 B 将沿 NQM 变化，最后形成一闭合回线 $QMPN$。从这里我们可以看出 B 随着 H 的变化不仅与 H 的大小有关，还与 H 的变化历史有关，这种现象叫作铁磁材料的磁滞现象，对应的闭合回线称为磁滞回线。按照图 1-2（a）的磁化特性来说明 MCSR 的运行机理非常复杂且徒劳无益，为了充分阐明其工作原理，可以对其磁化特性做某些简化，因此，可将图 1-2（a）简化为图 1-2（b）。

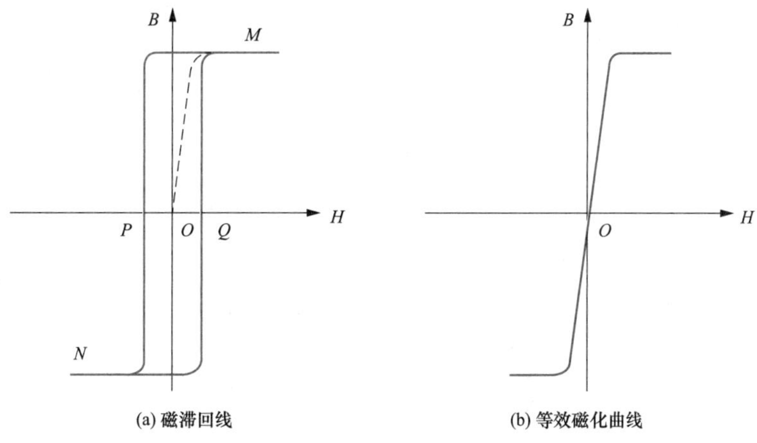

图 1-2　铁磁材料的磁化曲线

为明确 MCSR 的工作原理，首先需要明确铁心受到交流和直流励磁作用的物理过程。图 1-3（a）为铁心受到交流励磁的电路图，根据电磁感应定律，一个与 N 匝线圈相交链的磁通发生变化时，在线圈中的感应电动势可表示为

$$e=-N\frac{\mathrm{d}\Phi}{\mathrm{d}t}=-NS\frac{\mathrm{d}B}{\mathrm{d}t} \tag{1-1}$$

式中：N 为线圈匝数；Φ 为铁心磁通；S 为铁心截面积；B 为磁感应强度或磁通密度；t 为时间。如果线圈中的磁化电流和线圈电阻都很小，则可忽略电流在电阻上的压降，此时外加电压全为感应电动势所平衡，故外加电压 $u=-e$，即

$$u=N\frac{\mathrm{d}\Phi}{\mathrm{d}t}=NS\frac{\mathrm{d}B}{\mathrm{d}t} \tag{1-2}$$

若已知外加电压的变化规律，则利用式（1-2）可得到线圈中磁通、磁感应强度的变化规律和它们与外加电压之间的相位关系，假设外加交流电压为 $u=U_{\mathrm{m}}\sin\omega t$，则磁通及磁感应强度可表示为

$$\Phi=-\frac{U_{\mathrm{m}}}{N\omega}\cos\omega t+\Phi_0 \tag{1-3}$$

$$B=-\frac{U_{\mathrm{m}}}{NS\omega}\cos\omega t+B_0 \tag{1-4}$$

式（1-3）和式（1-4）中的积分常数取决于铁心中磁场的初始条件，当线圈磁路中无直流励磁时，初始条件为

$$\Phi(0)=-\frac{U_{\mathrm{m}}}{N\omega},\quad B(0)=-\frac{U_{\mathrm{m}}}{NS\omega} \tag{1-5}$$

因此，式（1-3）和式（1-4）可表示为

$$\Phi=-\frac{U_{\mathrm{m}}}{N\omega}\cos\omega t \tag{1-6}$$

$$B=-\frac{U_{\mathrm{m}}}{NS\omega}\cos\omega t \tag{1-7}$$

因此，Φ、B 在相位上滞后于 u 90°，铁心的励磁电流可由作图法求得，如图 1-3（b）所示。假设交流磁感应强度幅值最大值位于铁心的饱和点处，由图 1-3（b）可以看出，由于只受交流励磁影响，且铁心处于未饱和状态，因此得到的励磁电流为正弦波且幅值较小。

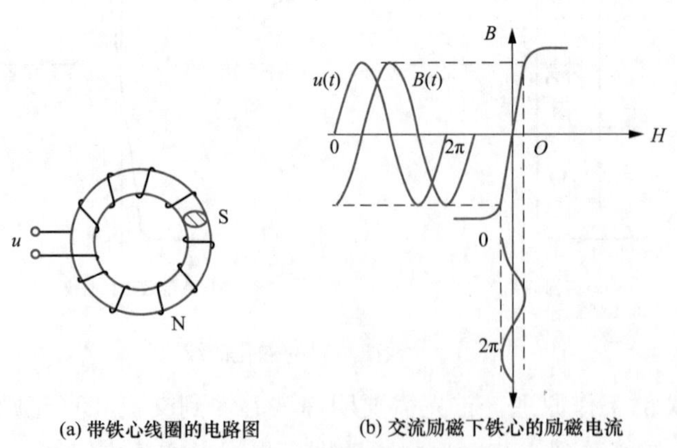

图 1-3　交流励磁场景下的电路图及铁心励磁电流

MCSR 主要通过改变直流励磁的大小决定铁心的磁通工作点。其中直流励磁起控制作用，因此直流绕组又称为控制绕组，图 1-4（a）中下标 k 表示控制绕组。假设直流侧串联数值较大的阻抗，即忽略控制回路中的交流感应电动势的作用。此时，铁心同时受到控制绕组直流励磁和工作绕组交流励磁的作用。当直流励磁电流为零时，绕组中的励磁电流与图 1-3 所示的交流励磁场景相同，相当于变压器空载运行。当直流励磁电流一定时，铁心的磁感应强度中既有交流分量又有直流分量，为简化分析，只取交流分量中的基波部分，铁心的励磁电流如图 1-4（b）所示。由于交流励磁与直流励磁的叠加作用，铁心在交流励磁的正半波部分工作于磁特性的饱和区段，因此磁场强度增大，铁心的励磁电流增大，铁心的等效磁导率下降。由于非线性磁化特性的影响，磁场强度及励磁电流为非正弦[38]。

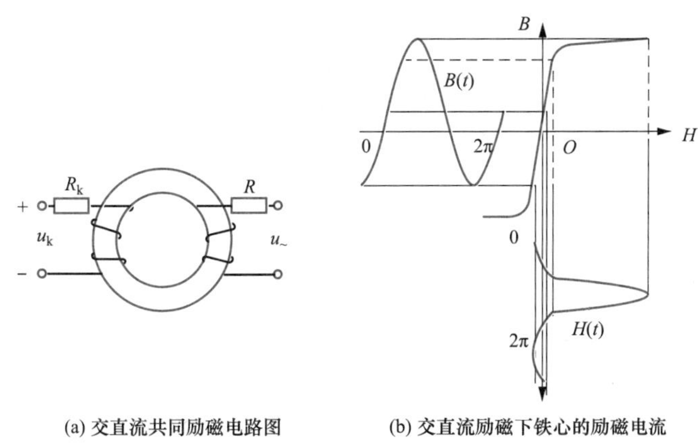

(a) 交直流共同励磁电路图　　(b) 交直流励磁下铁心的励磁电流

图 1-4　交流励磁场景下的电路图及铁心励磁电流

交流绕组的等效电抗值 X 与铁心的等效磁导率有关。X 随着直流控制电流的变化而变化，I_k 越大，H 越大，μ 越小，X 越小。可见，MCSR 的等效电抗的调节体现在交流绕组，因此交流绕组一般与电网侧直接相连，也称为网侧绕组。

1.1.2　MCSR 的结构设计

图 1-4（a）所示的环形单铁心结构在实际中应用较少，因为其直流控制回路中有交流感应电动势存在，为减弱其影响，必须在直流控制回路中串联高阻抗。实际的单相饱和电抗器由两个图 1-4（a）所示的单元组成。交流绕组可以串联连接，也可以并联连接。为了减弱直流回路中交流感应电动势的作用，常将交流绕组同极性串联或并联，分别如图 1-5（a）和图 1-5（b）所示，同时将直流绕组反极性串联，以使得两分支直流绕组中的交流感应电动势相互抵消。

图 1-6 为另一种单相 MCSR 的铁心结构及绕组分布示意图，一般称为裂心式磁控式并联电抗器。单相 MCSR 的主铁心分裂为 p、q 两个心柱，匝数为 N_w 的 2 个网侧分支绕组同极性串联，流过电流为 i_w，端口接入电压有效值为 U_m 的电网；匝数为 N_k 的 2 个控制侧分支绕组反极性串联，端口并联直流控制电源 U_k。Φ_p、Φ_q 分别为 p、q 心柱

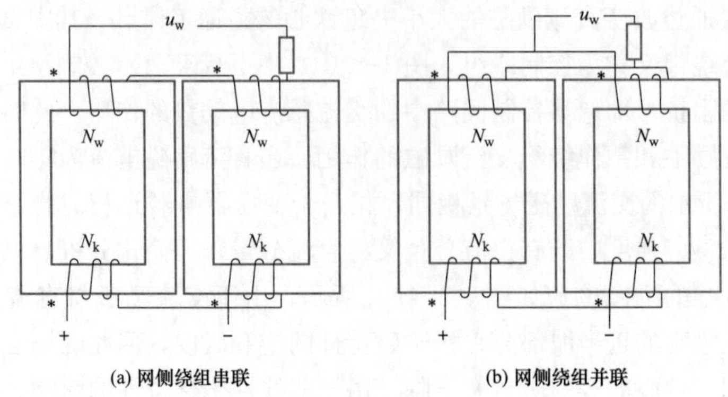

图 1-5　单相 MCSR 的接线方式

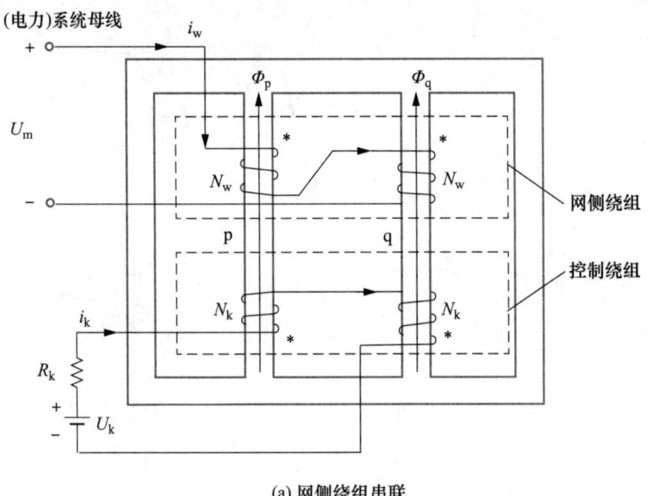

(a) 网侧绕组串联

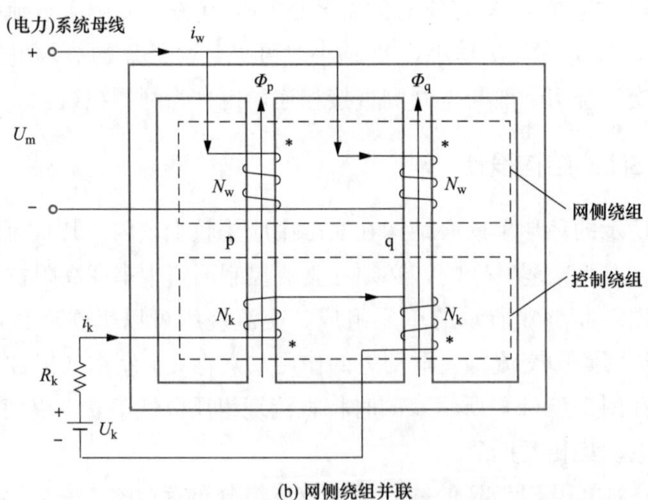

(b) 网侧绕组并联

图 1-6　单相 MCSR 的铁心结构及绕组分布示意图

的主磁通。通过调节控制绕组电流 i_k 的大小，可以改变心柱中的直流励磁大小，进而控制心柱的饱和程度，最终实现电抗器的电抗值大小和工作容量的调节。控制绕组中的直流电流越大，心柱越饱和，磁导率越小，MCSR 的等效电抗值越小。那么在相同电网电压下，输出的无功功率就会越大[22]。

在同时受到交流和直流励磁作用下，p、q 两个心柱中的磁感应强度波形是非正弦的，除基波外还含有高次谐波分量。p、q 心柱的磁感应强度呈镜像对称关系，使得反极性串联的控制绕组两端的总感应电动势只含有偶次谐波，且以 2 倍频交流分量为主[39]。

MCSR 网侧绕组的联结方式有两种设计方案，分别为串联结构和并联结构，如图 1-6 所示。当网侧绕组采用图 1-6（a）所示串联结构时，网侧电流中只含奇次谐波分量。当网侧绕组采用图 1-6（b）所示并联结构时，网侧绕组中有偶次谐波环流，该环流对铁心中的偶次谐波磁通有去磁的作用，能有效地减小控制绕组中 2 次谐波电流的含量。不过该种结构会降低磁控电抗的响应速度[35]。

三相直流助磁式磁控式并联电抗器本体多采用 3 个单相电抗器组合构成，其三相网侧绕组多接成星形；三相控制绕组的联结方式也有两种设计方案，分别为三串两并式[39,40] 和两串三并式[41]，一次接线如图 1-7 所示。

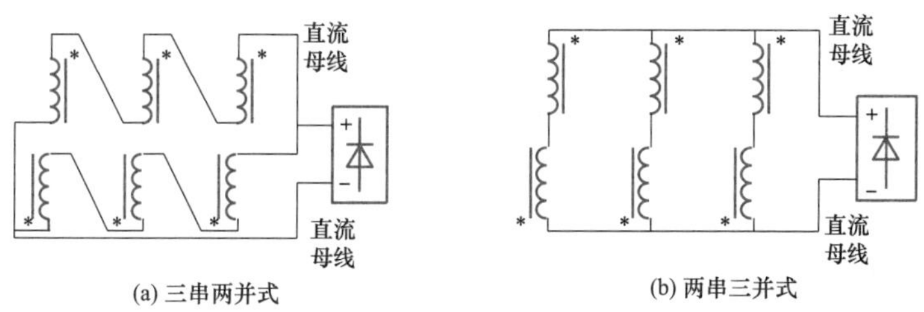

图 1-7　三相直流助磁式磁控式并联电抗器三相控制绕组一次接线图

在图 1-7（a）所示的三串两并式接线方式下，控制绕组感应电动势中正序和负序分量三相各差 120°，相互抵消，零序分量反向并联，在并联的两组控制绕组间形成环流，可对网侧电流中的零序谐波分量起到良好的滤波效果。

在图 1-7（b）所示的两串三并式接线方式下，其分析过程与单相 MCSR 相同，每相控制绕组中除了流过直流电流外，还将流过偶次谐波电流，以二次谐波电流为主。二次谐波电流经三相控制绕组支路构成回路，仅在三相控制绕组间流通。

1.2　MCSR 电磁暂态仿真模型

可控并联电抗器的电磁暂态研究及保护配置整定大多建立在数字仿真的基础上，因此建立准确、可靠的电磁暂态仿真模型尤为重要。目前国内外几种主要的电力系统电磁暂态仿真软件（如 ATP/EMTP、PSCAD/EMTDC、MATLAB/Simulink）及电力系统实时数字仿真系统（RTDS）中尚未集成各类可控并联电抗器的模型，给仿真分析带来了很大困难。分级式和 TCT 式可控并联电抗器的结构与变压器类似，只是在漏抗等参数方面有别于常规变压器，且正常运行时铁心饱和度低，其模型尚能通过常规变压器、小电抗及晶闸管阀的组合搭建；而直流助磁式和磁阀式可控并联电抗器由于其各电路与磁路结构的特殊性、工作原理与谐波含量的复杂性，建模难度最大。如何根据可控并联电抗器的本体结构、工作原理、控制特性建立准确、可靠的电磁暂态仿真模型是可控并联电抗器关键技术中的重、难点之一。

文献［39］～［41］分别提供了不同控制绕组联结方式下的 MCSR 的仿真模型，其方法采用常规变压器的简单组合近似等效原有结构，由于忽略了铁心旁轭的磁路效应，模型存在一定的误差，仿真结果中零序谐波含量大于实际情况。

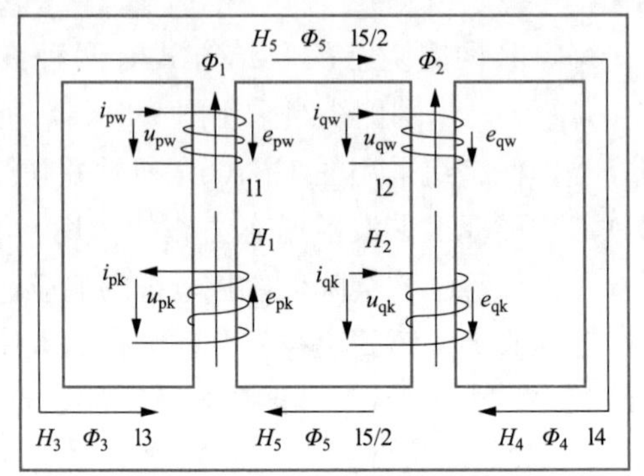

图 1-8 单相 MCSR 相关物理量及其正方向规定

针对 MCSR 特殊的磁路结构与绕组接线方式，文献［26］提出了一种磁路分解的思想，对于图 1-5 所示的单相 MCSR 的铁心结构和绕组分布，依据基尔霍夫磁路定理和安培环路定理对 MCSR 的铁心磁路进行拆分，将原有铁心结构按图 1-8 所示 l1～l5 五段磁路拆分成 5 个部分，拆分后构建的五段磁路仿真模型如图 1-9 所示，实现了通过 3 个常规双绕组变压器和 2 个电抗器的组合对原有结构进行等效。

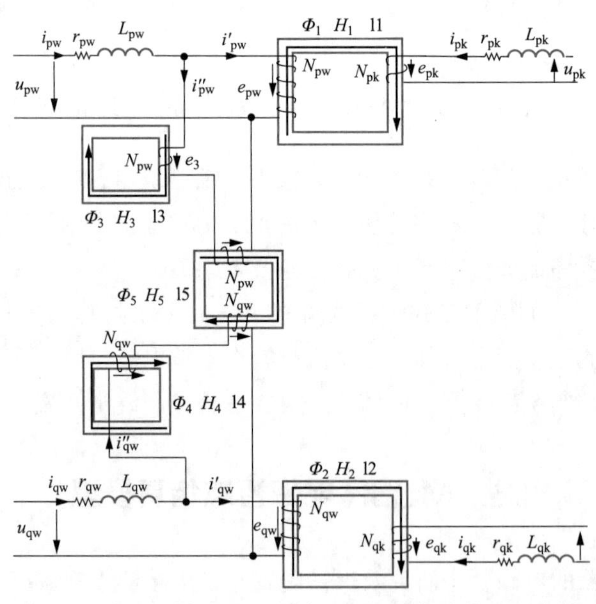

图 1-9 基于磁路分解法的单相 MCSR 仿真模型示意图

网侧绕组和控制绕组不同的接线方式均可通过改变等效五段磁路模型中电压端口的连接方式实现，对于三柱、五柱等其他铁心结构或增设补偿绕组的情况，该方法依然适用。该模型除了能够应用于各种工频和操作过电压校核、单相重合闸过程对潜供电流及恢复电压的影响、线路非全相运行时谐振过电压校核等各项电磁暂态研究外，其在内部故障仿真尤其是匝间故障仿真方面独具优势，为 MCSR 的保护配置与整定提供了必要的技术支持。动模试验和现场录波都验证了该建模方法的有效性和可靠性。

磁阀式并联电抗器结构与接线相对更加复杂，建模比 MCSR 更为困难，文献［42］推导了单相磁阀式并联电抗器的数学模型并给出了相应的仿真模型；文献［43］通过引入绕组端口等效磁通的概念建立了磁阀式并联电抗器的数学模型，并给出了其等效物理模型；文献［44］具体给出了该等效物理模型的设计方法与设计步骤，以独立控制绕组结构代替原有结构，从而可以按照 MCSR 的仿真建模方法对磁阀式并联电抗器进行处理。

文献［45］基于动态磁阻的思想，结合可控并联电抗器在不同励磁条件下等效电抗的动态变化特性，以反双曲函数描述铁心的磁化曲线推导出可控并联电抗器的瞬时等效电抗。用带阻尼的隐式梯形积分算法对瞬时电抗值差分化，把电抗值的调节变化归入等效导纳和等效电流源中，建立一种描述磁控式并联电抗器非线性磁饱和特性的实用化解耦电磁暂态模型，通过模型数据和系统的实时计算动态更新。该方法考虑了铁心磁化曲线的非线性特征，相比于以分段线性化为基础的方法具有更高的准确性。但该方法只能描述可控并联电抗器的外特性，不便实现其内部故障的电磁暂态仿真。

文献［46］提出了通过线性电感并联电容器的并联电抗器简化模型，但只适用于铁心带气隙的固定式并联电抗器。文献［47］提出了一种单相并联电抗器的非线性模型，其由反映铁心磁化特性的非线性电感和反映铁心损耗的非线性电阻并联再和漏抗串联而成，并给出了非线性电感和电阻的求解方法。该模型简单易实现且有较高的准确度，但其针对的仍是固定式并联电抗器，如何应用于可控并联电抗器还有待研究。

综上所述，基于磁路分解思想的可控并联电抗器仿真建模方法原理清晰、建模灵活、适用范围广，关键在于无须单独开发 MCSR 模型，易于实现，且在内部故障仿真方面独具优势，为保护配置和整定提供了必要的技术支持，该方法广泛应用于具有复杂磁路的可控并联电抗器建模。如何准确实现可控并联电抗器绕组匝间、匝地等内部故障仿真以及如何精确模拟铁心磁化曲线的非线性特征、考虑直流励磁对磁化特性的影响将是未来 MCSR 电磁暂态仿真建模需要进一步关注的内容。

1.3　MCSR 本体保护技术

目前国内外对可控并联电抗器保护的研究主要集中于分级式可控并联电抗器和 TCR 式可控并联电抗器[48-57]，而针对 MCSR 的保护却鲜有论述。事实上，由于 MCSR 本体结构及工作原理的特殊性，其保护配置相比其他类型的可控并联电抗器有较大不同。MCSR 二次侧不接负载，而是装设直流控制绕组，另外还增设第三绕组（补偿绕组），针对 MCSR 控制绕组和补偿绕组的保护是分级式和 TCR 式可控并联电抗器无须考虑的，其中由于 MCSR 控制绕组结构特殊，其保护方案是 MCSR 本体保护的重点和难点。MCSR 的保护比其他类型的可控并联电抗器保护更为复杂，难点也更多，有必要对其开展深入的研究。

1.3.1 MCSR本体保护配置难点

文献［49］简单介绍了500kV荆州站MCSR（即传统结构MCSR）的本体保护配置方案，然而本书所针对的新型超/特高压MCSR在本体结构上与传统结构MCSR相比有很大改变，控制绕组由“三串两并”形式改为“两串三并”，传统结构MCSR的本体保护配置已不再适用，面临更多的难点和问题，有待进一步研究。

文献［57］给出了500kV MCSR的本体保护配置方案，如图1-10所示。图中，TA1～TA4为电流互感器；TV1和TV2为电压互感器。网侧绕组主保护配置有纵联差动保护、零序差动保护和匝间保护，保护范围分别为主电抗器网侧绕组的接地和相间故障、接地故障、匝间故障。后备保护配有过电流保护和零序过电流保护，过电流保护和零序过电流保护延时动作于跳开本体侧断路器及整流支路。过负荷保护延时动作于发信号告警。控制绕组配备的平衡差动保护实质是由TA1和TA2构成的电流横差保护结合

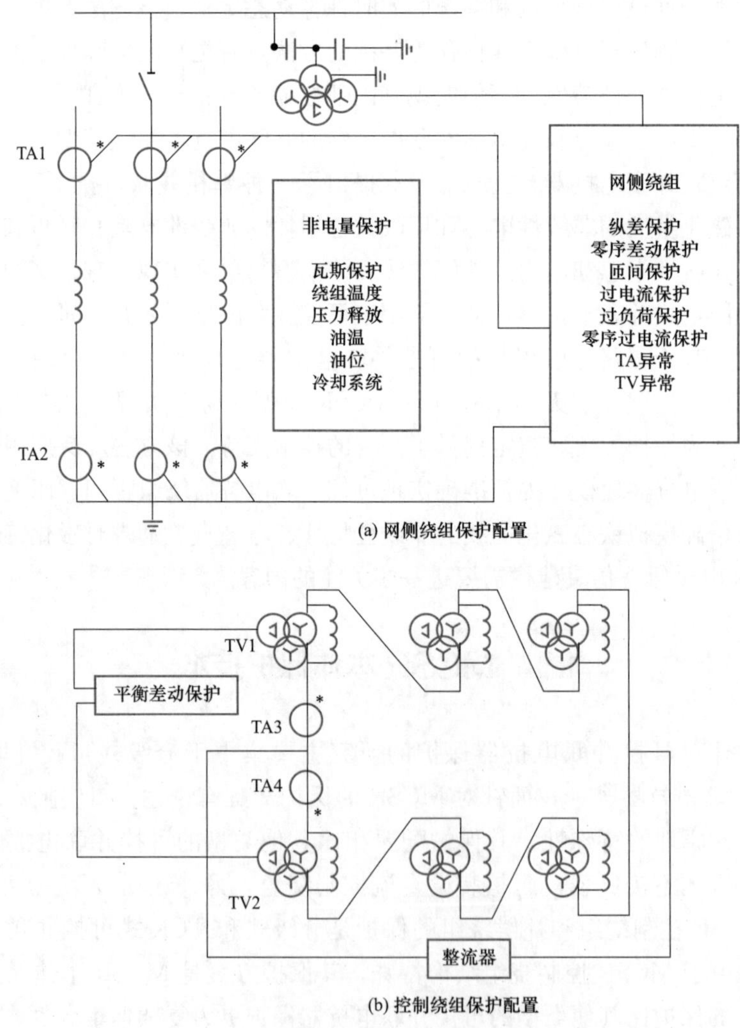

(a) 网侧绕组保护配置

(b) 控制绕组保护配置

图1-10　750kV MCSR本体保护配置方案图

由 TV1 与 TV2 构成的电压差动保护，保护范围为控制绕组接地、相间故障及匝间故障，动作跳开本体网侧断路器及整流支路。而本书研究的 750kV MCSR，控制绕组采取“两串三并”形式，仅在绕组端口通过套管引接直流正、负极母线，控制绕组的保护配置是超/特高压 MCSR 本体保护配置的重点和难点。

文献［52］介绍了安装在忻州 500kV 开关站分式可控并联电抗器的本体保护配置，其一次侧绕组的保护与 MCSR 的网侧绕组保护配置类似，不同之处在于增设纵差保护（文献中称为大差动保护）作为一、二次侧绕组内部故障的主保护，侧重于保护二次侧绕组的相间故障。电抗器二次侧设有外接零序电流保护和带零序电压闭锁的自产零序电流保护作为后备保护，前者侧重于保护电抗器二次侧绕组及负载小电抗的接地故障，后者可作为电抗器内部接地和匝间故障的后备保护。文献［51］提出用分侧差动取代零序差动和纵差保护，除了在一次侧设置分侧差动保护针对一次侧绕组的接地故障外，在二次侧另外增设两组分侧差动保护分别针对二次侧绕组和负载小电抗的接地故障。后备保护设有高压侧中性点零序电流保护和低压侧零序电流保护。

文献［54］详细介绍了国外 TCR 的保护配置方案，TCT 可控并联电抗器保护配置与此大同小异。主电抗器高低压侧绕组与变压器类似，配有纵差、相间和接地过电流等电量保护及瓦斯、压力、油温等非电量保护；小电抗支路同样配有差动保护和过电流保护，辅以过负荷保护，同时针对小电抗匝间短路及晶闸管阀短路故障，取角形连接的每相小电抗支路基波电流构成平衡电流保护。

综上，由于新型超/特高压 MCSR 本体结构比传统结构 MCSR 有了很大改变，传统结构 MCSR 的本体保护配置已不再适用，因此其面临的主要技术难点包括：①控制绕组保护；②补偿绕组接地或相间保护；③各绕组匝间保护。

1.3.2　MCSR 匝间保护概述

MCSR 本体结构复杂，其内部发生故障尤其是绕组匝间故障的概率高并且故障特性复杂，增加了匝间保护设计的难度。匝间故障发生后，由于故障绕组与非故障绕组之间存在复杂的电磁耦合关系，在不同短路匝比及不同短路位置情况下，表现出的故障特性可能存在较大差异，加之 MCSR 具有容量可随系统需要调节的功能，不同容量运行条件下，即使短路匝比及短路位置相同，表现出的故障特性也有明显差异。因此，MCSR 匝间故障的暂态特性比常规电力变压器和并联电抗器更为复杂，匝间保护的设计难度也更大。此外，MCSR 的合闸暂态过程及容量调节暂态过程也可能对匝间保护产生影响，导致其误动。因此，需针对 MCSR 匝间保护关键技术展开研究，针对小匝比匝间故障特征识别及绕组定位、复杂运行（合闸及容量大范围调节）工况下保护性能提升两个技术难题展开研究。MCSR 匝间保护关键技术难题与难点如图 1-11 所示。

由于 MCSR 利用铁心饱和特性进行容量调节，正常运行时励磁电流并不为零，因此传统的基于磁平衡的纵联电流差动保护原理不再适用。针对匝间故障，常规电力变压器或并联电抗器通常采用零、负序功率方向保护或其衍生保护方案，该类方案对 MCSR 网侧绕组匝间故障具有一定的保护灵敏性，但当控制绕组发生匝间故障时，补偿绕组的

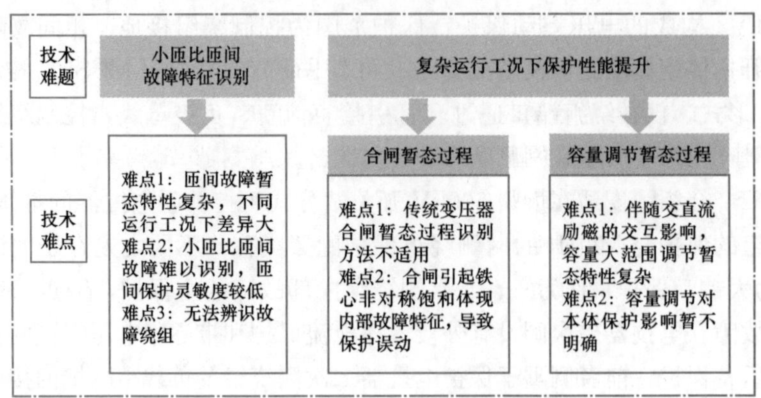

图 1-11　MCSR 匝间保护关键技术难题与难点

角接方式分流了大部分零序电流，导致网侧零序电流较小，零序功率方向保护灵敏性不足甚至无法起到保护作用。文献［30］提出一种基于控制绕组电流基波分量的匝间保护方案，该方案能够较灵敏地动作于 MCSR 控制绕组匝间故障，但由于其自身不具备选择性，因此只能通过提高定值来躲过外部故障及合闸等暂态过程的影响，制约了匝间保护的灵敏性。此外，当前匝间保护应用的物理信息有限，导致无法识别故障绕组。针对目前 MCSR 匝间故障的保护灵敏性不足、传统保护方案的适应性不明确及无法识别故障绕组等问题，研究具有高可靠性和灵敏性的 MCSR 匝间保护新原理有重要意义。

目前针对变压器的匝间保护研究已趋于成熟，MCSR 虽与变压器有明显区别，但仍可借鉴变压器匝间保护的相关思路。由于变压器的电量主保护——电流差动保护只引入了变压器的电流量来反映变压器的运行工况，然而变压器作为非线性时变系统，电压与电流并不满足线性相关，只引入电流量很难全面描述变压器的运行状况[58]。因此，国内外学者认为在引入电流量的同时引入电压量，对识别匝间故障有重要的意义。目前提出的同时使用电压、电流量来构成保护原理的主要方法有：基于瞬时功率的识别方法[59,60]，反映变压器内部故障的基于等效回路方程和漏电感参数辨识的变压器保护原理[61-63]，以及基于等效瞬时励磁电感的变压器保护原理[64-66]。基于瞬时功率差动原理的辨识励磁涌流与内部故障的方法，虽然同时利用了变压器的电压、电流量，但仍不能体现涌流和内部故障时的本质区别，即磁场分布及其变化规律的区别。当变压器发生内部故障时，故障绕组的不同线圈通过的电流不同，漏磁场的分布发生了改变，相应的漏电感数值在故障时也会发生变化，根据这一特征可以构建基于漏电感参数辨识的变压器保护方案。

类似地，MCSR 绕组发生匝间故障后，绕组漏磁场的分布随着绕组电流分布的改变而改变，而在其正常运行或合闸、区外故障等暂态扰动下，漏磁场的分布不会发生变化，其对应的漏电感参数不变。因此，可以借鉴变压器保护，提出适用于 MCSR 的基于漏电感参数辨识的方案。需要注意的是，MCSR 与变压器的结构不同，因此参数辨识等效电路模型、辨识数学模型以及适宜的参数辨识方法，都是适用于 MCSR 的等效漏电感参数保护方案需要解决的难点。

与电力变压器类似，MCSR 的合闸暂态过程可能造成匝间保护误动。MCSR 特殊的铁心、绕组结构决定了其合闸的多样性，常用的两种 MCSR 的合闸方式为直接合闸及预励磁合闸。直接合闸即为合闸前将励磁控制系统闭锁，合闸后再在控制绕组中施加直流励磁；预励磁合闸指的是在网侧合闸前，先通过控制侧励磁系统在控制绕组中注入直流电流，在两心柱中产生适当大小的直流预偏磁，再在网侧合闸。预励磁合闸方式有效解决了直接合闸时控制绕组励磁系统直流母线两端过电压的问题，并减少了由网侧绕组注入系统的谐波，有效改善了系统的电能质量问题，为工程中的首选合闸方式。然而，无论是直接合闸还是预励磁合闸，都会对 MCSR 的匝间保护产生一定的影响，事实上，在我国 750kV MCSR 示范工程调试过程中，曾多次出现因 MCSR 直接合闸造成励磁控制系统直流母线过电压而导致本体保护误动、合闸失败的情况。而预励磁合闸时控制绕组总电流（以下简称为“总控电流”）中可能产生幅值较大的基波分量，也会导致基于总控电流基波分量的匝间保护方案误动。针对 MCSR 合闸引起本体保护误动的问题，亟须研究 MCSR 合闸暂态识别方法及本体保护闭锁措施，以提高合闸暂态过程中本体保护的可靠性。

文献［67］对 MCSR 直接合闸及预励磁合闸的暂态特征进行了理论及仿真分析，结果发现，MCSR 直接合闸可能会造成控制绕组励磁系统直流母线过电压，从而使得合闸失败，而预励磁合闸则由于整流桥对平衡电阻的旁路作用，不会有过电压现象发生，且使用预励磁合闸方式将加快 MCSR 的响应速度，使其更快进入稳定运行状态。

然而，在直接合闸或预励磁合闸瞬间，由于铁心磁通不能突变，铁心磁通中将产生非周期分量。在非周期分量的影响下，每相两心柱的工作点会产生偏移，磁感应强度将不再满足对称关系，进而导致控制绕组电流及总控电流中产生大量的基波分量，可能使得文献［29］提出的基于总控基波的匝间保护方案误动。因此，亟须研究不同合闸方式下 MCSR 的电气量暂态特征及其对匝间保护方案的影响，提出合闸暂态过程的识别方法，构建防误动策略，以提高合闸暂态过程中本体保护的可靠性。

目前变压器保护中合闸涌流识别的研究已有一定体系，MCSR 的合闸暂态过程与变压器保护中合闸涌流有一定的相似性，其合闸防误动策略的构建可以参考变压器保护中合闸涌流的识别。然而，MCSR 与变压器最大的不同点在于：MCSR 在正常运行状态下，p、q 心柱将会周期性地重复进入饱和、退出饱和、再进入饱和的过程。也就是说，不同运行工况（如正常运行、匝间故障、合闸场景）下，MCSR 铁心都会进入饱和区。因此，在不同场景下，励磁电流均会表现出涌流间断特征，传统的适用于变压器差动保护的基于二次谐波制动、间断角原理等的合闸涌流识别方法不再适用，需结合 MCSR 的自身特征，研究新的合闸暂态过程识别方法，提出有效的保护闭锁措施。

MCSR 可以依据系统运行要求对自身容量进行大范围调节，对输电线路的容性无功功率进行动态补偿，进而平衡系统无功功率和抑制线路过电压。类似于 MCSR 的合闸操作，其容量大范围调节也可能造成本体保护误动，但二者的暂态特性存在本质性差异。预励磁合闸操作时，控制绕组中流过的直流励磁电流保持恒定，合闸引起的暂态扰动为交流电压源形态且位于网侧；而容量调节暂态过程，则是通过改变控制绕组的直流励磁电流实现的，调节容量时引起的暂态扰动为直流电流源形态且位于控制侧。由于暂态扰动的形态与位置不同，有必要对 MCSR 的合闸暂态特性展开研究。调节容量时 MCSR 两心柱的饱和程度可能不同，导致控制绕组两分支上的感应电动势不平衡，使得控制绕组电流增大，甚至呈现内部故障的特征。由此可见，MCSR 容量大范围调节对本体保护产生的影响及容量调节过程中的匝间保护防误动策略亟待研究。

MCSR 通过改变控制绕组外接直流励磁整流桥的触发角，调节控制绕组中直流电流的大小，进而改变铁心的磁饱和度，最后实现 MCSR 电抗值和容量的平滑调节。目前针对 MCSR 容量调节的研究，主要围绕提升 MCSR 励磁控制系统的性能而展开。文献［35］和文献［36］分析了 MCSR 响应速度受限的原因，提出了可以通过提高控制侧直流励磁电压、采用放电电容等措施来提升 MCSR 调容过程的快速性。文献［37］介绍了基于传统 PI 控制理论设计的控制系统传递函数，分析了 MCSR 在负荷突变后的稳态电压保持能力和动态调节性能。文献［6］分析了 MCSR 励磁调节控制对系统操作过电压、工频过电压、恢复电压以及潜供电流的影响。由此可见，已有的对 MCSR 容量调节的研究，重点在于励磁控制方式及策略，并未对 MCSR 励磁控制调节过程中的暂态特性及其对本体保护的影响进行深入分析。已有相关研究注意到，在 MCSR 预励磁合闸过程中，p、q 心柱磁场会产生较大的不平衡，从而导致总控电流中基波分量的产生，引起总控基波匝间保护误动。容量大范围调节的暂态过程与预励磁合闸有相似之处，也可能引起 MCSR 每相两心柱间的不平衡，从而导致总控基波匝间保护误动，亟须对 MCSR 容量大范围调节特性及其对匝间保护的影响展开深入研究。

1.4 MCSR 的运行控制技术

就控制模式来说，可控并联电抗器可以采用开环控制，也可以采用闭环控制。开环控制相对简单，响应速度快，多用于直接对负载进行补偿的情况；闭环控制策略相对复杂，响应速度慢，但控制精度高，适用于对线路进行补偿的情况[68]。由于超/特高压系统对无功补偿的稳定性和精确性要求较高，故多采用闭环控制模式。超/特高压可控并联电抗器的控制系统设计方案主要可分为以传统比例——积分（PI）环节构成的控制系统[69] 和以现代控制理论构成的控制系统[70-72]。

相比于以各种现代控制理论构成的控制系统，以传统 PI 为控制器的控制系统具有稳定、可靠的特点，且有较高的性价比，故多应用于实际工程。图 1-12 给出了一种典型的带 PI 控制环节的 MCSR 控制系统框图。图中采样输入为系统电压或系统无功功率，输出的调节信号用于控制直流励磁电流（MCSR）或投切旁路断路器（分级式可控并联电抗器）。

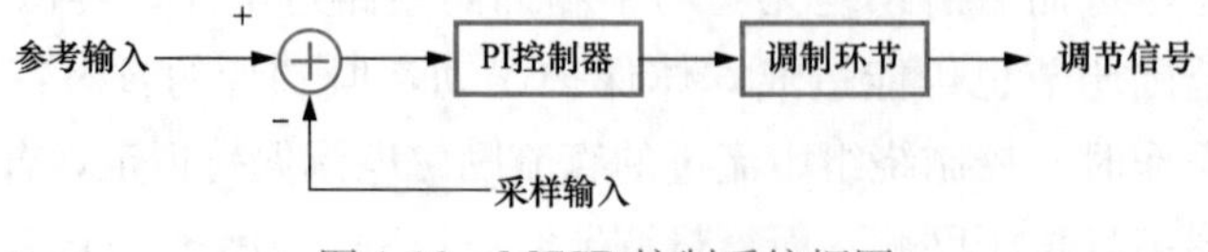

图 1-12　MCSR 控制系统框图

超/特高压可控并联电抗器按照具体控制方法可以分为基于电压的控制方法和基于无功功率的控制方法[73]。基于电压的控制方法多用于母线并联电抗器，主要利用无功负荷增大时母线电压下降的特点，维持安装点电压在一定范围内。基于电压的控制方法又可以分为基于电压变化的控制方法[37] 和基于母线电压范围的控制方法[74]。基于电压变化的控制方法以可控并联电抗器接入点的母线电压为输入，计算出电压变化量，与母线短路容量相乘得到可控并联电抗器的投切容量，该方法多用于直流助磁式母线并联电抗器。基于母线电压范围的控制方法预先设定母线电压上下限，当检测到的母线电压值在设定时间段连续越上限时，便增大一级电抗器工作容量，设定时间重新计时，如设定时间段内电压仍然连续越上限，则再继续增大一级电抗器工作容量，依此类推，该方法多用于分级式母线并联电抗器。上述两种基于电压的控制方法以电压为控制目标，物理意义明确、便于操作，但不能反映本地无功平衡情况，另外由于高压电压互感器的误差大，可能对控制效果有较大的影响。基于无功功率的控制方法以无功平衡为出发点，根据线路传输或母线上交换的无功功率的变化改变可控并联电抗器的容量以实现无功补偿[75,76]。基于无功功率的控制方法可以分为基于本线路输送功率大小的控制策略和基于变电站高、中压侧无功功率变化的控制策略，前者用于线路并联电抗器，后者用于母线并联电抗器。基于无功功率的控制方法能够将无功功率控制在最小的范围内，是最直接的控制方案。

目前国内分级式可控并联电抗器采取的控制策略是基于无功增量结合基于母线电压的控制方法，其由基于无功增量的内层控制和基于母线电压的外层控制构成。内层控制以电流量作为采样输入，计算无功增量控制可控并联电抗器的投切；外层控制以电压量作为采样输入，为内层控制器阶段性附初值，兼有动态无功控制功能[73,77]。

超/特高压可控并联电抗器控制系统设计的关键在于在确保控制精确稳定的前提下尽可能地提高响应速度。未来可控并联电抗器的控制系统将朝着多目标协调优化的方向发展，除了稳态控制策略，还将包含机电暂态控制策略、电磁暂态控制策略等，保证系统在遭受偶然性扰动处于暂态过渡过程中时，通过可控并联电抗器的调节对系统电压、无功功率等进行有效的控制。

1.5　MCSR 工程应用现状

MCSR 可实现容量大范围平滑连续可调，能在很短时间内从空载调节到额定功率，其稳态控制特性优良、谐波含量小，且结构简单、造价低廉、维护方便，在超/特高压电网建设中应用前景广阔。MCSR 主要可以应用在以下场景：

（1）在超/特高压电网中作为调相调压设备。在超/特高压电网的枢纽站，为了补偿地区所需无功以维持系统电压稳定，一般考虑装设一定容量的同步补偿机或 SVC 装置，MCSR 可做成任何电压等级，直接并入超/特高压电网，为解决“无功-电压”稳定问题提供了具有明显经济性的途径。

（2）在远距离输电系统中的应用。MCSR 应用在大容量、远距离输电系统中，具有以下功能：①能够有效抑制系统过电压，发挥同步补偿机及固定式并联电抗器的作用。由于其容量快速调节功能，因此能大幅度限制因线路开关操作而产生的操作过电压。②能够提高系统稳定性，增大输电能力。由于其能够根据系统需要，动态补偿系统无功，因此可以在系统受到干扰的情况下，自动保持系统电压，有利于系统的稳定运行。③抑制系统功率振荡。由于其能够快速补偿无功、稳定电压，因此是抑制系统功率振荡的有效设备。

（3）在直流输电系统中的应用。高压直流输电系统往往需要解决补偿无功、调整电压、抑制过电压及降低绝缘要求等关键问题，MCSR 配合电容器组可解决上述问题。

（4）在谐振接地配电网中的应用。应用 MCSR 原理制作的可调消弧线圈具有可靠性高、响应速度快、谐波小等优点，可快速补偿单相接地电流，提高供电可靠性。

在 MCSR 的工程应用方面，其发展历程可以简要概括为图 1-13。20 世纪 60 年代，赞比亚投运电压等级为 11kV 的自饱和电抗器，发挥了较好的母线电压控制功能，但无法主动调节自身容量以适应系统需要；20 世纪 80 年代，俄罗斯投运 35kV 磁控式可控电抗器于配电系统，此时的 MCSR 结构基本成熟，但由于电压及容量有限，仅用于配电系统；21 世纪初，印度及白俄罗斯分别投运了电压等级为 420kV 及 330kV 的高阻抗性可控电抗器及磁控式可控电抗器，但由于容量限制，无法满足大容量、远距离输电系统[21]。

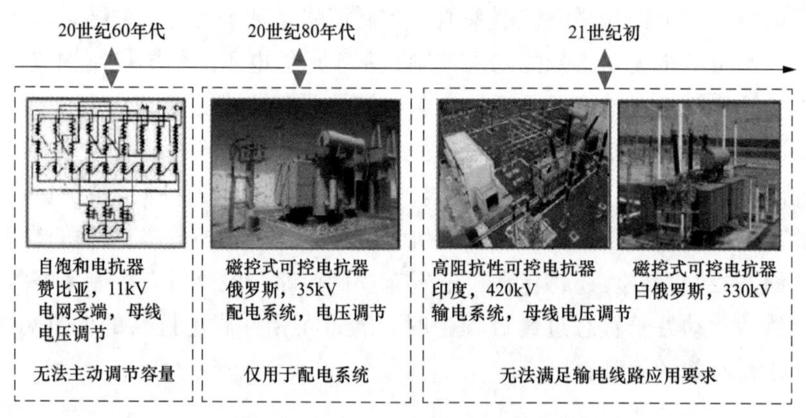

图 1-13　MCSR 工程应用发展历程

1990 年，我国研究人员开始对新型可控电抗器展开研究并取得了一系列成果。1997 年，武汉水利水电大学成功开发出基于磁阀式可控电抗器的自动消谐消弧线圈，随后在 1998 年，成功研制了 27.5kV 电气化铁路动态无功补偿可控电抗器，其单相最大容量可达 4500kVA[21]。我国自主研发的电压等级为 500kV 的分级式可控并联电抗器（Stepped Controllable Shunt Reactor，SCSR）和 MCSR，分别于 2006 年 9 月和 2007 年 9 月在山西忻都（忻州）开关站、湖北江陵（荆州）换流站投运成功，均为 500kV 电压等级下的国际首套，在系统运行中发挥了重要作用。

2013 年 7 月，世界上第一台电压等级为 750kV 的 MCSR，在新疆与西北主网联网第二通道的鱼卡站投运，额定容量为 330Mvar。鱼卡站 MCSR 自投运后，运行情况良好，有效发挥了对鱼卡站 750kV 母线电压偏高和幅度大的抑制作用，显著提升了新疆与西北主网联网通道接纳新能源的能力，成为保障西北 750kV 电网安全稳定和经济运行的重要技术设备[16-19]。

2020 年 8 月，全国首台 500kV 磁控式母线可控高压并联电抗器成功投运，实现了无功补偿和系统电压可控调节，有力保障了乌拉特地区风能的源源不断输出。

2020 年底投运的张北特高压站汇集的 5000MW 电力均为新能源，从新能源出力的不确定性角度来看，张北—北京西线路潮流将在 0～5000MW 之间变化。针对该不确定性，首次应用了特高压分级式可控并联电抗器（controllable shunt reactor，CSR）成套配置，解决了特高压输电系统中无功补偿和限制过电压对并联电抗器不同需求之间的矛盾，降低了无功损耗，提高了系统调控灵活性，为张北地区新能源外送创造了有利条件。

1.6　小　　结

本书围绕 MCSR 的仿真建模技术，探索适用于 MCSR 的仿真建模方法，研究 MCSR 的接入电网特性；围绕 MCSR 本体保护的难点问题，重点研究 MCSR 匝间保护方法、不同合闸方式与容量大范围调节过程的暂态特性及其对本体保护的影响，并提出相应的解决方案；面向 MCSR 在实际电力系统工程中的应用，介绍 MCSR 的系统调制技术。具体研究内容为：

（1）构建能够准确模拟 MCSR 本体故障的仿真模型，揭示 MCSR 发生各类本体故障时的各绕组电磁耦合关系及绕组电压、电流等电气量特征，解决目前 MCSR 本体故障，尤其是匝间故障无法仿真的难题。

（2）研究 MCSR 的接入电网特性，包括 MCSR 的稳态运行特性、合闸过程的暂态特性，以及对电网过电压特性的影响。

（3）介绍新型超/特高压 MCSR 故障仿真及参数设置，对 MCSR 可能发生的故障类型进行全面的故障仿真；在故障仿真的基础上，阐述保护配置面临的技术难点，其中考虑到控制绕组结构和故障特征的特殊性，重点对控制绕组各类故障的故障特征和相应的保护方案进行分析和研究，并以此为基础，设计本体保护方案；针对所设计的保护方案和策略，对 MCSR 可能出现的各种内部故障类型下对应保护的动作情况和灵敏度进行全面的评估和校验。

（4）揭示 MCSR 不同合闸方式下的暂态特性及其机理，对比分析 MCSR 不同合闸方式下的暂态特性与内部故障的差异，提出适用于 MCSR 不同合闸方式的暂态识别方法及保护闭锁措施，解决 MCSR 不同合闸方式暂态过程的准确识别难题。

（5）揭示 MCSR 容量大范围调节暂态特性及其机理，计及容量调节过程伴随外部系统发生过电压或线路故障等复杂运行工况，提出 MCSR 容量调节过程中的保护防误动方法，解决 MCSR 因容量大范围调节而易引发本体保护误动的难题。

（6）分析了整流桥阀短路故障、直流母线出口短路、交流侧不对称故障等励磁系统常见故障在直流母线产生基波分量的机理，针对励磁系统故障可能导致匝间保护误动的问题，提出了基于二次谐波衰减速度的匝间保护防误动策略，仅需利用故障后两个周波的二次谐波幅值平均值即可识别励磁系统故障。

（7）在搭建 MCSR 仿真模型的基础上，重点针对匝间故障及控制绕组接地故障，结合 MCSR 自身结构特点和各绕组的连接方式，从各绕组的磁通、电压和电流等物理量在本体故障和正常运行时所呈现的特征差异入手，研究具有高可靠性和灵敏度的 MCSR 匝间保护新原理。

（8）基于我国在西北地区鱼卡站建设的世界首台首套 750kV MCSR，介绍 MCSR 的系统调试技术，包括 MCSR 单套装置性能的试验考核方法以及 MCSR 与站内阀控式线路可控并联电抗器（thyristor controlled shunt reactor，TCSR）等 FACTS 设备的协调控制策略的验证方法。

参考文献

［1］ 刘振亚．特高压电网［M］．北京：中国经济出版社，2005：211-217.

［2］ 刘振亚，张启平．国家电网发展模式研究［J］．中国电机工程学报，2013，33（7）：1-10.

［3］ 刘振亚．中国电力与能源［M］．北京：中国电力出版社，2012.

［4］ 廖华，向福洲．中国“十四五”能源需求预测与展望［J］．北京理工大学学报社会科学版，2021，23（2）：1-8.

［5］ 熊虎，向铁元，詹昕，等．特高压交流输电系统无功与电压的最优控制策略［J］．电网技术，2012，36（3）：34-39.

［6］ 周勤勇，郭强，卜广全，等．可控电抗器在我国超/特高压电网中的应用［J］．中国电机工程学报，2007，27（7）：1-6.

［7］ SOOD V K. HVDC and FACTS controllers Applications of static converters in power system［M］. Boston：Kluwer Academic Publisher，2004.

［8］ ROSSO D D，CANIZARES C A，DONA V M. A study of TCSC controller design for power system stability improvement［J］. IEEE Transactions on Power Systems，2003，18（4）：1487-1496.

［9］ ZELLAGUI M，CHAGHI A. Distance protection settings based artificial neural network in presence of TCSR on electrical transmission line［J］. International Journal of Intelligent Systems and Applications（IJISA），2012，4（12）：75-85.

［10］ SEN K K. SSSC-static synchronous series compensator：theory，modeling，and application［J］. IEEE Transactions on Power Delivery，1998，13（1）：241-246.

［11］ WIEN M，SCHWARZ H，OELBAUM T. Performance analysis of SVC［J］. IEEE Transactions on Circuits and Systems for Video Technology，2007，17（9）：1194-1203.

［12］ Molinas M，Suul J A，Undeland T. Low voltage ride through of wind farms with cage generators：STATCOM versus SVC［J］. IEEE Transactions on Power Electronics，2008，23（3）：1104-1117.

［13］ YANG G，LI L，ZHANG X L，et al. A transient model for controlled shunt reactor based on duality theory［J］. IEEE Transactions on Magnetics，2015，51（3）：1-4.

［14］ RAO P，CROW M L，YANG Z. STATCOM control for power system voltage control applications [J]. IEEE Transactions on Power Delivery, 2000, 15 (4): 1311-1317.

[15] NABAVI-NIAKI S A, IRAVANI M R. Steady-state and dynamic models of unified power flow controllers (UPFC) for power system studies [J]. IEEE Transactions on Power Systems, 1996, 11 (4): 1937-1943.

[16] 雷晰，邓占锋，徐桂芝，等．磁控型可控并联电抗器研究与实践 [J]. 中国电机工程学报, 2014, 34 (S1): 225-231.

[17] 周佩朋，项祖涛，郑彬，等．750kV 磁控式可控高抗谐波特性仿真与实测分析 [J]. 电网技术, 2014, 38 (4): 1059-1063.

[18] 王雅婷，郑彬，申洪，等．西北新能源外送系统多 FACTS 协调控制方法 [J]. 中国电机工程学报, 2013, 33 (34): 162-170.

[19] 周勤勇，郭强，冯玉昌，等．可控高压电抗器在西北电网的应用研究 [J]. 电网技术, 2006, 30 (6): 48-52.

[20] TUMAY M, DEMIRDELEN T, BAL S, et al. A review of magnetically controlled shunt reactor for power quality improvement with renewable energy applications [J]. Renewable & Sustainable Energy Reviews, 2017, 77: 215-228.

[21] 陈柏超．新型可控饱和电抗器理论及应用 [M]. 武汉：武汉水利电力大学出版社, 1999.

[22] 安振．特高压磁饱和式可控电抗器设计及其磁场问题研究 [D]. 沈阳：沈阳工业大学, 2017.

[23] TUMAY M, DEMIRDELEN T, BAL S, et al. A Power rating and application survey of magnetically controlled shunt reactor [C]//IEEE 10th UKSim-AMSS European Modelling Symposium on Computer Modelling and Simulation (EMS). Pisa, Italy, 2016: 111-116.

[24] 赵彦杰．新型磁控式并联电抗器仿真建模及保护策略研究 [D]. 北京：华北电力大学, 2015.

[25] 张芳．磁控式并联电抗器的数学建模和系统仿真 [D]. 哈尔滨：哈尔滨理工大学, 2010.

[26] 邓占锋，王轩，周飞，等．超高压磁控式并联电抗器仿真建模方法 [J]. 中国电机工程学报, 2008, 28 (36): 108-113.

[27] 郑涛，赵彦杰，金颖．特高压磁控式并联电抗器保护配置方案及其性能分析 [J]. 电网技术, 2014, 38 (5): 1396-1401.

[28] 莫品豪，文继锋，鲍斌，等．分级可控型高压并联电抗器控制绕组的匝间保护 [J]. 电力系统自动化, 2016, 40 (14): 105-109.

[29] ZHENG Tao, ZHAO Yanjie, JIN Ying, et al. Design and analysis on the turn-to-turn fault protection scheme for the control winding of a magnetically controlled shunt reactor [J]. IEEE Transactions on Power Delivery, 2015, 30 (2): 967-975.

[30] 郑涛，赵彦杰，金颖，等．磁控式并联电抗器控制绕组匝间故障分析及保护方案 [J]. 电力系统自动化, 2014, 38 (10): 95-99.

[31] ZHENG T, ZHANG F F, LIU X X, et al. Protection schemes for turn-to-turn faults within control windings of TCT-CSR and impacts of power regulation [J]. International Journal of Electrical Power & Energy Systems, 2018, 97: 275-281.

[32] 林林．磁控式可控并联电抗器限制过电压的研究 [D]. 广州：华南理工大学, 2010.

[33] 王苗苗．特高压可控并联补偿线路的潜供电流抑制研究 [D]. 北京：华北电力大学, 2010.

[34] 周丽霞．大容量输电长线可控并联补偿与潜供电弧抑制的研究 [D]. 北京：华北电力大学, 2009.

[35] 赵士硕，尹忠东，刘海鹏．快速响应磁控电抗器的新结构与控制方法 [J]. 中国电机工程学报,

2013，33 (15)：149-155.

[36] 孔宁，尹忠东，王文山．电抗器的可控调节 [J]. 变压器，2011，48 (5)：33-38.

[37] 田铭兴，安潇，顾生杰，等．磁饱和式和变压器式可控电抗器的电压控制方法及其仿真分析 [J]. 高电压技术，2013，39 (4)：791-796.

[38] 刘涤尘，陈柏超，田翠华，等．新型可控电抗器在电网中的应用与选型分析 [J]. 电网技术，1999，23 (2)：52-58.

[39] YAO Y，CHEN B C，TIAN C H. Modeling and characteristics research on EHV magnetically controlled reactor [C]. Power Engineering Conference，2007. IPEC International：425-430.

[40] 王轩，邓占锋，于坤山，等．超高压磁控式并联电抗器稳态特性 [J]. 中国电机工程学报，2008，28 (33)：104-109.

[41] KARYMOV R R，EBADIAN M. Comparison of magnetically controlled reactor (MCR) and thyristor comtrolled reactor (TCR) from harmonics point of view [J]. International Journal of Electrical Power & Energy Systems，2007，29 (3)：191-198.

[42] CHEN X，CHEN B，TIAN C，et al. Modeling and harmonic optimization of a two-stage saturable magnetically controlled reactor for an arc suppression coil [J]. IEEE Trans. on Industrial Electronics，2012，59 (7)：2824-2831.

[43] 田铭兴，励庆孚．磁饱和式和变压器式可控并联电抗器 [J]. 高电压技术，2003，29 (7)：26-27.

[44] 罗隆福，陈波，许加柱．磁饱和可控电抗器等效模型在设计中的应用 [J]. 电力系统及其自动化学报，2011，23 (5)：70-74.

[45] 郑伟杰，周孝信．基于动态磁阻的磁控式并联电抗器等效电抗暂态模型 [J]. 电工技术学报，2011，31 (4)：1-6.

[46] PRIKLER L，BAN G，BANFAI G. EMTP models for simulation of shunt reactor switching transients [J]. International Journal of Electrical Power & Energy Systems，1997，19 (4)：235-240.

[47] YUE Hao，XU Yonghai，LIU Yingying，et al. Study of nonlinear model of shunt reactor in 1000kV AC transmission system [C]//International Conference on Energy and Environment Technology，October 16-18，2009，Guilin，China：305-308.

[48] 廖敏，昃萌．分级可控并联电抗器的控制策略及保护配置 [J]. 电力系统自动化，2010，34 (15)：56-59.

[49] 郑涛，树玉增，董淑惠，等．基于漏感变化的变压器式可控高抗匝间保护新原理 [J]. 电力系统自动化，2011，35 (12)：65-69.

[50] 郑涛，赵彦杰，金颖，等．晶闸管控制变压器式可控高抗本体保护方案研究 [J]. 电网技术，2014，38 (9)：2538-2543.

[51] 姚晴林，李瑞生，粟小华，等．分级式高压可控并联电抗器微机保护配置及原理分析 [J]. 电力系统自动化，2009，33 (21)：58-65.

[52] 屠黎明，苏毅，于坤山，等．微机可控高压并联电抗器保护的研制 [J]. 电力系统自动化，2007，31 (24)：94-98.

[53] 郑涛，赵彦杰，金颖．特高压磁控式并联电抗器保护配置方案及其性能分析 [J]. 电网技术，2014，38 (5)：1396-1401.

[54] A working group of substation protection subcommittee of the IEEE power relaying committee. Static var compensator protection [J]. IEEE Transaction on Power Delivery，1995，10 (3)：

1224-1233.

[55] ANSI/IEEE C37. 109—1988 Guide for the Protection of Shunt Reactors.

[56] ZHENG T, ZHAO Y J. Microprocessor-based protection scheme for high-voltage magnetically controlled shunt reactors [C]//In 12th IET International Conference on Developments in Power System Protection, Copenhagen, Denmark, 2014.

[57] 王庆杰. 500kV 磁饱和式可控电抗器电气特性及其保护研究 [D]. 北京：华北电力大学，2008.

[58] 郝治国，张保会，褚云龙，等. 基于等值回路平衡方程的变压器保护原理 [J]. 中国电机工程学报，2006，26 (10)：67-72.

[59] 郑涛，刘万顺，吴春华，等. 基于瞬时功率的变压器励磁涌流和内部故障电流识别新方法 [J]. 电力系统自动化，2003，27 (23)：51-55.

[60] 郑玉平，刘小宝，俞波. 基于有功损耗的自适应变压器匝间保护 [J]. 电力系统自动化，2013，37 (10)：104-107.

[61] 马静，王增平，王雪. 基于等效瞬时漏电感的变压器保护新原理 [J]. 电力系统自动化，2006，30 (23)：64-68，103.

[62] MA Jing , WANG Zengping. A novel algorithm for discrimination between inrush currents and internal faults based on equivalent instantaneous leakage inductance [C]//IEEE Power Engineering Society General Meeting. Tampa, FL, USA, 2007：24-28.

[63] HAGHJOO F, MOSTAFAEI M, MOHAMMADI H. A new leakage flux based technique for turn to turn fault protection and faulty region identification in transformers [J]. IEEE Transactions on Power Delivery, 2018, 33 (2)：671-679.

[64] GE B M, DE ALMEID A T, ZHENG Q L, et al. An equivalent instantaneous inductance-based technique for discrimination between inrush current and internal faults in power transformers [J]. IEEE Transactions on Power Delivery, 2005, 20 (4)：2473-2482.

[65] ZHENG T, CHEN P L, QI Z, et al. A Novel Algorithm to Avoid the Maloperation of UHV Voltage-Regulating Transformers [J]. IEEE Transactions on Power Delivery, 2014, 29 (5)：2146-2153.

[66] BI D Q, WANG X H, LIANG W X, et al. A ratio variation of equivalent instantaneous inductance-based method to identify magnetizing inrush in transformers [C]//Eighth International Conference on Electrical Machines and Systems. Nanjing, China, 2005：1775-1779.

[67] ZHENG T, HUANG T, ZHANG F, et al. Modeling and impacts analysis of energization transient of EHV/UHV magnetically controlled shunt reactor [J]. International Transactions on Electrical Energy Systems, 2017, 27 (7)：e2330.

[68] 张琳. 大规模风电外送系统中分级式可控高抗控制策略研究 [D]. 保定：华北电力大学，2012.

[69] 黄晓胜，史欢，田翠华，等. 基于磁控电抗器的变电站无功电压控制 [J]. 电力自动化设备，2011，31 (8)：99-102.

[70] 郑伟杰，周孝信. 磁控式并联电抗器动态自适应逆控制算法 [J]. 中国电机工程学报，2011，31 (19)：1-7.

[71] 周丽霞，尹忠东，郑立，等. 用 H_∞ 控制的可控电抗器抑制电压波动和闪变 [J]. 高电压技术，2007，33 (12)：124-129.

[72] 徐刚，任凤，徐希霁，等. 磁阀式可控电抗器新型二次最优控制策略 [J]. 电气技术，2011 (5)：34-38.

[73] 郭文科 . 750kV 可控高压并联电抗器控制策略研究 [D]. 兰州：兰州理工大学，2012.

[74] 陆安定 . 发电厂变电所及电力系统的无功功率 [M]. 北京：中国电力出版社，2003.

[75] 庄侃沁，李兴源 . 变电站电压无功控制策略和实现方式 [J]. 电力系统自动化，2001，25 (15)：47-50.

[76] LU F C，HSU Y Y . Fuzzy dynamic programming approach to reactive power/voltage control in a distribution substation [J]. IEEE Transactions on Power Systems，1997，12 (2)：681-688.

[77] ZHANG Lin，LIU Baozhu，SHEN Hong，et al. Voltage control strategy with stepped controllable shunt reactor in large-scale wind power system [C]//2011 IEEE Power Engineering and Automation Conference. Wuhan，China，2011：78-81.

第 2 章

MCSR 的工作原理及仿真建模

MCSR 通过调节控制侧直流励磁电流，控制铁心的直流励磁，进而改变铁心的工作点，从而达到调节自身电抗值及输出无功功率的目的[1]。明确 MCSR 的结构及工作原理是故障分析及保护方案设计的基础。2007 年 9 月在湖北江陵（荆州）换流站投运的电压等级为 500kV 的 MCSR 每相网侧分支绕组采用并联形式，三相控制绕组分别首尾相连形成开口三角，再将两个开口三角反极性并联，开口处并联于直流励磁电源的直流母线间，即“三串两并”的结构形式[2]。由于每相网侧并联，限制了 MCSR 在更高电压场合的应用，因此为使 MCSR 适用于更大电压和容量场合，2013 年在鱼卡站投运的电压等级为 750kV 的 MCSR 每相网侧分支绕组采用串联形式，每相控制绕组的两分支反极性串联，再将串联后的三相控制绕组分支并联于直流母线间，即“两串三并”的结构形式。本章的研究对象即为 750kV 网侧串联、控制侧“两串三并”式 MCSR，着重介绍了单相及三相 MCSR 的结构及基本工作原理。此外，由于本书采取理论分析、数字仿真及物理模型试验三位一体的技术路线，数字仿真模型和基于物理模型的试验平台的搭建是研究的基础，因此本章还介绍了基于 MATLAB/Simulink 平台的 MCSR 仿真模型搭建方法和低压物理模型参数及试验平台的搭建方法。

2.1 MCSR 的基本工作原理

图 2-1 为单相 MCSR 的铁心结构及绕组分布示意图。如图 2-1 所示，单相 MCSR 的主铁心分裂为 p、q 两个心柱，匝数为 N_w 的 2 个网侧分支绕组同极性串联，流过电流为 i_w，端口接入电压有效值为 U_m 的电网；匝数为 N_k 的 2 个控制侧分支绕组反极性串联，端口并联直流控制电源 U_k；匝数为 N_b 的 2 个补偿侧分支绕组同极性串联。Φ_p、Φ_q 分别为 p、q 心柱的主磁通。通过调节控制绕组电流 i_k 的大小，可以改变心柱中的直流励磁大小，进而控制心柱的饱和程度，最终实现电抗器的电抗值大小和工作容量的调节。控制绕组中的直流电流越大，心柱越饱和，磁导率越小，MCSR 的等效电抗值越小。那么在相同电网电压下，输出的无功功率就会越大[3]。在正常运行时，补偿绕组只起到滤波的作用，为简化分析，忽略补偿绕组电流，将图 2-1 所示的单相 MCSR 等效为图 2-2 所示的电路图。本节从物理概念出发，分析讨论单相 MCSR 的基本工作原理。

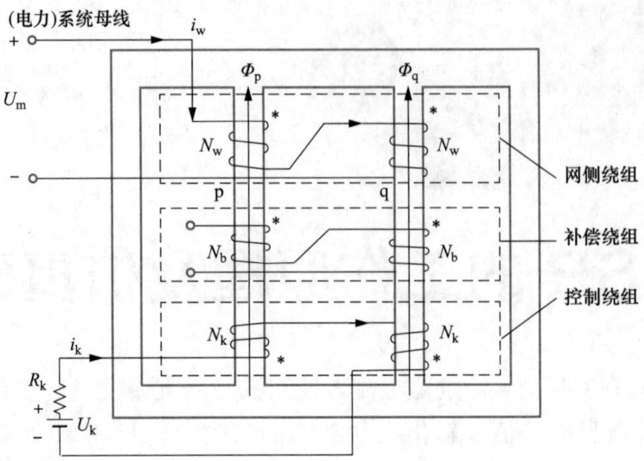

图 2-1　单相 MCSR 的铁心结构及绕组分布示意图

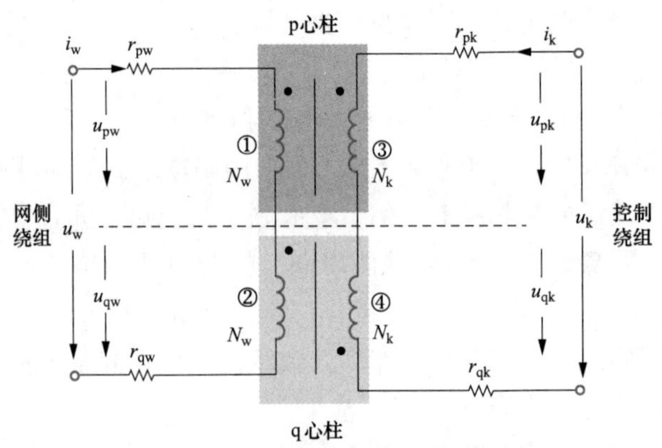

图 2-2　单相 MCSR 的等效电路图

单相 MCSR 的性能除了与铁心的工作状态密切相关以外，还与许多因素相关，如负载性质、控制回路中偶次谐波流通的情况，在分析时为抓住物理实质，一般从最简单的情况入手，作如下假设：①网侧电源电压为正弦，$u_w=U_m\sin\omega t$；②负载为纯电阻 R；③忽略各绕组漏电感；④工作绕组同极性串联，控制绕组反极性串联[4]。设铁心结构参数一定，铁心截面积为 S，平均磁路长度 l，每个心柱上缠绕的网侧、控制绕组匝数分别为 N_w、N_k，p、q 心柱上网侧及控制绕组两侧电压分别为 u_{pw}、u_{qw}、u_{pk}、u_{qk}，网侧及控制回路中的电流分别为 i_w、i_k，p、q 心柱上网侧及控制绕组的等效电阻分别为 r_{pw}、r_{qw}、r_{pk}、r_{qk}，$r_w=r_{pw}+r_{qw}$，$r_k=r_{pk}+r_{qk}$，p、q 心柱的磁感应强度及磁场强度分别为 B_p、B_q、H_p、H_q。列写基本电磁方程组描述网侧回路与控制回路中的关系如下

$$u_w=i_wR_w+\omega N_wS\left(\frac{dB_p}{dt}+\frac{dB_q}{dt}\right) \tag{2-1}$$

$$u_k=i_kR_k+\omega N_kS\left(\frac{dB_p}{dt}-\frac{dB_q}{dt}\right) \tag{2-2}$$

$$H_p l = i_k N_k + i_w N_w \tag{2-3}$$

$$H_q l = -i_k N_k + i_w N_w \tag{2-4}$$

为了掌握 MCSR 的工作原理，需要对各参量波形进行分析，如图 2-3 所示。当通入控制绕组的直流励磁电流为 0 时，两心柱内部无偏置磁通，铁心内的磁场由网侧的交流励磁产生，幅值由网侧电压决定，如图 2-3 的 B-ωt 曲线中的不带阴影的实线正弦波形所示。为最大化 MCSR 的工作效率，MCSR 铁心磁通的饱和点一般设计在网侧交流电压激发的交流励磁幅值处，因此只有网侧交流励磁时，两心柱均不会产生饱和，并且幅值及相位一致。当控制绕组的直流励磁电流不为 0 时，由于控制绕组反极性串联的结构，两心柱磁场中将产生大小相等、方向相反的直流偏置 B_{dc}、$-B_{dc}$，使得两心柱在稳态时的工作点分别偏移到图 2-3 所示的 P 点和 Q 点，两心柱的磁场强度 H_p、H_q 如图 2-3（a）和图 2-3（b）所示。对于 p 心柱，直流磁感应强度为正，心柱将在交流磁感应强度波形的正半周期进入饱和区，导致 H_p 正半周幅值明显增大，如图 2-3（a）阴影所示；对于 q 心柱，直流磁感应强度为负，心柱将在交流磁感应强度波形的负半周期进入饱和区，导致 H_q 负半周期幅值明显增大，如图 2-3（b）阴影所示。

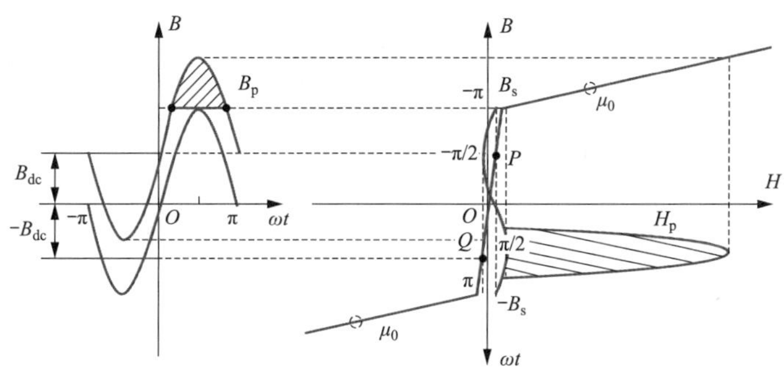

(a) p心柱的B-H波形示意图

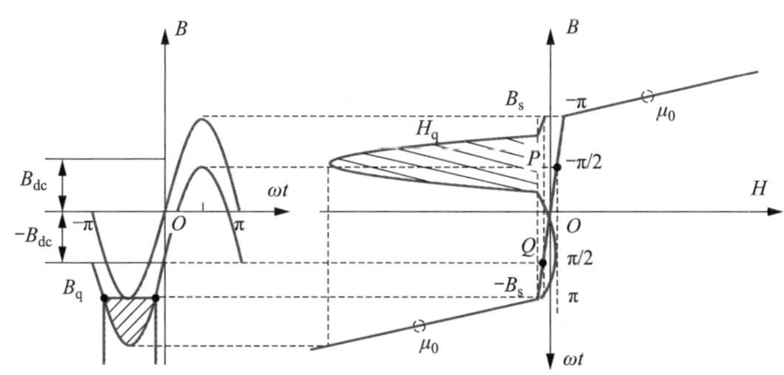

(b) q心柱的B-H波形示意图

图 2-3　基于铁心的 B-H 曲线分析单相 MCSR 的工作原理图

受铁心制造水平及运输能力的限制，三相超/特高压磁控式并联电抗器一般采用分相结构，由 3 个独立的单相 MCSR 构成[5]。在青海省鱼卡站实际应用的 750kV 三相 MCSR

电气主接线图如图 2-4 所示。网侧绕组三相接成星形，中性点直接接地；每相两分支控制绕组反极性串联构成控制支路，三相控制支路并联于直流母线间，由外接励磁电源通过整流变压器给整流桥供电；补偿绕组三相为三角形联结，角外接有滤波器支路。

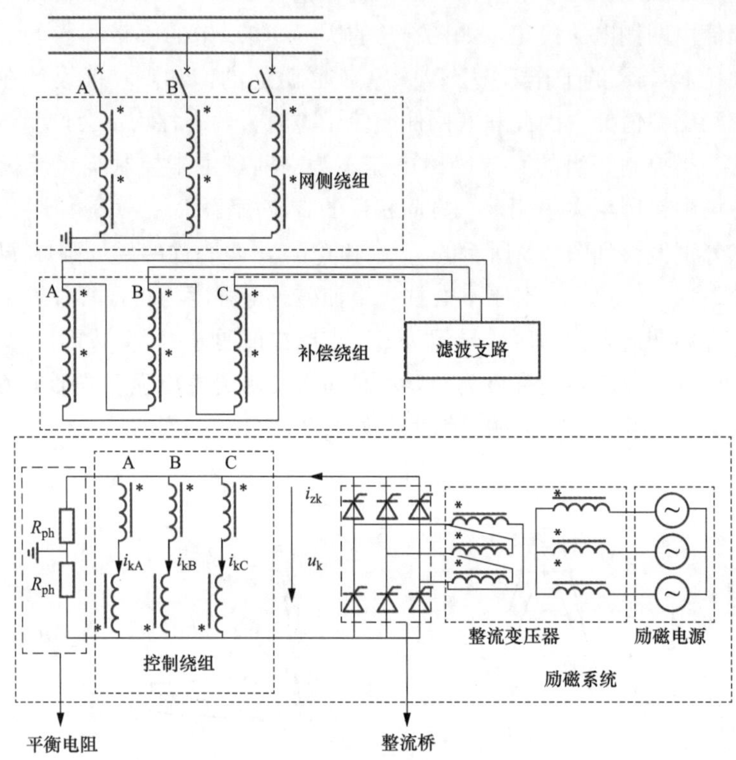

图 2-4　750kV 三相 MCSR 电气主接线图

2.2　MCSR 的谐波特性

由 2.1 节分析可知，在 MCSR 运行过程中铁心将会饱和，而铁心是典型的非线性元件，势必在 MCSR 本体甚至电网侧产生谐波，需要对其产生的谐波进行分析。正常运行状态下，MCSR 的 p、q 心柱分别在交流励磁的正半周和负半周轮流饱和，p、q 心柱的磁感应强度的关系为

$$\begin{cases} B_p(\omega t) = -B_q(\omega t + \pi) \\ B_q(\omega t) = -B_p(\omega t + \pi) \end{cases} \tag{2-5}$$

利用傅里叶级数对 B_p、B_q 进行分解，得到

$$\begin{cases} B_p(\omega t) = B_{p0} + B_{p1}\sin(\omega t - \varphi_{p1}) + B_{p2}\sin(2\omega t - \varphi_{p2}) + B_{p3}\sin(3\omega t - \varphi_{p3}) + \cdots \\ \qquad + B_{pn}\sin(n\omega t - \varphi_{pn}) \\ B_q(\omega t) = B_{q0} + B_{q1}\sin(\omega t - \varphi_{q1}) + B_{q2}\sin(2\omega t - \varphi_{q2}) + B_{q3}\sin(3\omega t - \varphi_{q3}) + \cdots \\ \qquad +/- B_{pn}\sin(n\omega t - \varphi_{pn}) \end{cases} \tag{2-6}$$

式中：B_{pn}、B_{qn}（$n=1$，2，…）表示 p、q 心柱的磁感应强度的各次谐波幅值；φ_{pn}、φ_{qn}（$n=1$，2，…）表示各次谐波的相位。由于正常运行时两心柱磁场具有对称性，因此，$B_{pn}=B_{qn}$，$\varphi_{pn}=\varphi_{qn}$。

由电磁感应定律，得到 p、q 心柱上绕组两端的感应电动势为

$$\begin{cases} e_{px}(t)=\omega N_{px}A[B_{p1}\cos(\omega t-\varphi_{p1})+2B_{p2}\cos(2\omega t-\varphi_{p2})+3B_{p3}\cos(3\omega t-\varphi_{p3})+\cdots] \\ e_{qx}(t)=\omega N_{qx}A[B_{q1}\cos(\omega t-\varphi_{q1})+2B_{q2}\cos(2\omega t-\varphi_{q2})+3B_{q3}\cos(3\omega t-\varphi_{q3})+\cdots] \end{cases} \tag{2-7}$$

式中：x 取 w、k、b，分别代表网侧绕组、控制绕组和补偿绕组；A 为心柱的横截面积；$N_{p(q)x}$ 为 p 心柱或 q 心柱的 x 侧绕组匝数，正常运行场景下，p、q 心柱上绕组匝数相等。

由于正常运行场景下，p、q 心柱磁感应强度各次谐波幅值、相位及绕组匝数相等，本节将上述参数记作 $B_n=B_{pn}=B_{qn}$，$\varphi_n=\varphi_{pn}=\varphi_{qn}$，$N_x=N_{px}=N_{qx}$，不区分 p、q 心柱。

由于每相两分支网侧绕组同极性串联，因此每相网侧绕组两端的感应电动势为

$$e_w(t)=2\omega N_w A[B_1\cos(\omega t-\varphi_1)+3B_3\cos(3\omega t-\varphi_3)+\cdots] \tag{2-8}$$

由于控制绕组反极性串联，因此控制绕组两端的感应电动势为

$$e_k(t)=2\omega N_k A[2B_2\cos(\omega t-\varphi_2)+4B_4\cos(3\omega t-\varphi_4)+\cdots] \tag{2-9}$$

由式（2-8）可知，网侧绕组中由电磁感应原理产生的电动势只有基波分量和其他奇次谐波分量，由于三相 MCSR 补偿绕组呈角形连接，而补偿绕组的匝数相对于网侧绕组较少，即补偿绕组回路阻抗较小，因此补偿绕组将分流大部分网侧绕组的 3 次及 $3k$（$k=1$，2，…）次谐波分量。此外，补偿绕组角外接有 5、7 次滤波支路，因此网侧绕组电流中主要为基波分量。

由式（2-9）可知，如果控制绕组中由电磁感应原理产生的感应电动势只有偶次谐波分量，那么控制绕组电流中将只含有由控制侧励磁系统产生的直流分量以及由电磁感应原理产生的偶次谐波分量。三相控制绕组并联在控制侧励磁系统的直流母线之间，控制 MCSR 饱和度的直流励磁电流，约为三相控制绕组电流之和（即总控电流 i_t），满足 $i_t=i_{kA}+i_{kB}+i_{kC}$，由于三相对称，总控电流中只含有直流和 $6k$（$k=1$，2，…）次谐波分量。

综合上述分析，MCSR 在稳定状态运行时，网侧绕组电流中主要为基波分量，控制绕组电流中主要为直流分量及偶次谐波分量，而总控电流中主要为直流和 $6k$（$k=1$，2，…）次谐波分量。控制绕组电流及总控电流中含有的谐波分量在不同场景下的差异，可作为匝间保护方案构建、合闸防误动及容量调节防误动方案的重要理论依据，具体将在第 4～6 章分析。

2.3　基于 MATLAB/Simulink 的 MCSR 仿真模型搭建

目前，MATLAB/Simulink 和 PSCAD/EMTDC 等主流电力系统仿真软件均未集成

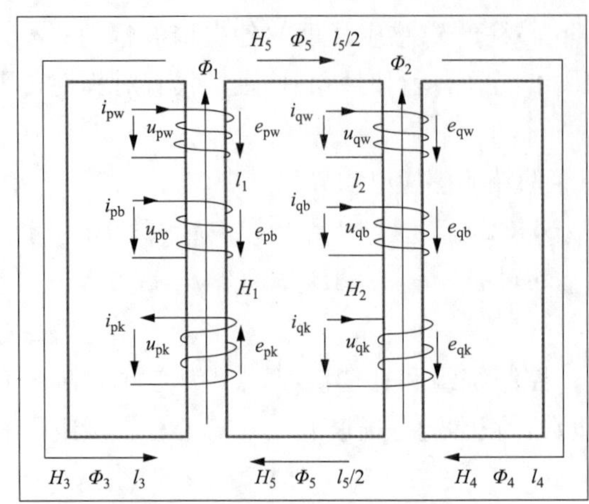

图 2-5 单相 MCSR 相关物理量及其正方向规定

MCSR 仿真模型，利用磁路分解法，可基于 MATLAB/Simulink 或 PSCAD/EMTDC，搭建 MCSR 电磁暂态仿真模型[6]。本节主要对仿真模型搭建原理和方法以及 750kV MCSR 模型参数进行简单介绍。单相 MCS 相关物理量及其正方向规定如图 2-5 所示。

各绕组支路电流为 i_{yx}；两端的电压为 u_{yx}；感应电动势为 e_{yx}；绕组电阻为 r_{yx}；等效漏电感为 L_{yx}；绕组匝数为 N_{yx}（y 为 p、q 时分别代表 p、q 心柱绕组；x 为 w、k、b 时分别代表网侧、控制、补偿绕组）。为方便利用 MATLAB/Simulink 模型库中已有的饱和变压器模型模拟 MCSR 的分裂式铁心结构，将铁心的磁路分解为 5 部分。第 1 磁路为 p 心柱部分的磁路，相应的磁场强度为 H_1，磁通为 Φ_1，磁路长度为 l_1；第 2 磁路为 q 心柱部分的磁路（H_2、Φ_2、l_2）；第 3 磁路为左旁轭及与左旁轭相连的左上下轭部分的磁路（H_3、Φ_3、l_3）；第 4 磁路为右旁轭及与右旁轭相连的右上下轭部分的磁路（H_4、Φ_4、l_4）；第 5 磁路为 p、q 心柱中间的上下轭两部分的磁路（H_5、Φ_5、l_5）。

根据确定的物理量正方向对单相 MCSR 列写绕组电压回路方程

$$
\begin{cases}
u_{pw}=i_{pw}r_{pw}+L_{pw}+\dfrac{di_{pw}}{dt}+N_{pw}\dfrac{d\Phi_1}{dt}\\
u_{qw}=i_{qw}r_{qw}+L_{qw}+\dfrac{di_{qw}}{dt}+N_{qw}\dfrac{d\Phi_2}{dt}\\
u_{pk}=-i_{pk}r_{pk}-L_{pk}+\dfrac{di_{pk}}{dt}-N_{pk}\dfrac{d\Phi_1}{dt}\\
u_{qk}=i_{qk}r_{qk}+L_{qk}+\dfrac{di_{qk}}{dt}-N_{qk}\dfrac{d\Phi_2}{dt}\\
u_{pb}=i_{pb}r_{pb}+L_{pb}+\dfrac{di_{pb}}{dt}+N_{pb}\dfrac{d\Phi_1}{dt}\\
u_{qb}=i_{qb}r_{qb}+L_{qb}+\dfrac{di_{qb}}{dt}+N_{qb}\dfrac{d\Phi_2}{dt}
\end{cases}
\tag{2-10}
$$

通过应用磁路的基尔霍夫第一定律，即穿出或进入任意闭合面的总磁通量等于零，可列写节点方程

$$
\begin{cases}
\Phi_1=\Phi_3+\Phi_5\\
\Phi_4=\Phi_2+\Phi_5
\end{cases}
\tag{2-11}
$$

通过应用磁路的基尔霍夫第二定律，即任一闭合磁路中，各段磁压的代数和等于各磁通势的代数和，可列写回路方程

$$\begin{cases}H_1l_1+H_3l_3=N_{pw}i_{pw}+N_{pb}i_{pb}+N_{pk}i_{pk}\\H_2l_2+H_4l_4=N_{qw}i_{qw}+N_{qb}i_{qb}-N_{qk}i_{qk}\\H_3l_3-H_4l_4-H_5l_5=0\end{cases}\tag{2-12}$$

为了便于利用 MATLAB/Simulink 中已有的非线性饱和变压器模块搭建 MCSR 的仿真模型，需要应用磁路分解法进行建模。将第 1 磁路和第 3 磁路进行拆分，可写作

$$i_{pk}=i'_{pk}+i''_{pk}\tag{2-13}$$

则式（2-12）的第一式可拆分为

$$\begin{cases}H_1l_1=N_{pw}i_{pw}+N_{pb}i_{pb}+N_{pk}i'_{pk}\\H_3l_3=N_{pk}i''_{pk}\end{cases}\tag{2-14}$$

将第 2 磁路和第 4 磁路进行拆分，可写作

$$i_{qk}=i'_{qk}+i''_{qk}\tag{2-15}$$

则式（2-12）的第二式可拆分为

$$\begin{cases}H_2l_2=N_{qw}i_{qw}+N_{qb}i_{qb}-N_{qk}i'_{qk}\\H_4l_4=-N_{qk}i''_{qk}\end{cases}\tag{2-16}$$

将式（2-14）和式（2-16）代入式（2-12），可得第 5 磁路回路方程

$$H_5l_5=N_{pk}i''_{pk}+N_{qk}i''_{qk}\tag{2-17}$$

根据式（2-10）、式（2-11）、式（2-14）、式（2-16）及式（2-17）得到的基于磁路分解法的单相 MCSR 仿真模型示意图如图 2-6 所示。可知单相 MCSR 可由两个饱和三绕组变压器（第 1 磁路和第 2 磁路）、两个二次侧开路的饱和双绕组变压器（第 3 磁路和第 4 磁路）以及一个饱和双绕组变压器（第 5 磁路）等效。至此，可以利用已有的变压器模型在 MATLAB/Simulink 平台搭建该 MCSR 的仿真模型。

根据磁路分解原理，在 MATLAB/Simulink 平台上搭建电压等级为 750kV、额定容量为 330Mvar 的三相 MCSR 仿真模型，搭建模型的额定参数如表 2-1 所示，仿真模型如图 2-7 所示。

表 2-1　　三相 MCSR 仿真模型的额定参数

名称	参数值
额定容量	3×110Mvar
一次绕组额定电压、额定电流 每相一次绕组电阻、漏电感	800kV、281A 2.0776Ω、0.9185H
控制绕组额定电压、额定电流 每相每柱控制绕组直流电阻、漏电感	41.86kV、1314A 0.0342Ω、0.0306H
补偿绕组额定电压、额定电流 每相补偿绕组电阻、漏电感	40.5kV、135A 0.0157Ω、0.0069H
网侧系统额定电压、等效电感	750kV，0.1838H
整流变压器低压侧等效电阻 每相绕组电阻	$6.1364\times10^{-5}\Omega$ $1.172\times10^{-5}\Omega$

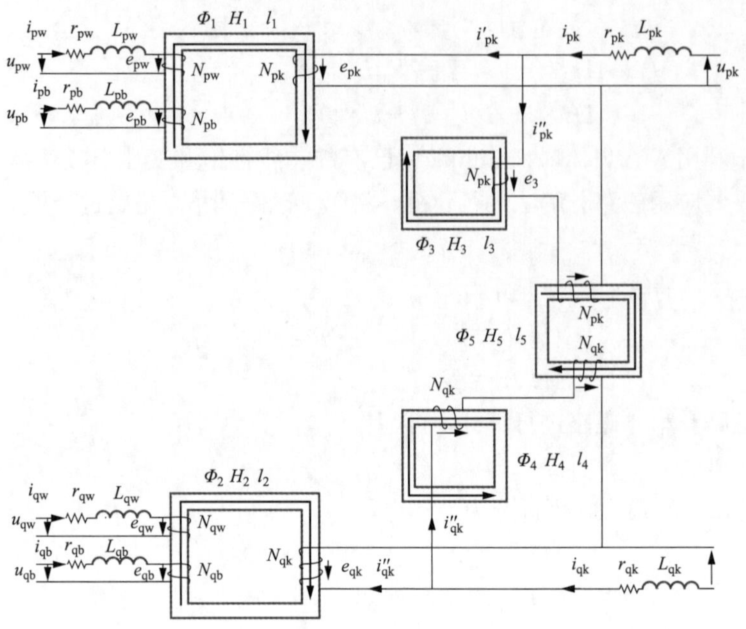

图 2-6　基于磁路分解法的单相 MCSR 仿真模型示意图

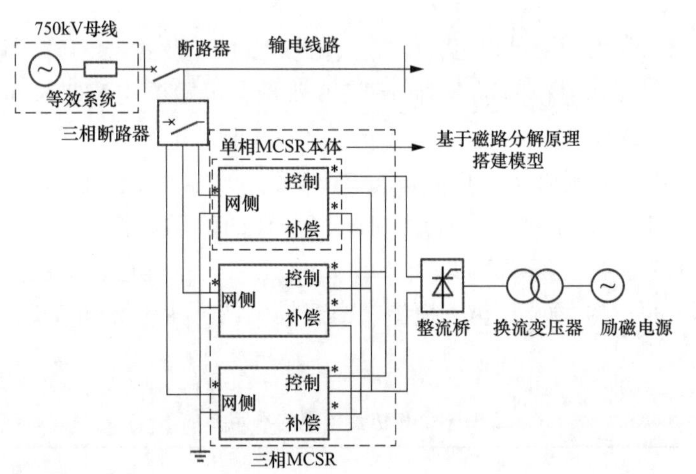

图 2-7　基于 MATLAB/Simulink 平台的 MCSR 仿真模型

2.4　基于有限元分析法的 MCSR 仿真模型搭建

2.3 节所述的建模方法存在忽略电抗器旁轭影响，导致精度较低，无法准确模拟内部短路故障的缺陷，只适用于 MCSR 稳态、合闸及容量调节等场景[6]。有限元分析法是一种基于物理模型结构，并利用变分原理近似求解的建模方法，广泛用于航空航天、电磁学、机械工程等诸多领域。因此，下文重点介绍有限元分析法以及 Ansoft Maxwell 有限元分析软件[7]，为后文采用有限元分析法搭建 MCSR 精确模型打下基础。

2.4.1　MCSR 本体结构参数

MCSR 多运行于 500kV 或 750kV 系统中，尺寸、容量均较大，但实际尺寸参数难以获得。为方便实验验证，相关人员在某变压器集团有限公司设计并定制了 500V 低压 MCSR 模型，该电压等级下的工作特性与实际系统中的 MCSR 基本相同，并且采用该模型可以减小建模工作量。该物理模型的电压等级较低，可以作为内部故障物理实验的实验对象，其结构如图 2-8（a）所示，物理模型如图 2-8（b）所示。

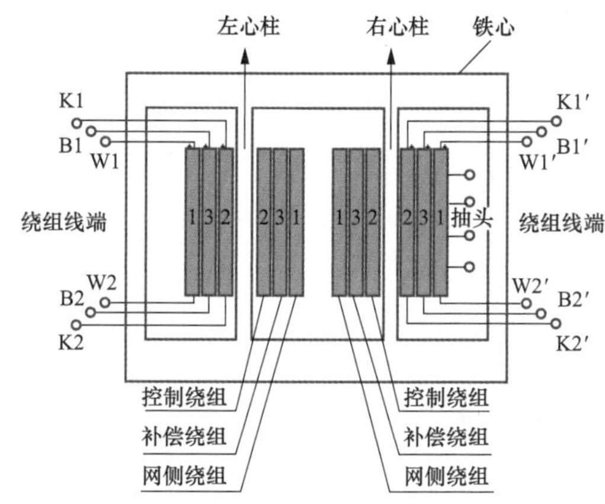

(a) 铁心及绕组分布图

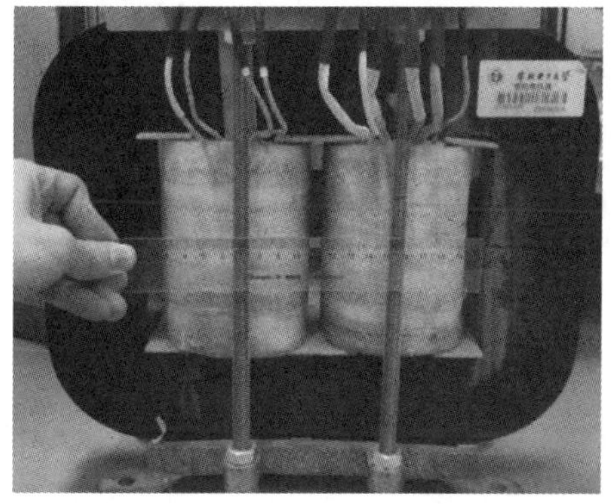

(b) MCSR物理模型

图 2-8　500V 三相 MCSR 物理模型

模型中，控制绕组、补偿绕组、网侧绕组采用由内而外的方式排列，分别缠绕于 p、q 心柱上，控制绕组位于最内侧，可减少铁心损耗，并有增强直流偏置的作用；补偿绕组位于中部，起到滤除 $3k$（$k=1, 2, 3, \cdots$）次谐波的作用；网侧绕组位于最外侧，直接连入电网。MCSR 模型的额定参数如表 2-2 所示。

表 2-2　　MCSR 模型的额定参数

名称	参数值
额定容量	3×1100Var
额定频率	50Hz
网侧绕组额定电压、电流	500V、2.2A
控制绕组额定电压、电流	50V、22A
补偿绕组额定电压、电流	50V、2.2A
网侧绕组每相每柱电阻	2.91Ω
控制绕组每相每柱电阻	0.031Ω
补偿绕组每相每柱电阻	0.0035Ω
网侧绕组匝数 控制绕组匝数	624 64
补偿绕组匝数	64

2.4.2 MCSR的Ansoft模型构建

2.4.2.1 MCSR铁心有限元模型构建

现选取500V MCSR物理模型作为研究对象，在Ansoft平台对MCSR铁心有限元模型进行搭建。采用Ansoft Maxwell有限元分析软件构建MCSR的二维模型，在满足精度要求的同时，能兼顾计算效率，具有良好的实用性。在Ansoft Maxwell软件中依据实际的MCSR物理结构及参数搭建单相MCSR二维模型，如图2-9所示。

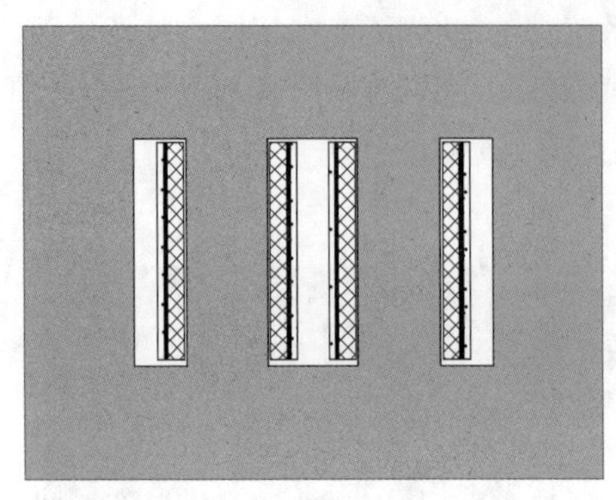

图2-9 单相MCSR的Ansoft Maxwell二维模型

图2-9中，灰色部分为铁心，带叉部分、黑色和带点部分分别为控制绕组、补偿绕组和网侧绕组，并绕制在左右心柱上，模型中其余区域均为空气部分。搭建完单相MCSR模型后，再进行复制平移操作得到三相MCSR物理模型，如图2-10所示，从左到右依次为A、B、C相。

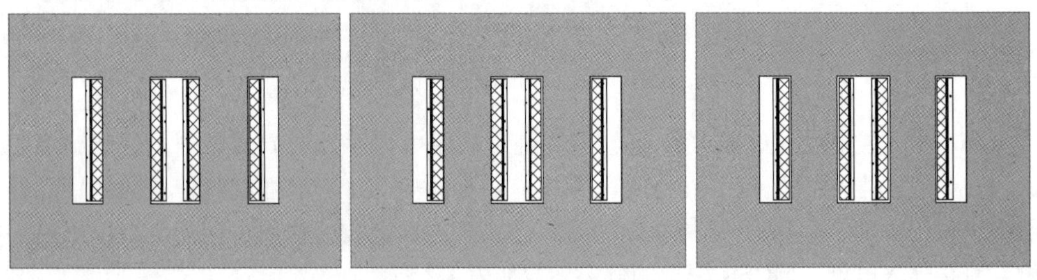

图2-10 三相MCSR的Ansoft Maxwell二维模型

Ansoft构建模型时需赋予几何图形相应的材料属性[8]。MCSR模型的绕组部分选择相对磁导率为1.0、电导率为5.8×10^7S/m的电工铜，软件有相应的材料copper；外围空气部分选取air属性，相对磁导率为0.99999，接近真空磁导率；铁心部分选择硅钢片属性，磁导率为2.0×10^6S/m，由于MCSR工作时，铁心在饱和区和线性区交替工作，因此需要设置非线性的B-H曲线，以满足瞬态场仿真计算。MCSR铁心的B-H曲线如图2-11所示（其中，虚线部分为软件依据导入数据自动匹配的图形，可忽略）。

因研究不考虑外部油箱漏磁场分布，所以可在外围空气部分设置气隙边界条件，或者自然边界条件。考虑简约性，同时不影响仿真分析，在模型边界处设置磁力线平行介质条件，并设边界磁位为零，在Ansoft中，将Vector Potential选项置零即可。

Ansoft最重要的环节是对模型进行有限元剖分，此步骤决定着求解仿真的精度和速度[9]。网格剖分并不是剖分得越精细越好，过于精细的剖分会占用大量的计算机内存空间，同时会增大运算负担和时间；但剖分得过于粗糙，也会使模型精度严重下降，求解计算时可能造成计算不收敛而无法得到结果，或者结果偏差过大发生错误等。Ansoft

为用户提供了自适应剖分选项，但过程较烦琐，适合对剖分掌握程度不足的用户使用。在经过多次试验的情况下，结合结构特点，选择对 MCSR 模型手动剖分。绕组部分通过电流，且尺寸较小，因此需要更为精细的剖分；而空气部分范围较广且尺寸较大，对精度要求不高，为提升计算速度，选择较大的剖分间隔。单相 MCSR 有限元剖分结果如图 2-12 所示。

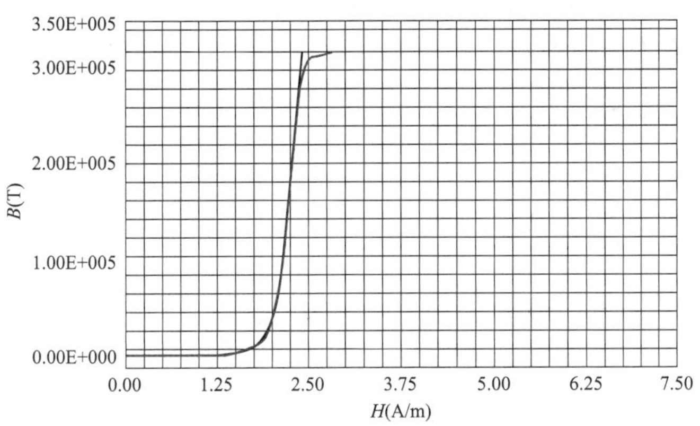

图 2-11　MCSR 铁心的 B-H 曲线

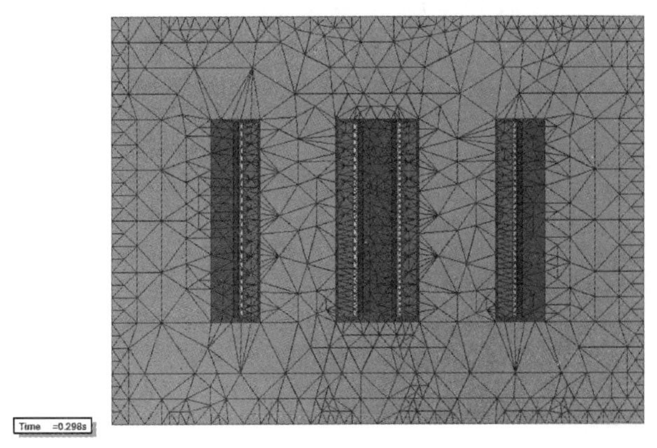

图 2-12　单相 MCSR 有限元剖分结果

在完成以上所有步骤后，还需要对模型施加激励源才能进行求解。

2.4.2.2　MCSR 的 Ansoft 外电路部分

Ansoft 提供了三种激励源设置方式，即电流源激励、电压源激励和外电路激励。下面选取外电路激励形式，借助外电路编辑器搭建电路，在电路中体现电压、电流、阻抗及绕组接线形式等，不仅能真实模拟 MCSR 的工作情况，还能设置故障仿真分析 MCSR 内部短路等各种情况，是准确而高效的方法。

三相 MCSR 的绕组分为网侧绕组、控制绕组和补偿绕组，因此需要搭建三个相互独立的电路系统，然后通过有限元模型耦合在一起[10-11]。三相 MCSR 网侧绕组的外电路如图 2-13 所示。

图 2-13 中，U_A、U_B、U_C 分别为 A、B、C 三相交流电源，每相每柱电阻为 2.91Ω，S1～S3 为开关；LW1L、LW1R 为网侧绕组 A 相的左右心柱绕组，采用分支绕组同极

性串联形式。同理，LW2L、LW2R，LW3L、LW3R 分别为 B 相和 C 相的左右心柱绕组。

图 2-14 为控制绕组的外电路。控制绕组结构相对较复杂，左侧 R1、R2 分别为两个 100Ω 平衡电阻，其作用为限制直流母线电压；RA3、RA4 分别为控制绕组 A 相左、右心柱电阻；C1L、C1R 为控制绕组左、右心柱等效电感；控制绕组直流母线接整流桥，由于 Ansoft Maxwell Circuit Editor 并没有提供晶闸管，故采用二极管串接开关的方式模拟整流桥，六个开关分别对应六个控制信号，整流桥的控制信号如图 2-15 所示，图 2-15（b）中 T_d 为延迟时间，P_w 为导通时间，T_r、T_f 为上升及下降时间，T 为运行周期。

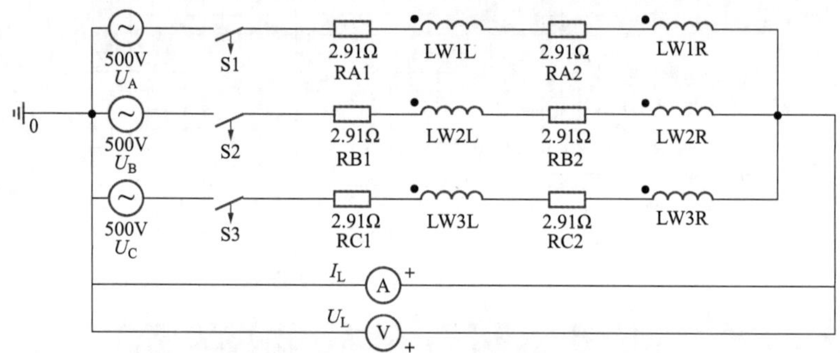

图 2-13　三相 MCSR 网侧绕组的外电路

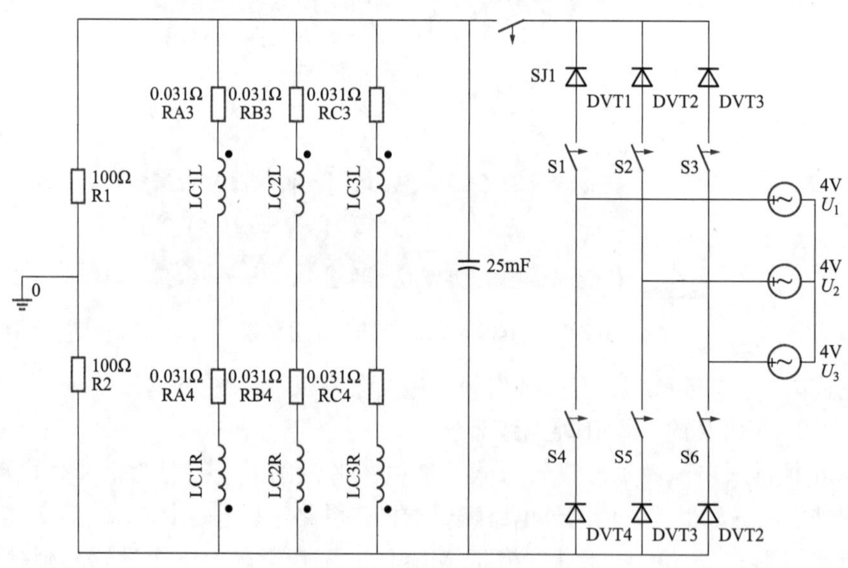

图 2-14　控制绕组的外电路

三相 MCSR 补偿绕组的外电路如图 2-16 所示。

三相 MCSR 补偿绕组的外电路较为简单，因其主要起到滤除网侧绕组 3、5、7 次谐波的作用，故三相采用角形接线，角外分别由引出线连接 5、7 次滤波装置。同理，LB1L～LB3R 分别为补偿绕组 A、B、C 三相的左右心柱绕组。RA、RB、RC 分别为补偿绕组每相电阻，均为 0.007Ω。5、7 次滤波支路均采用三相星形接线并且中性点接

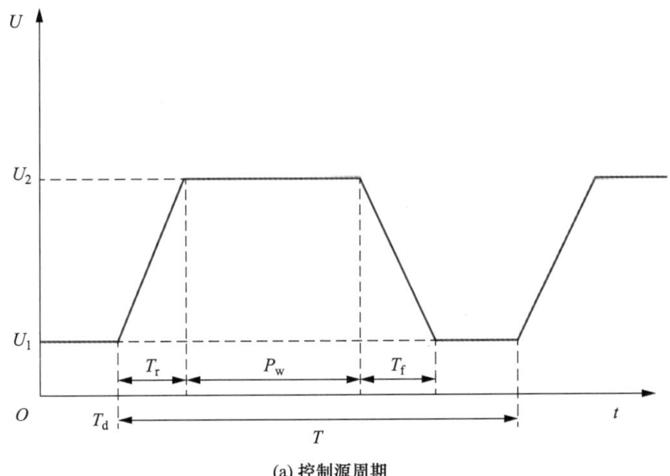

(a) 控制源周期

	名称	数值	单位	估值
	Name	M13		
	U_1	0	V	0V
	U_2	1	V	1V
	T_d	5/600+1/600		0.01
	T_r	0		0
	T_f	0		0
	P_w	1/149		0.006711...
	T	0.02		0.02
	Tvoe	TIME		
	Status	Active		
	lnfo			

(b) 控制源参数设定

图 2-15　整流桥的控制信号

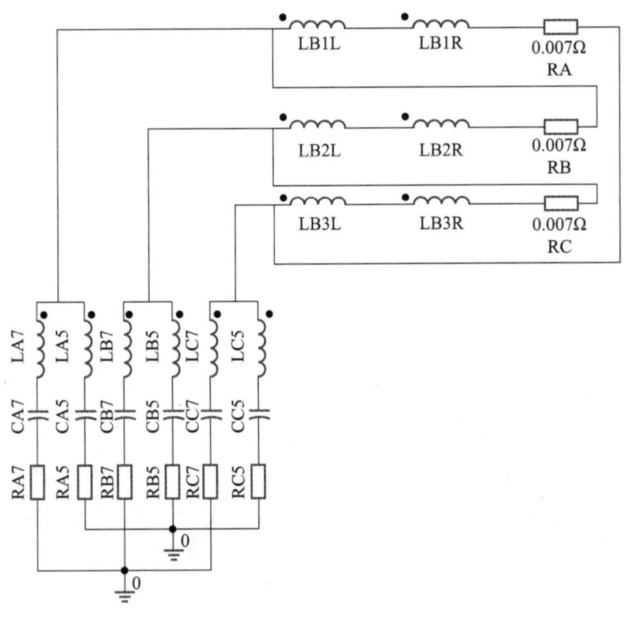

图 2-16　三相 MCSR 补偿绕组的外电路

地，其滤波原理为 LCR 串联谐振，通过设置合适的电抗值和电容值，达到滤除指定频率波形的作用；电阻 R 主要起限流作用，可降低绕组发热，保护设备安全。

至此，三相 MCSR 的 Ansoft Maxwell 有限元模型搭建完成，可以通过改变外电路中绕组的接线形式、所施加的电压源等探究 MCSR 正常运行时的电磁暂态过程以及本体结构内部的磁场分布等。

2.4.3 基于有限元模型的稳态仿真

MCSR 工作在正常的稳定状态时，铁心工作点在线性区和饱和区交替变换，且随着容量提高，铁心的饱和度越来越大[12]。一般认为，当 MCSR 工作在额定状况下时，铁心左右心柱上的主磁通有将近半个周期位于饱和区、半个周期位于线性区，才能起到调节容量的作用。甚至当直流励磁足够大时，产生的直流偏磁会使铁心完全进入饱和区，不过此时网侧绕组也会产生很大的工频电流和谐波电流，对线路的热稳定性和绝缘水平也有较高的要求。MCSR 正常工作时，最重要的是直流励磁电流对交流主磁通的偏置影响，本节将首先探究 MCSR 仅在直流励磁和仅在交流励磁作用下的运行情况，图 2-17、图 2-18 是直流励磁单独作用时，MCSR 内部磁力线的分布和磁感应强度的幅值分布。

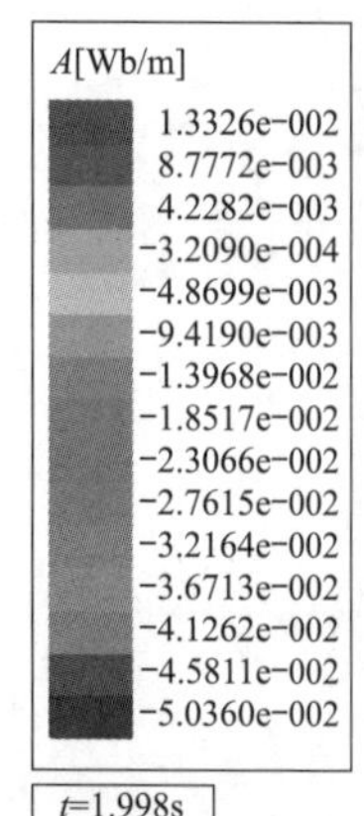

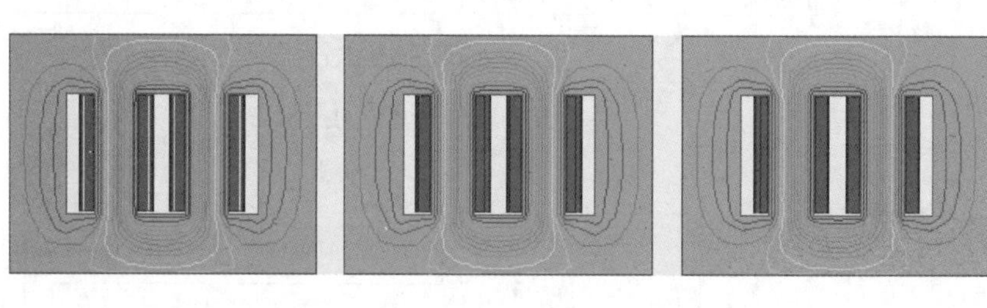

图 2-17 直流励磁单独作用时 MCSR 内部磁力线的分布

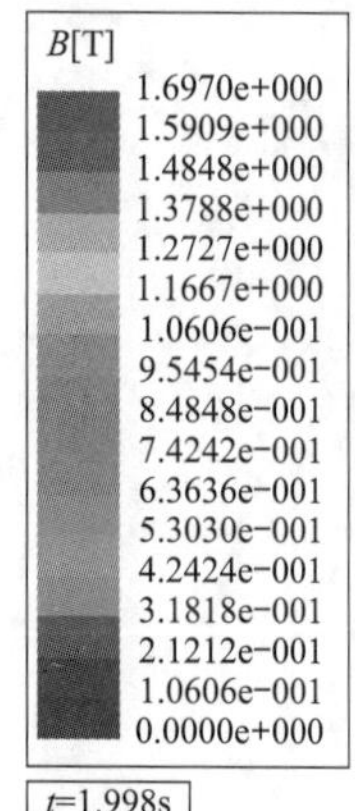

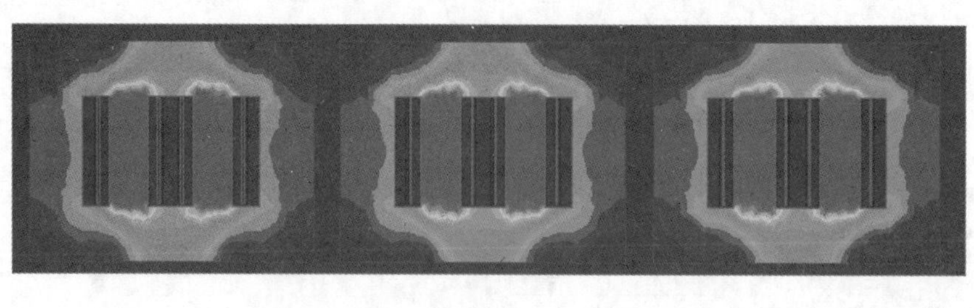

图 2-18 直流励磁单独作用时 MCSR 内部磁感应强度的幅值分布

从图 2-17 可以看出，仅当直流励磁作用时，铁心内磁场主要集中在左右心柱和两心柱间的上下轭部分，磁力线在左右心柱间的铁心部分形成回路，铁心两侧的旁轭流过少量等数量的磁力线。从图 2-18 也可看出，能量主要集中在左右心柱及两心柱间的上下轭部分，旁轭能量较少。因此，直流励磁起到了良好的偏磁效果，是 MCSR 容量调节的核心，这也与前文通过波形分析的情况一致。

网侧交流励磁单独作用时，MCSR 内部磁力线的分布和磁感应强度的幅值分布如图 2-19、图 2-20 所示。

图 2-19　网侧交流励磁单独作用时 MCSR 内部磁力线的分布

图 2-20　网侧交流单独作用时 MCSR 内部磁感应强度的幅值分布

由图 2-19 可见，仅当网侧交流励磁作用时，磁力线主要从左右心柱和其各自的旁轭流通，中间的上下轭部分几乎无磁场流通。由图 2-20 也可看出，磁场能量主要集中在左右心柱和两侧旁轭内，中间上下轭部分磁感应强度幅值几乎为零。网侧两分支绕组产生的磁通和磁链同步变化，故只能通过左右旁轭形成回路。由于三相交流电相位彼此相差 120°，因此，同一时刻三相磁力线的疏密程度和能量分布有差异，但总体趋势与各相交流励磁保持一致。

由此可以推测，MCSR 正常稳定工作时，交流磁通叠加在恒定不变的直流磁通上，从而使左右心柱内的总磁通发生正反两个方向的偏移。随着交流磁通的变化，左右心柱在线性区和饱和区交替变化，通过调节直流磁通的大小就可以调节左右心柱的饱和程度，从而可以起到灵活平滑调节容量的作用。

以 MCSR 按 100％额定容量运行为例，对其稳态运行情况进行仿真分析。仿真中，将外电路编辑器中控制电路的直流电压源调至额定值，同时保证网侧交流电压源处于额定值，即满足 100％额定容量运行。MCSR 工作在 100％额定容量下，网侧绕组和补偿绕组三相电流波形如图 2-21 和图 2-22 所示。

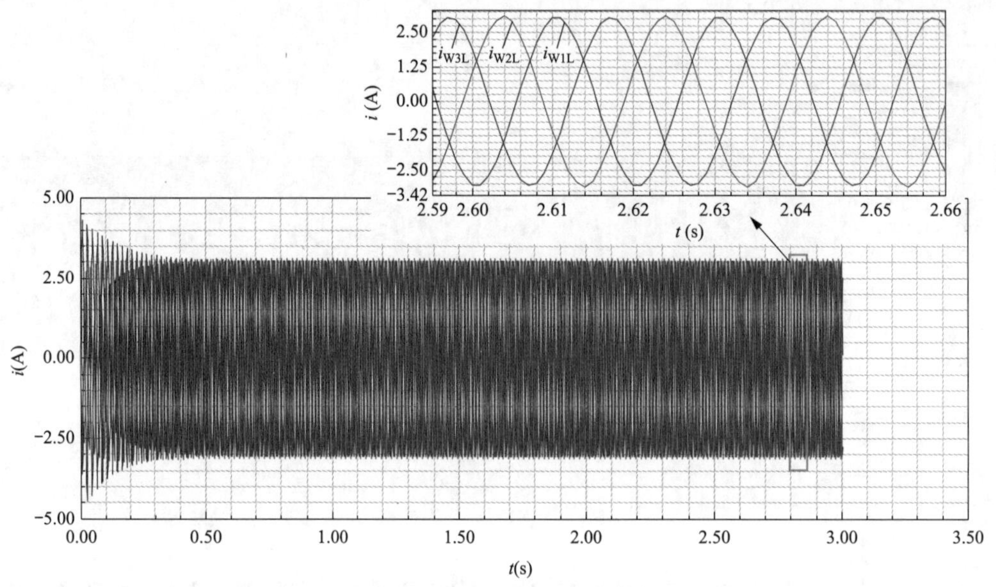

图 2-21　100％额定容量 MCSR 网侧绕组三相电流波形

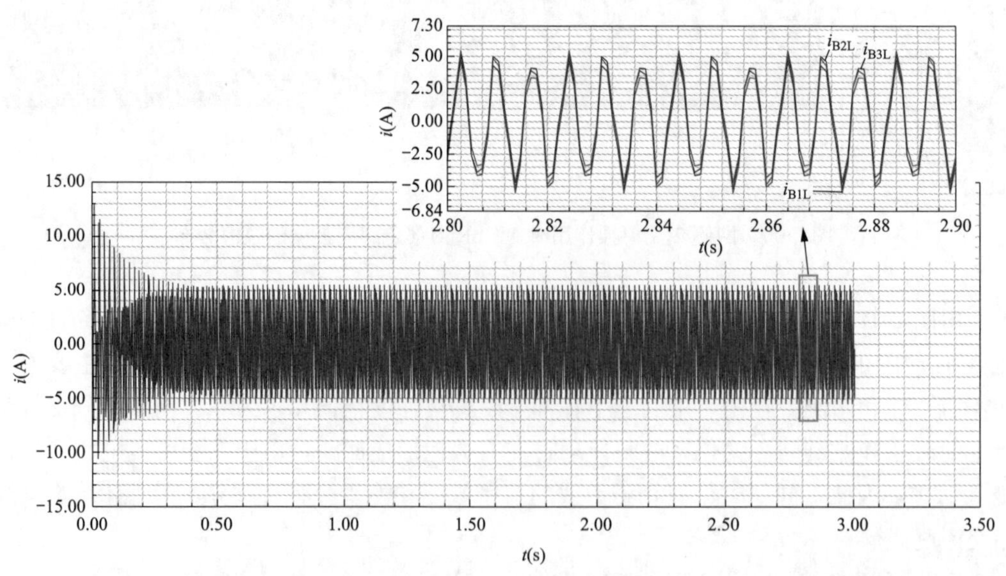

图 2-22　100％额定容量 MCSR 补偿绕组三相电流波形

由图 2-21 可知，网侧绕组增大到额定值附近，且三相电流波形完好，畸变率很低；由图 2-22 可知，控制绕组电流增大到 5A 左右，三相幅值基本相等，且无相位差，含有较高的 3 次谐波。同时，MCSR 稳态响应速度更快，时间更短，工作性能最优越。

MCSR 工作在 100%额定容量时，控制绕组三相电流和总控电流波形如图 2-23 和图 2-24 所示。

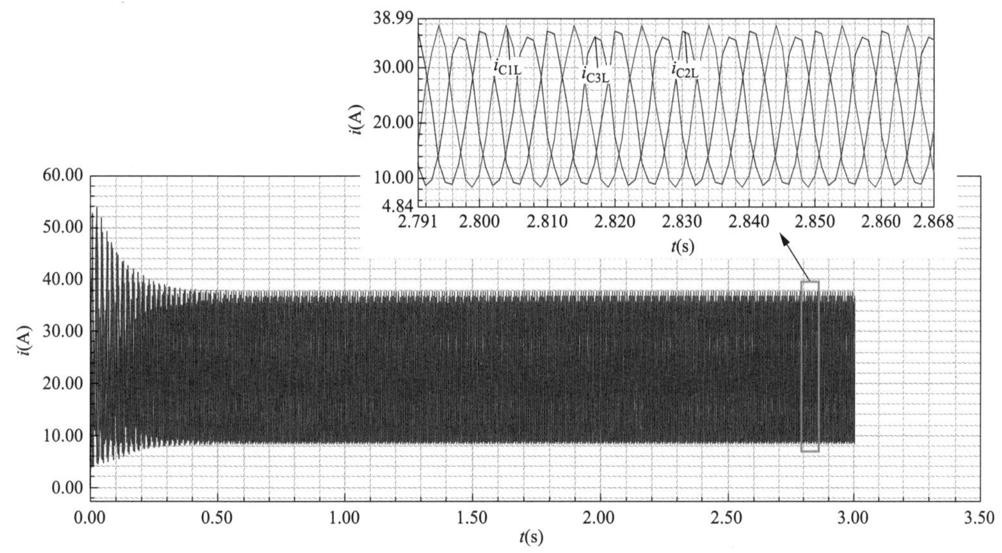

图 2-23　100%额定容量 MCSR 控制绕组三相电流波形

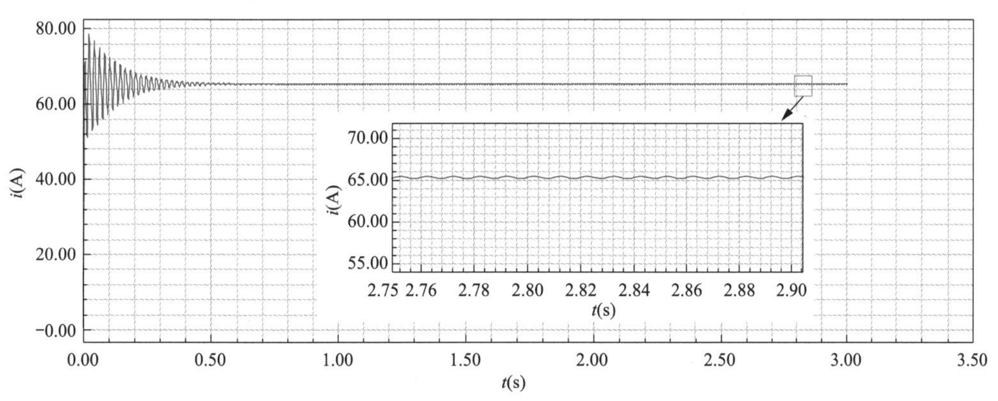

图 2-24　100%额定容量 MCSR 控制绕组总控电流波形

由图 2-23 可知，控制绕组电流同样增大到额定值附近，且三相电流均表现出较强的偶次谐波特点；由图 2-24 可知，总控电流为三相控制绕组电流之和，波形近似为纯直流电流，波动较小。

100%额定容量 MCSR 网侧绕组和补偿绕组电流谐波分析如图 2-25 所示，控制绕组电流谐波分析如图 2-26 所示。图中，I_{m} 为电流幅值。图 2-27 是 100%额定容量下 A 相网侧左右分支绕组的磁链以及铁心左右心柱的磁感应强度。

MCSR 在 100％额定容量下运行时，铁心左右心柱的磁感应强度最大值为 2.2T，其在一个周期内半个周期位于线性区、半周波位于饱和区。网侧绕组电流基波幅值达到 3A，谐波含量低于 3％；补偿绕组 3 次谐波含量进一步增大，滤波效果优良；控制绕组直流分量为 22A，二次谐波含量达到 14A。

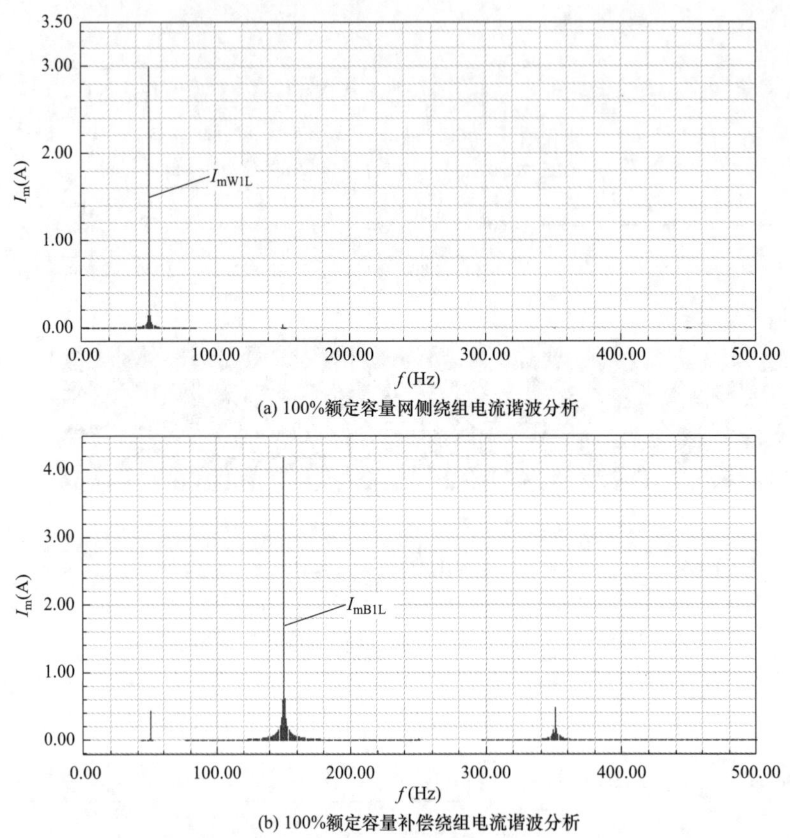

(a) 100%额定容量网侧绕组电流谐波分析

(b) 100%额定容量补偿绕组电流谐波分析

图 2-25　100％额定容量 MCSR 网侧绕组和补偿绕组电流谐波分析

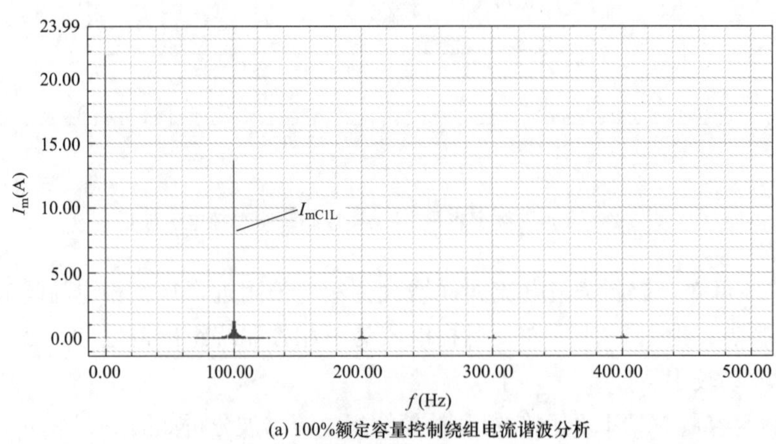

(a) 100%额定容量控制绕组电流谐波分析

图 2-26　100％额定容量 MCSR 控制绕组电流及其总控电流谐波分析（一）

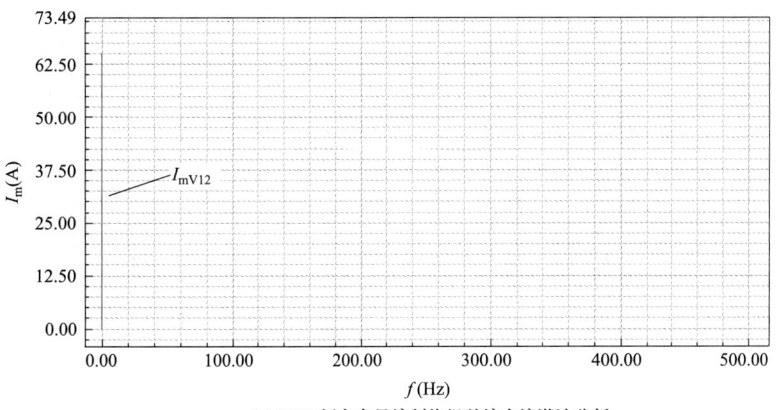

(b) 100%额定容量控制绕组总控电流谐波分析

图 2-26　100%额定容量 MCSR 控制绕组电流及其总控电流谐波分析（二）

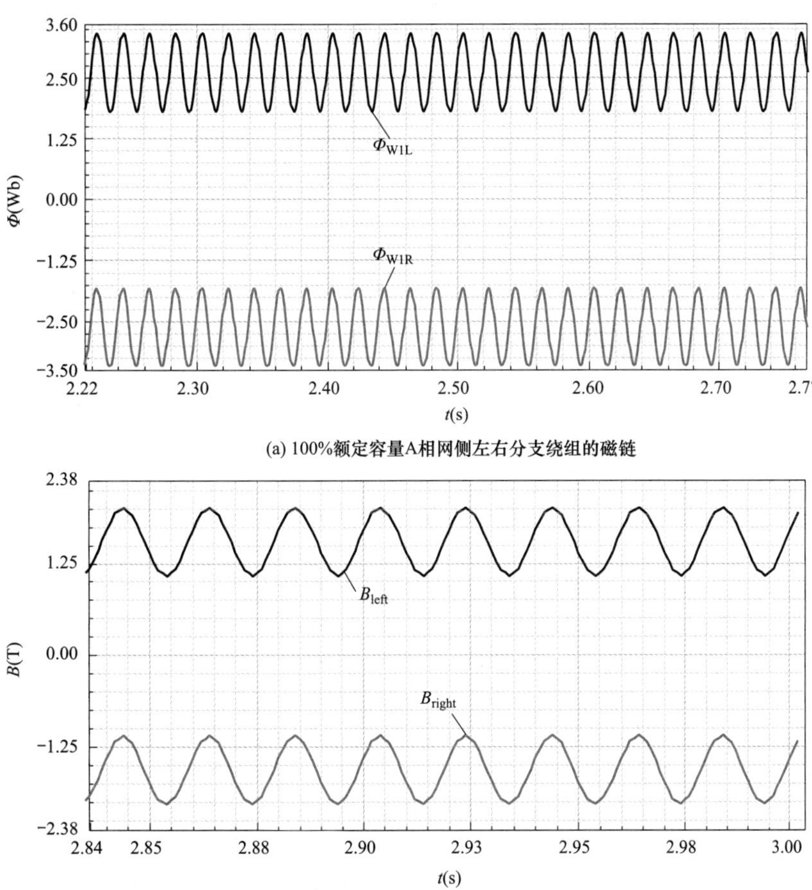

(a) 100%额定容量A相网侧左右分支绕组的磁链

(b) 100%额定容量铁心左右心柱的磁感应强度

图 2-27　100%额定容量绕组磁链及铁心磁感应强度

同理，选取 2.699～2.719s 一个稳定周期内的六个时刻作为采样点，并以 A 相为例，得出铁心磁力线变化和磁感应强度幅值分布图，如图 2-28 和图 2-29 所示。

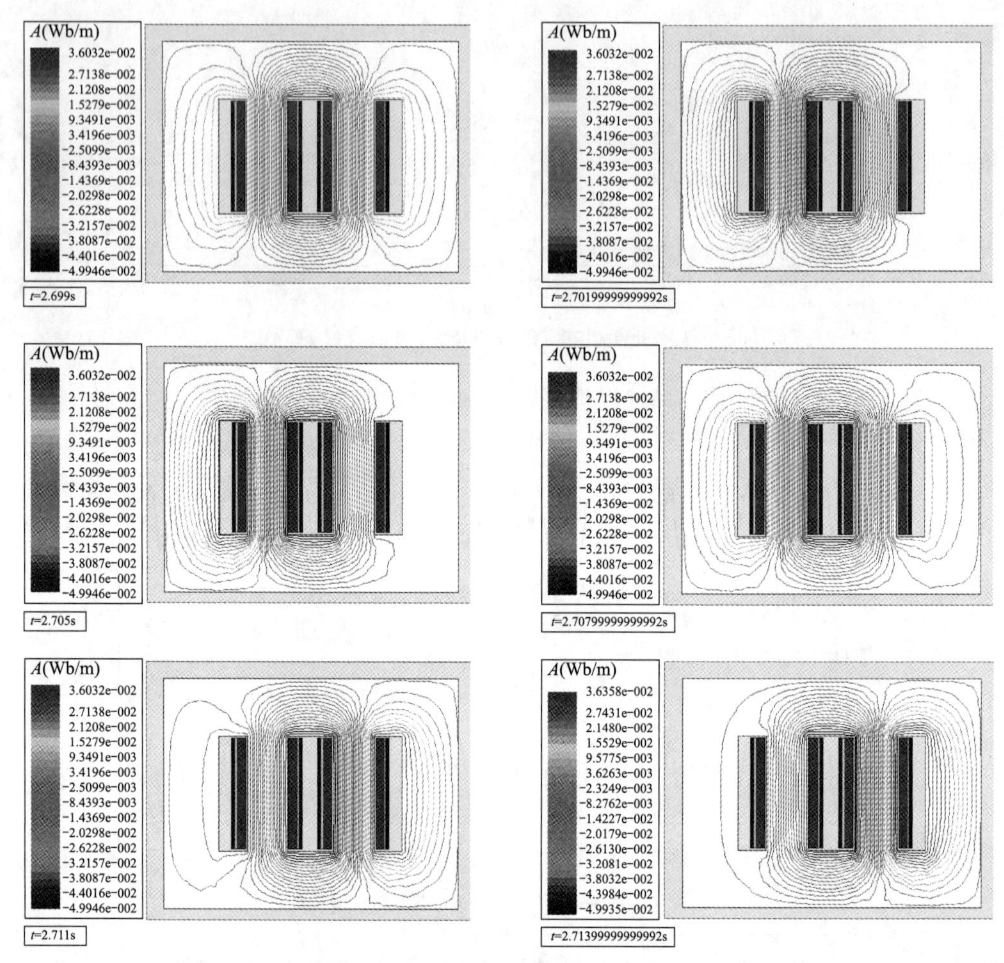

图 2-28　不同仿真时间时 100％额定容量 A 相 MCSR 磁力线分布图

由图 2-28 可知，初始时刻左心柱磁感应强度略大于右心柱，随着时间增加，左心柱密度进一步增加，右心柱密度进一步减小，在此半周期内，直流励磁在左心柱起助磁作用，在右心柱起去磁作用，磁力线主要由左心柱发出，一部分经左侧旁轭回到左心柱，另一部分经右心柱或右侧旁轭构成回路。在后半周期，直流励磁在右心柱起助磁作用，在左心柱起去磁作用，右心柱磁感应强度增加，一部分经右侧旁轭回到右心柱，另一部分经左心柱或左侧旁轭构成回路。因此，在一个周期内，铁心左右心柱交替饱和，但由于直流偏磁影响，磁感应强度的矢量方向不变，大小随交流磁通的变化而变化，旁轭由于磁路长度长，横截面积大，因此磁感应强度较小，一般也不会饱和。再结合图 2-29 也能清晰看出铁心左右心柱能量高，旁轭能量低，且左右心柱交替饱和的特点。

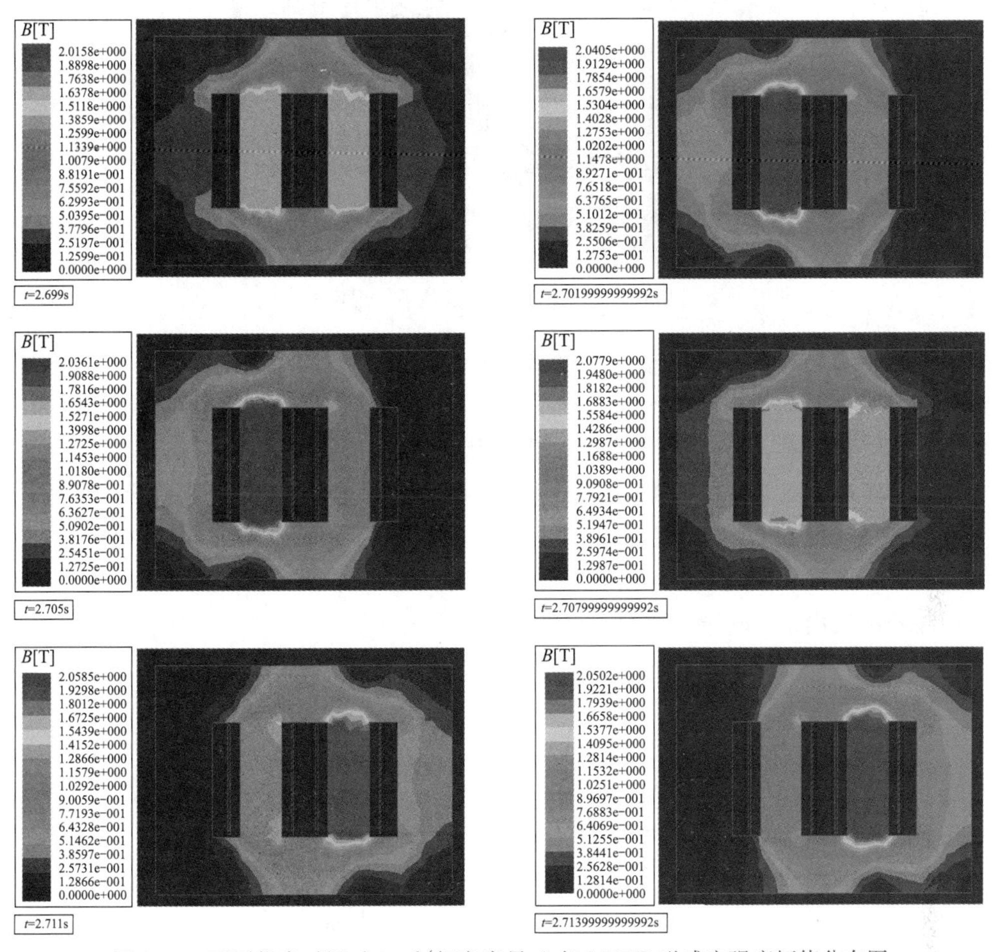

图 2-29　不同仿真时间时 100%额定容量 A 相 MCSR 磁感应强度幅值分布图

2.5　MCSR 低压物理模型试验

为了进一步验证仿真结果的正确性，深入认识 MCSR 的工作原理，在研发并搭建的三相 500V 低压 MCSR 物理模型及相应的低压物理模型试验平台上，进行稳态运行、预励磁合闸、绕组匝间故障和绕组匝地故障试验，将物理模型试验结果与模型仿真结果进行对比，从而对仿真模型的有效性进行验证。

2.5.1　MCSR 低压物理模型试验平台的搭建

低压物理模型试验平台如图 2-30 所示。整个低压物理模型试验平台分为四个部分，分别为三相 500V 低压 MCSR 模型部分、整流桥部分、网侧和控制侧励磁电源部分及故障控制部分。

就故障控制部分而言，为了对低压 MCSR 模型进行有效的匝间、匝地故障试验，该试验平台采用高时间精度的 PLC 可编程控制器、接触器和真空断路器的配合来实现

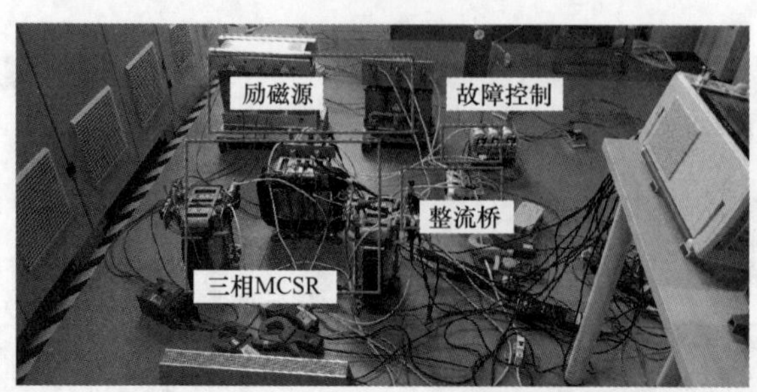

图 2-30　低压物理模型试验平台现场图

精确控制故障回路的开断。其中 PLC 可编程控制器控制时间精度为 0.001s，可以设置故障持续时间为 5 个工频周期（0.01s）。PLC 可编程控制器的控制回路如图 2-31 所示，其中 KM1 为动断触点，KM2、KM3 为动合触点。PLC 可编程控制器传输控制信号至真空断路器二次回路，二次回路闭合后，真空断路器二次回路线圈有电流流过并产生磁场，产生的磁场使静铁心产生电磁吸力带动交流接触点动作，控制真空断路器实现故障回路的开断。二次回路闭合后，KM1 一次回路断路器由常闭转变为断开，KM2、KM3 一次回路断路器由常开转变为闭合。

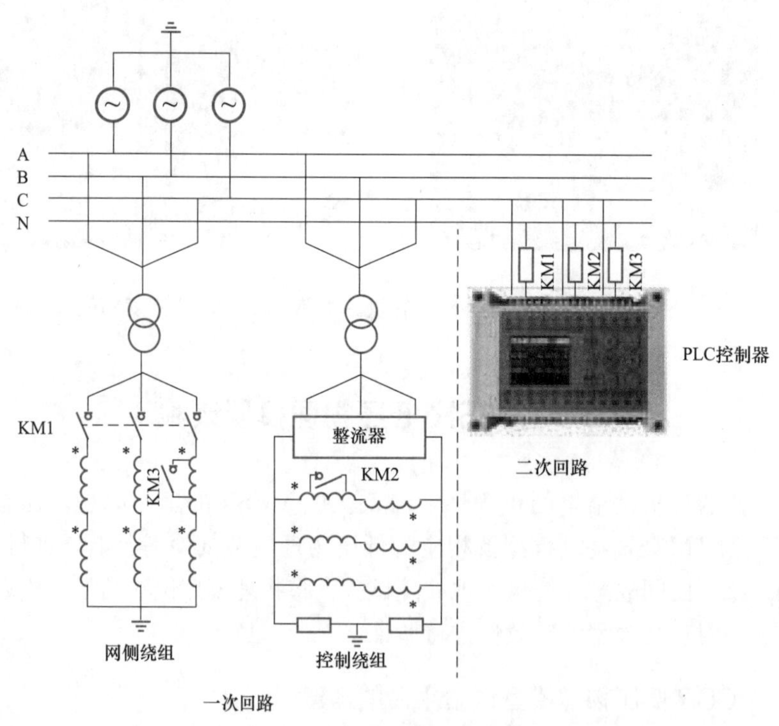

图 2-31　PLC 可编程控制器的控制回路

以控制绕组匝间故障为例说明故障控制流程如下：待 MCSR 稳定运行后，打开 PLC 可编程控制器，PLC 可编程控制器传递控制信号至 KM2 接触器，KM2 接触器控制真空断路器闭合，匝间故障开始，0.01s 后，PLC 可编程控制器传递控制信号至 KM2，使 KM2 断开，故障回路依靠真空断路器切断 KM2。此外，MCSR 发生匝间短路时，短路绕组内的故障电流非常大，仅仅依靠真空断路器 KM2 可能无法切除故障回路。因此，为了避免故障进一步扩大，对设备及人身安全造成危害，用真空断路器 KM2 切除故障回路的同时，PLC 可编程控制器直接传递信号至网侧绕组 KM1 二次回路，KM1 二次回路闭合，KM1 一次回路断路器由常闭转变为断开，网侧绕组与电网的电气连接断开，MCSR 退出运行。

2.5.2 MCSR 低压物理模型试验结果

2.5.2.1 预励磁合闸

MCSR 在 40%额定容量下预励磁合闸的试验结果如图 2-32～图 2-36 所示。由于采集设备通道有限，因此仅采集网侧绕组和控制绕组 B、C 相电气量以及角接补偿绕组内侧环流、控制侧直流母线极间电压和总控电流。

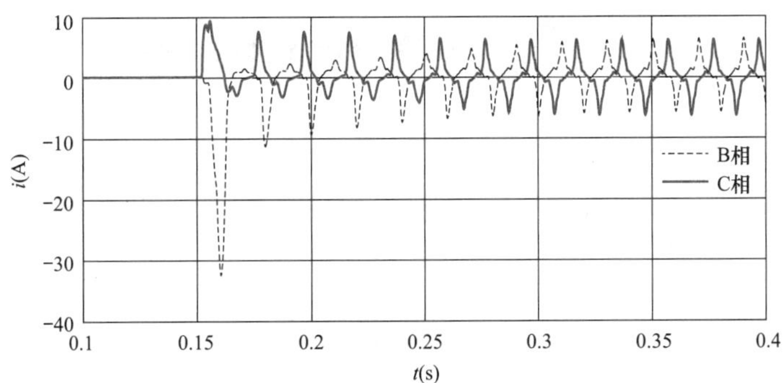

图 2-32 网侧绕组 A、B 两相电流

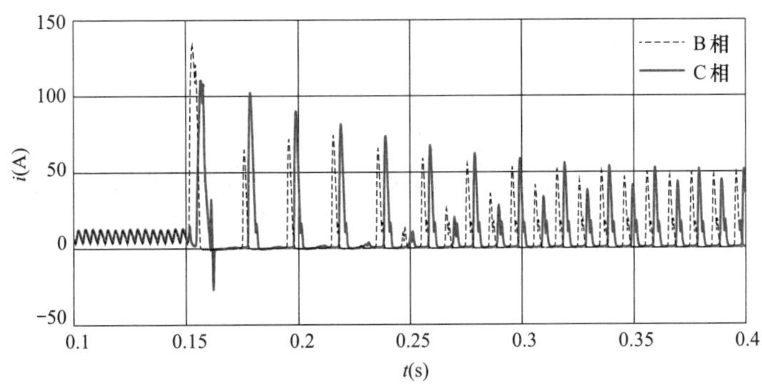

图 2-33 控制绕组 B、C 两相电流

网侧绕组 A、B 两相电流如图 2-32 所示，控制绕组 B、C 两相电流如图 2-33 所示。与变压器空载合闸产生励磁涌流的机理类似，由于铁心磁通不能突变，MCSR 网侧绕组及控制绕组的电流在合闸瞬间迅速增大，并呈现尖顶波特征。由于三相合闸时各相电流的相位差异，网侧绕组及控制绕组各相饱和程度均不同，因此各相电流幅值及波形有较大的差异。由图 2-34 可以看出，合闸瞬间补偿绕组角内环流明显增大，这主要是由于合闸过程中三相 MCSR 不对称饱和导致的零序电流在角接补偿绕组内部环流所引起的。

由于采用预励磁合闸方式，在三相 MCSR 合闸之前，其控制侧已接入六脉动整流

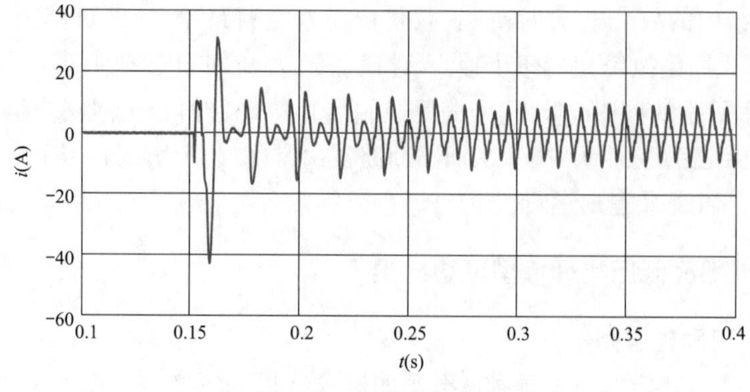

图 2-34　补偿绕组电流

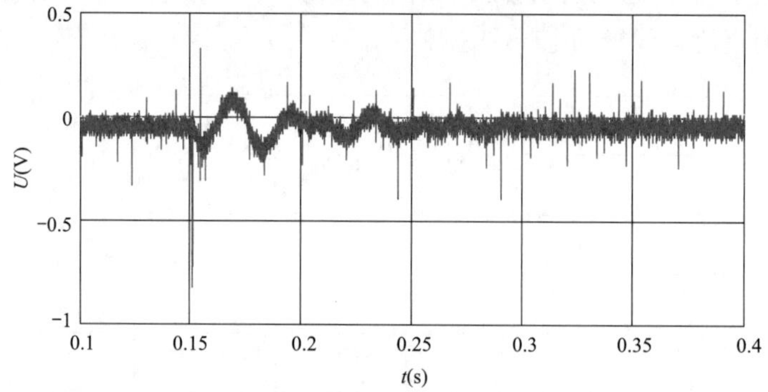

图 2-35　直流母线极间电压

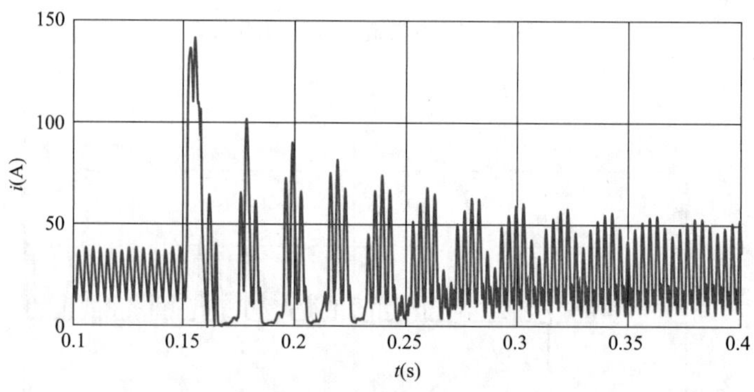

图 2-36　直流母线电流

桥输出的直流电源。从图 2-36 可以看出，0.15s 合闸前，直流母线电流含有直流分量及 6 次谐波分量，网侧合闸后，由于每相电抗器两心柱的非对称饱和，直流母线电流中将产生较大的基波分量。基波电流分量经过控制侧平衡电阻产生压降，所以直流母线极间电压中也会有较大的基波分量出现，如图 2-35 所示。预励磁合闸过程理论及仿真分析将在第 5 章介绍。

2.5.2.2　**控制绕组和网侧绕组匝间故障**

利用 2.5.1 介绍的故障控制方式，分别进行控制绕组和网侧绕组匝间故障试验。其中，控制绕组匝间故障由真空断路器 KM2 控制，故障相为 B 相；网侧绕组匝间故障由真空断路器 KM3 控制，故障相为 C 相。

1. 控制绕组匝间故障

当 MCSR 在 100%额定容量下控制绕组发生 5%匝间故障时，网侧、控制及补偿绕组电流波形试验结果分别如图 2-37～图 2-40 所示。可以看出，控制绕组 5%匝间故障发生后，电流波形故障特征不明显，尤其是网侧绕组及补偿绕组故障前后电流波形几乎相同，因此无法仅依靠网侧或控制绕组电流特征变化对匝间故障进行识别。

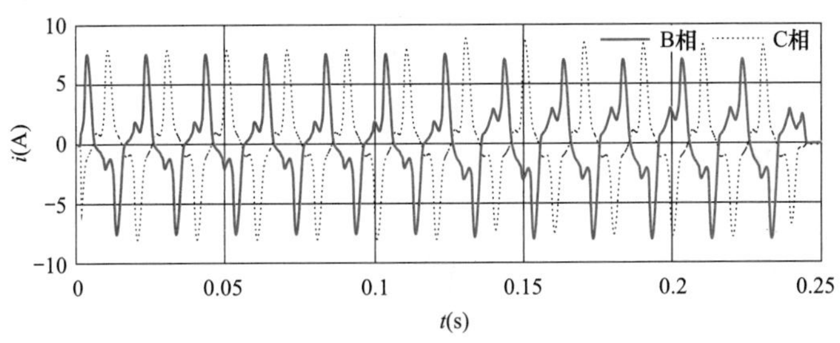

图 2-37　网侧绕组 B、C 两相电流

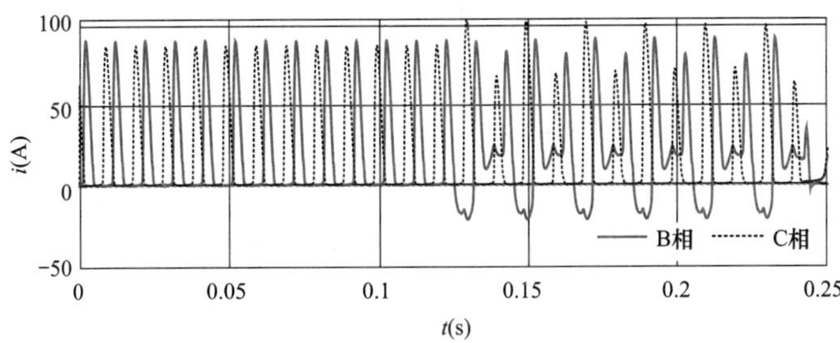

图 2-38　控制绕组 B、C 两相电流

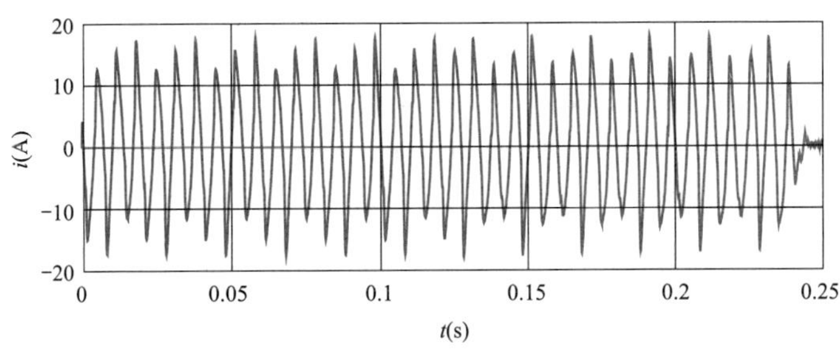

图 2-39　补偿绕组电流

图 2-40 为直流母线电流（即总控电流）波形及故障前的电流谐波分析结果。由图 2-40 可以看出，控制绕组匝间故障发生前，总控电流中主要为直流分量及 6k（k＝1，2，…）次谐波分量。而故障发生后，总控电流中将会出现较大的基波分量。控制绕组匝间故障理论、仿真分析及相应的保护配置方案将在第 4 章具体阐述。

2. 网侧绕组匝间故障

当 MCSR 在 100%额定容量下网侧绕组发生 5%匝间故障时，网侧、控制及补偿绕组电流波形试验结果分别如图 2-41～图 2-43 所示。可以看出，网侧绕组 5%匝间故障发

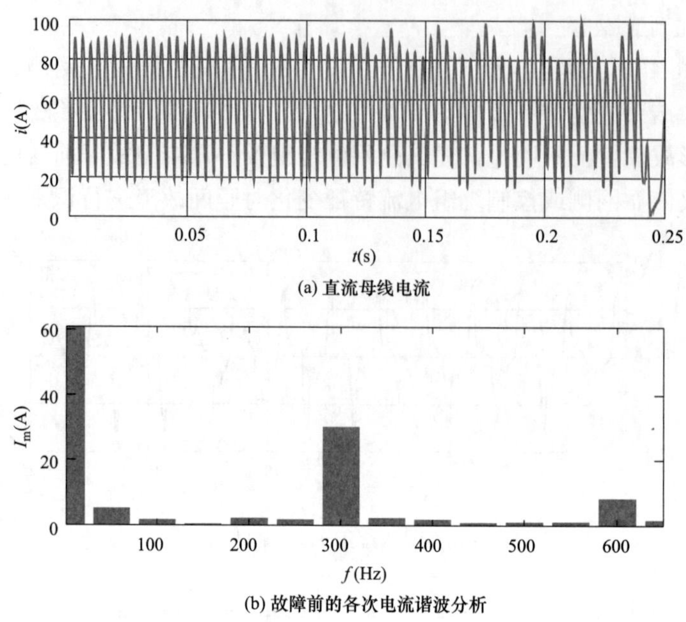

图 2-40 直流母线电流及谐波分析

生后，网侧绕组电流波形故障特征相比控制绕组匝间故障变化更为明显，因此实际工程中一般利用网侧零序电流变化特征识别网侧匝间故障。此外，控制绕组电流也可反映网侧绕组匝间故障，故障发生后故障相控制绕组中的电流将出现明显的幅值变化和谐波含量变化。同时，总控电流也将出现明显变化。

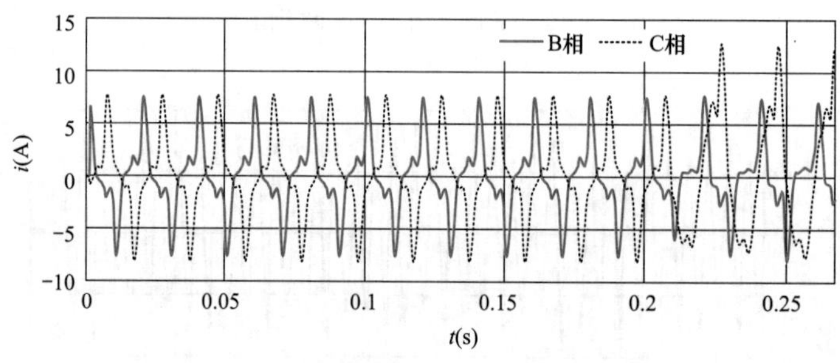

图 2-41 网侧绕组 B、C 两相电流

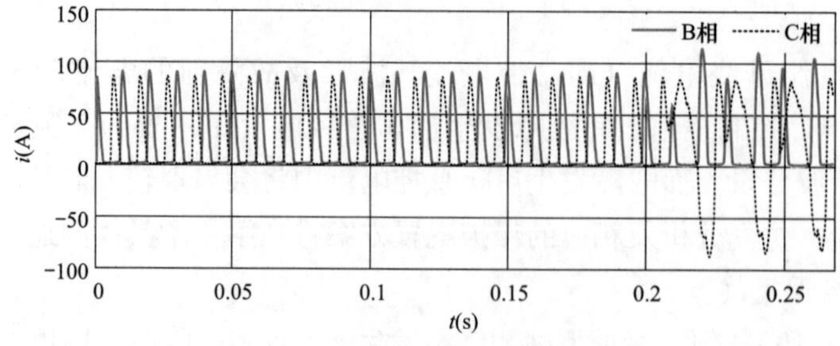

图 2-42 控制绕组 B、C 两相电流

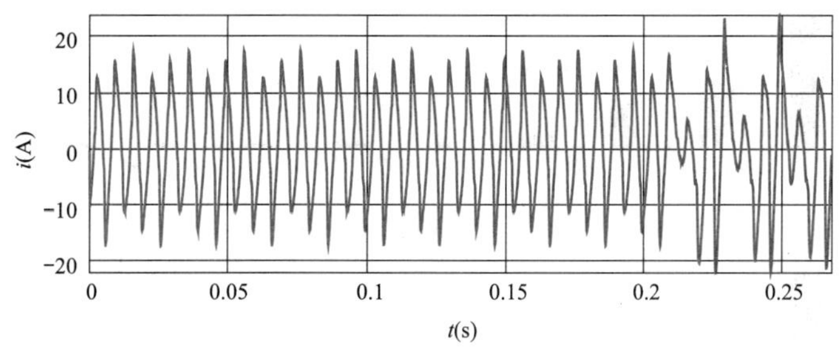

图 2-43　补偿绕组电流

图 2-44 所示为网侧绕组匝间故障发生后总控电流波形及其谐波分析结果。由图 2-44 可以看出，网侧绕组匝间故障发生后，总控电流中产生了明显的基波分量，与控制绕组匝间故障特征类似。因此，可以利用总控电流基波分量这一特殊的故障特征，同时反映网侧绕组和控制绕组的匝间故障，极大地简化了 MCSR 匝间保护方案的配置难度。相关故障特征理论分析及保护方案将在第 4.5 节中介绍。

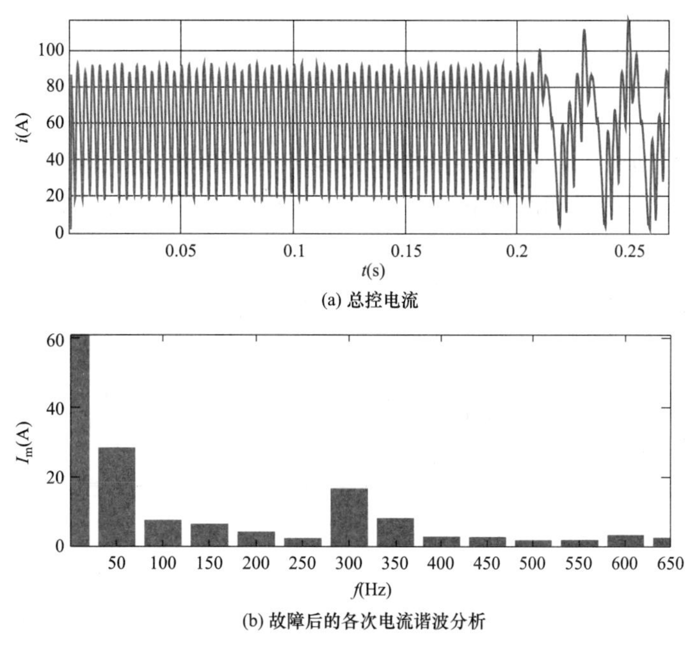

图 2-44　总控电流及谐波分析

2.5.2.3　试验与仿真结果对比验证

为说明验证模型的正确性，分别在稳态运行及控制绕组匝间故障两个场景下，对比分析了五段磁路模型仿真结果、有限元模型仿真结果及物理模型试验结果。稳态运行时网侧绕组电流各次谐波仿真与试验结果对比如图 2-45 所示。

此时，在图 2-45（a）所示的试验结果中，网侧绕组电流中既含有基波分量又含有一定的奇次谐波分量，而在图 2-45（b）和图 2-45（c）所示的仿真结果中，网侧绕组电流中仅含有一定的基波分量，而奇次谐波分量几乎为零。造成这种现象的原因在于：

（1）仿真模型中补偿绕组角外加装了 5、7 次滤波器，因此会对 5、7 次谐波存在过

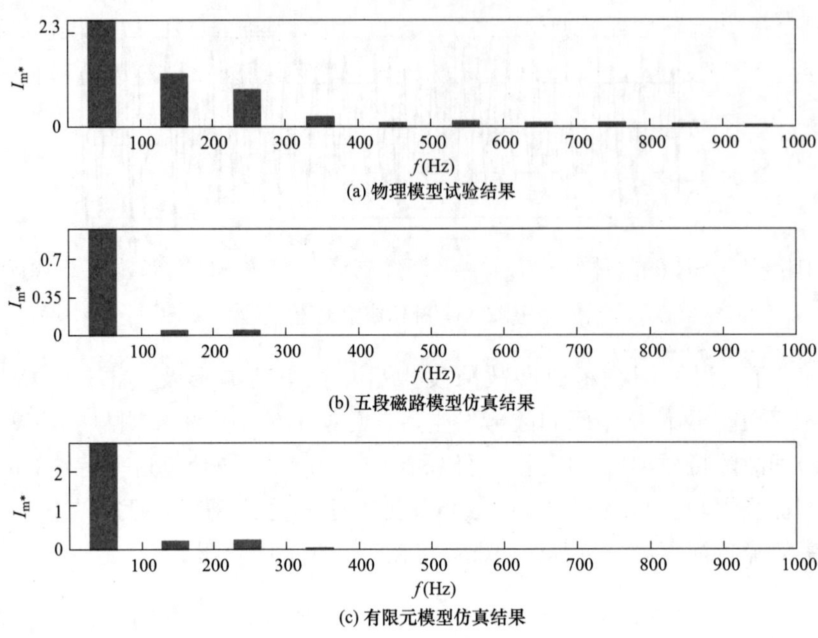

(a) 物理模型试验结果

(b) 五段磁路模型仿真结果

(c) 有限元模型仿真结果

图 2-45　稳态运行时网侧绕组电流各次谐波仿真与试验结果对比

滤作用；

(2) 角形接线的补偿绕组自身等效电阻较小，大部分 3 次谐波将在其内部形成环流。

综上所述，仿真结果中网侧绕组电流中几乎不含 3、5、7 次谐波分量。而在物理模型中，受材料限制，补偿绕组等效电阻无法再进一步缩小，且角外并未安装 5、7 次谐波滤波器，因此试验结果中网侧绕组电流所含有的 3、5、7 次谐波分量较大。

图 2-46 所示为控制绕组发生 20%匝间故障后，总控电流的物理模型试验结果、五段

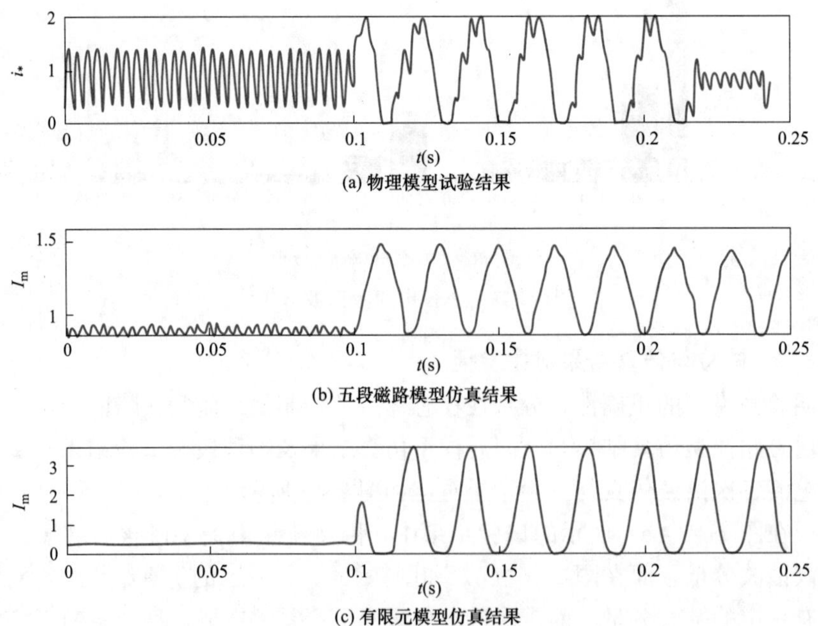

(a) 物理模型试验结果

(b) 五段磁路模型仿真结果

(c) 有限元模型仿真结果

图 2-46　控制绕组发生 20%匝间故障后总控电流的仿真与试验结果对比

磁路模型仿真结果及有限元模型仿真结果。可以看出，控制绕组发生匝间故障后，总控电流将产生明显的基波分量，同时，模型仿真结果与物理试验结果在电流波形上几乎一致。

2.6　小　　结

本章围绕 MCSR 的本体结构，结合图解法分析了 MCSR 的基本工作原理，然后基于傅里叶级数分解法以及电磁感应原理，对 MCSR 稳态运行时的谐波特性进行了研究，最后在有限元分析软件中搭建了仿真模型，并结合低压物理模型对各种工况进行了验证。具体研究内容为：

（1）MCSR 正常运行时，通过调节控制绕组电流的大小，可以改变心柱中的直流励磁，进而改变心柱的饱和程度，最终实现电抗器的等效电抗大小和容量的调节。

（2）稳定状态下运行时，MCSR 的网侧绕组电流中只含有基波分量及其他奇次谐波分量，控制绕组电流中只含有直流分量和偶次谐波分量。

（3）基于实际投运的鱼卡站 750kV MCSR 利用五段磁路分解法搭建了仿真模型，在 Ansoft Maxwell 有限元分析软件上，考虑 MCSR 的高度对称性以及建模仿真效率，选用一台 500V MCSR 低压物理模型，搭建精确的二维有限元模型。

（4）利用 500V 低压物理模型搭建了 MCSR 物理试验平台，进行了稳态运行、预励磁合闸、匝间故障等试验，并将试验结果与仿真结果进行了对比，说明了仿真模型的有效性。

参考文献

[1] 郑涛，赵彦杰．超/特高压磁控式并联电抗器合闸过程分析及其影响研究［J］．中国电机工程学报，2015，35（7）：1790-1798.

[2] 王轩，邓占锋，于坤山，等．超高压磁控式并联电抗器稳态特性［J］．中国电机工程学报，2008，28（33）：104-109.

[3] 安振．特高压磁饱和式可控电抗器设计及其磁场问题研究［D］．沈阳：沈阳工业大学，2017.

[4] 蔡宣三，高越农．可控饱和电抗器原理、设计与应用［M］．武汉：中国水利水电出版社，2008：1-43.

[5] 赵彦杰．新型磁控式并联电抗器仿真建模及保护策略研究［D］．北京：华北电力大学，2015.

[6] 邓占锋，王轩，周飞，等．超高压磁控式并联电抗器仿真建模方法［J］．中国电机工程学报，2008，28（36）：108-113.

[7] 程志光．电气工程电磁热场模拟与应用［M］．北京：科学出版社，2009.

[8] 钟鸣．磁控电抗器磁阀分析及快速响应特性研究［D］．南昌：华东交通大学，2015.

[9] 欧振国．磁控电抗器的损耗研究［D］．广州：广东工业大学，2014.

[10] 于凯．超/特高压磁控式并联电抗器内部故障电磁暂态建模与物理实验研究［D］．北京：华北电力大学，2019.

[11] 马玉龙．特高压磁控式并联电抗器内部故障仿真建模研究［D］．北京：华北电力大学，2018.

[12] 韦俊琪．磁控式并联电抗器励磁故障影响及控制绕组接地保护研究［D］．北京：华北电力大学，2021.

第3章

MCSR接入电网特性研究

本章的主要目的是明晰MCSR接入电网后，其自身的运行特性以及对电网产生的影响。首先，从MCSR稳态运行特性出发，研究其无功输出特性，以及稳态运行产生的谐波特征；其次，从MCSR合闸操作过程出发，研究该暂态过程中所产生的励磁涌流及其谐波特征；最后，分析MCSR接入后，对电网各种故障/操作中过电压特性的影响。综合上述三方面分析，明确了MCSR接入对电网无功特性、电能质量及设备过电压等方面产生的影响。

3.1 MCSR稳态运行特性

本节根据MCSR的基本结构和控制原理，基于在MATLAB平台上搭建的详细电磁暂态仿真模型，模拟了MCSR在稳态运行时的工作状态，给出了其各绕组的电气量波形，并从无功输出特性和谐波特性两方面评估了MCSR的稳态运行特征。基于我国西北电网750kV鱼卡站应用的MCSR工程，给出了实际工程中MCSR的部分仿真分析结果。

3.1.1 稳态运行仿真结果

考虑到MCSR利用铁心的饱和特性进行无功控制，铁心饱和后MCSR对外呈现饱和非线性电感特性，容易产生多次谐波[10]。为了限制MCSR注入电网的谐波水平，在MCSR的补偿侧接入5、7次无源滤波器，其拓扑结构如图3-1所示，MCSR的额定容量为330Mvar，其网侧额定线电压为750kV，补偿侧额定线电压为35kV，控制侧额定线电压为72kV，5、7次滤波器的额定容量分别为20Mvar和12Mvar。由于补偿侧滤波器的接入将对各绕组的电压、电流及输出的无功功率产生一定影响，因此，需要分别针对有、无滤波器两种运行状态，对MCSR的稳态运行特性进行仿真分析。在仿真中模拟的过程为：MCSR直接合闸后解锁直流励磁支路的换流器，按照给定的参考值调节直流励磁电流至稳态，重点分析该稳态下的运行特性。

1. 无滤波器接入的仿真结果

考虑MCSR 50%额定容量稳态运行场景下，不带5、7次滤波器启动并运行至稳态

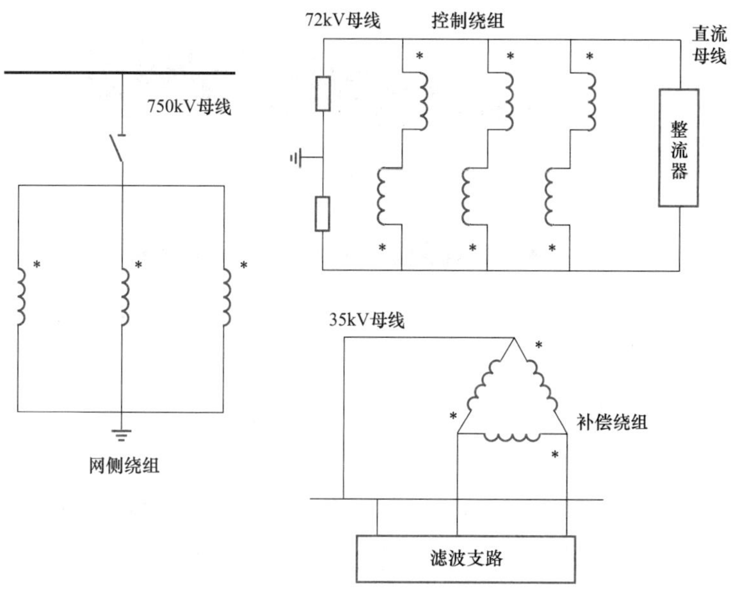

图 3-1　MCSR 拓扑结构示意图

过程中，MCSR 的各绕组电流及无功功率等仿真波形如图 3-2 所示，其中从上至下各波形分别为网侧输出的无功功率、总控电流、A 相网侧电流瞬时值、A 相控制电流瞬时值、A 相补偿电流瞬时值。由图 3-2 可见，随着控制电流的逐渐上升，无功功率也逐渐上升至稳态；控制绕组单相电流中除直流分量外，还感应出较大的谐波分量，而控制侧总控电流为三相控制绕组电流之和，其谐波分量相对较小。

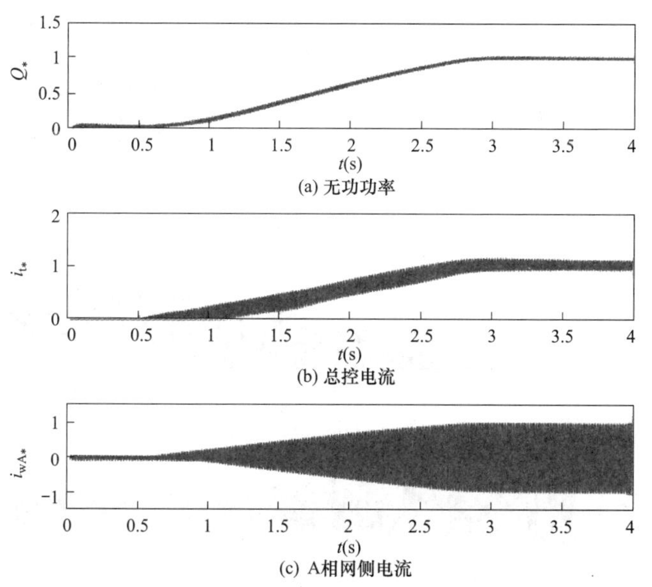

图 3-2　无滤波器条件下 MCSR 仿真波形（一）

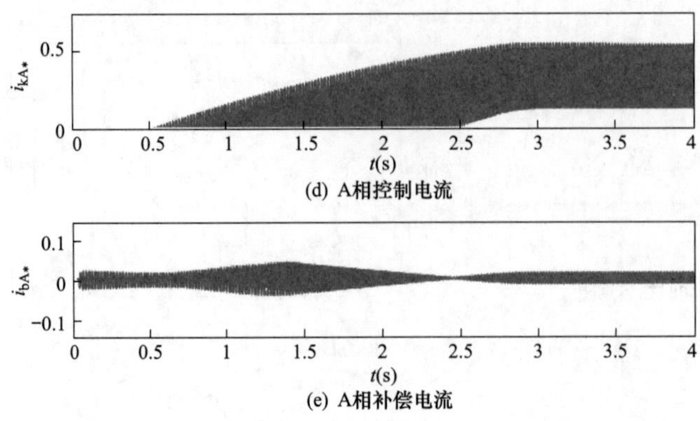

(d) A相控制电流

(e) A相补偿电流

图 3-2　无滤波器条件下 MCSR 仿真波形（二）

2. 有滤波器接入的仿真结果

在 MCSR 50％额定容量且带 5、7 次滤波器启动并运行至稳态过程中，MCSR 的各绕组电流及无功功率等仿真波形如图 3-3 所示，其中从上至下各波形分别为网侧输出的

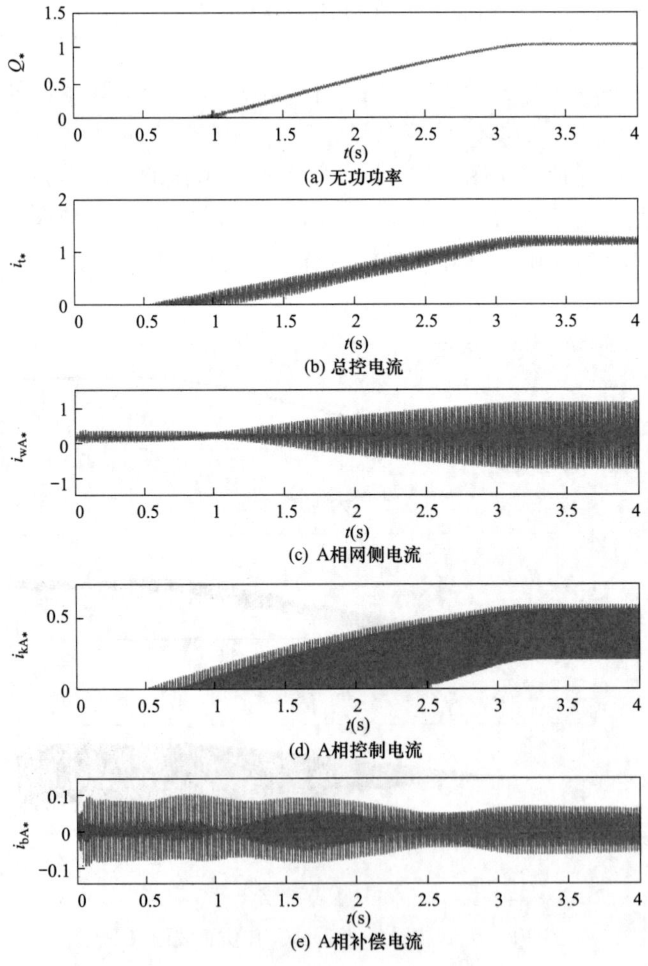

(a) 无功功率

(b) 总控电流

(c) A相网侧电流

(d) A相控制电流

(e) A相补偿电流

图 3-3　有滤波器条件下 MCSR 仿真波形

无功功率、总控电流、A 相网侧电流瞬时值、A 相控制电流瞬时值、A 相补偿电流瞬时值。与无滤波器工况相比，由于补偿侧接入了滤波器作为负载，因此补偿侧电流明显增大。

本节主要展示了 MCSR 启动至稳态运行状态的电气量波形，后面将对 MCSR 的无功输出特性及稳态谐波特性进行深入的分析。

3.1.2　无功输出特性

在 3.1.1 中针对特定无功功率状态下的 MCSR 稳态运行状态进行了仿真分析，下面重点分析 MCSR 在多种工况下的无功输出特性。

1. MCSR 无功逐级调节的响应特性

MCSR 无功逐级调节的控制原理如图 3-4 所示，其中，根据无功参考值通过查表法得到控制电流参考值。其中，无功-控制电流参考值表格由多次测试得到。从控制电流参考值到换流器触发角参考值采用比例积分控制器[11,12]。实际上也可采用其他控制方式，例如从无功参考值到控制电流参考值采用比例积分控制方式，或者采用一个比例积分控制器实现从无功参考值到换流器触发角参考值的直接控制[13]。

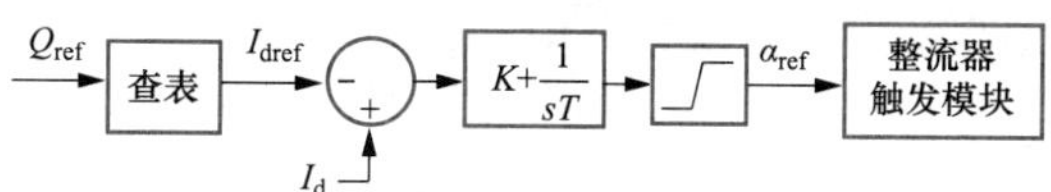

图 3-4　MCSR 无功逐级调节的控制原理图

通过仿真给出了 MCSR 无功逐级调节时，输出无功功率的时域响应曲线，仿真结果如图 3-5 所示。无功指令分为 7 挡，分别为 60Mvar、110Mvar、150Mvar、230Mvar、300Mvar、330Mvar、360Mvar。

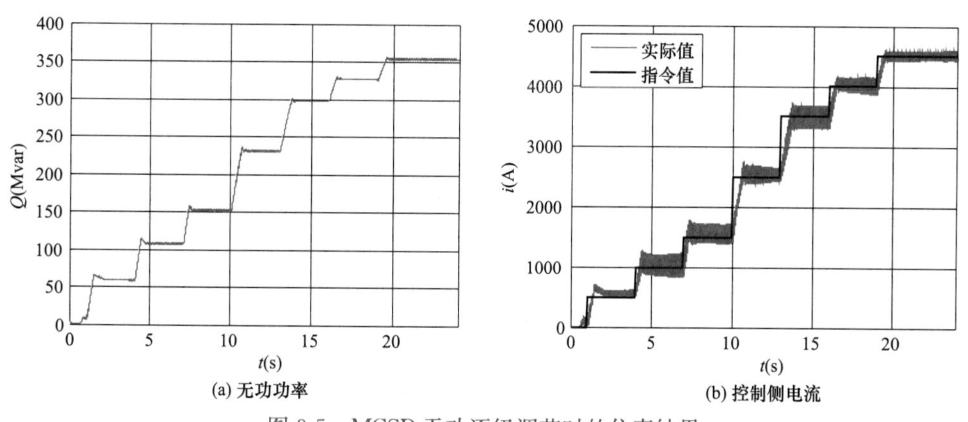

图 3-5　MCSR 无功逐级调节时的仿真结果

由图 3-5 的仿真结果可见，当 MCSR 无功功率逐级上调时，输出无功功率迅速达到预设的参考值；控制绕组电流对其控制参考值也表现出较好的跟随性。

2. 滤波器的投退对无功功率的影响

由于补偿侧 5、7 次滤波器在工频下呈容性，因而在其投入时，MCSR 实际输出的感性无功功率将低于滤波器投入前的值，如图 3-6 所示。图中三组波形分别为无功功率、控制侧总电流、补偿侧 A 相电流的对比图。因此，在带滤波器运行条件下，在相同的无功功率输出情况下，需要施加更大的控制侧电流。

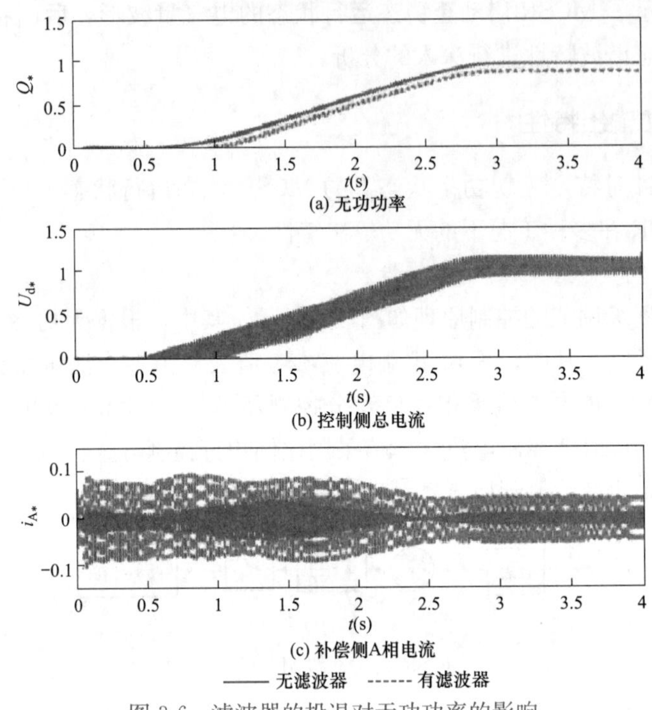

图 3-6　滤波器的投退对无功功率的影响

3. 实际工程中 MCSR 无功输出能力的实测结果

鱼卡站 750kV MCSR，在系统调试中曾开展了大量试验工作。根据现场实测结果，鱼卡站 MCSR 在他励、自励方式下，折算至 800kV 下的输出无功功率如表 3-1 所示。

表 3-1　鱼卡站 MCSR 输出无功功率的实测值

励磁方式	控制侧电流	折算至 800kV 的无功功率（Mvar）	
		实测值	与设计额定容量的比值
他励	5%额定值	24.6	7.5%
	105%额定值	326	98.8%
自励	5%额定值	22.7	6.9%
	105%额定值	330	100%

由表 3-1 的数据可知，鱼卡站 MCSR 在他励和自励方式下的容量调节范围基本一致，控制侧电流为额定励磁电流的 5%～105%，母线可控高压电抗器的无功功率为 22.7～330Mvar，为额定设计容量的 6.9%～100%，与工程前期的设计目标基本一致。

3.1.3　谐波特性分析

3.1.3.1　各绕组谐波特性

根据文献［14］，当三相系统完全对称时，三相电流的波形将完全相同，但彼此之间相差基波周期的 1/3。从各次倍频谐波来说也呈现相符的规律性，即基波和 4、7、11 等次谐波分量呈正序，2、5、8 等次谐波分量呈负序，3、6、9 等次谐波分量呈零序。MCSR 的网侧绕组、控制绕组、补偿绕组在工作频率、工作电压及中性点接地方式等方面存在区别，2.3 中已对 MCSR 的谐波特性进行了理论分析，这里通过仿真给出各绕组的谐波组成，从而为进一步明确 MCSR 向电网注入谐波特性。

1. 无滤波器稳态运行的仿真结果

在 MCSR 额定容量运行且 5、7 次滤波器未投入条件下，MCSR 稳态各绕组电流及无功功率等仿真波形如图 3-7 所示。从图 3-7 中波形可见，无功功率存在小幅值的工频分量；控制侧总电流中除直流分量外，还存在较大的工频分量和小幅值的倍频分量；网侧电流以工频为主，但存在较明显的畸变，即存在较明显的倍频谐波；控制侧单相电流中除直流分量外，还存在明显的 2 倍频分量，以及小幅值的倍频分量；补偿侧电流包含小幅值的工频及倍频分量。

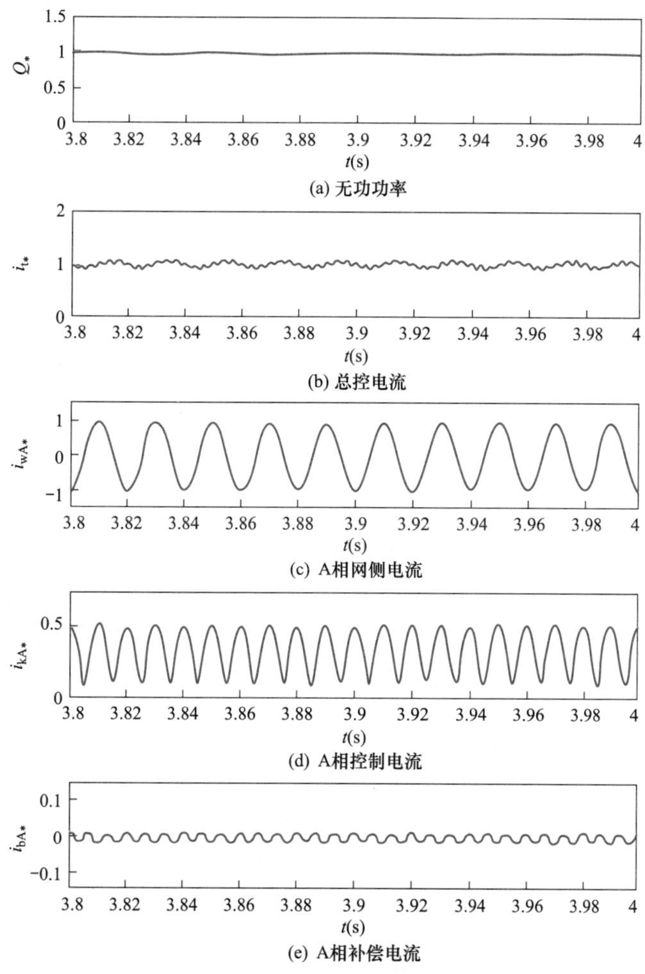

图 3-7　无滤波器条件下 MCSR 仿真波形（额定容量运行）

无滤波器条件下 MCSR 网侧电流的各次谐波幅值如图 3-8 所示，其中横坐标代表谐波次数，可见各次谐波中 3、5、7 次幅值相对较高。

MCSR 50%额定容量运行且不带 5、7 次滤波器条件下，MCSR 网侧电流的各次谐波幅值如图 3-9 所示，与额定容量运行状态相比，网侧电流谐波含量相对较大；各次谐波中 3、5 次幅值相对较高。

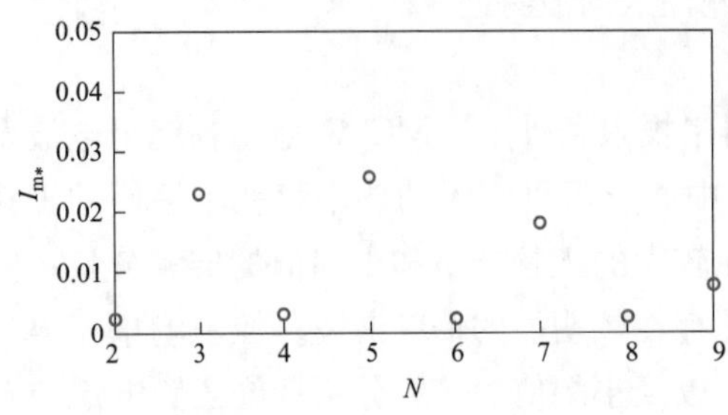

图 3-8　无滤波器条件下 MCSR 网侧电流的各次谐波幅值（额定容量运行）

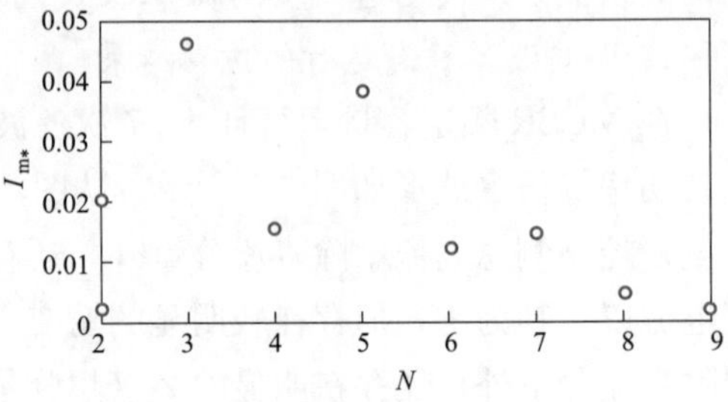

图 3-9　无滤波器启动达稳态运行后 MCSR 网侧电流的各次谐波幅值（50%额定容量运行）

上述仿真结果表明，无滤波器运行条件下，MCSR 将向电网中注入一定幅值的倍频谐波，尤其是在低出力状态下，下面针对带滤波器状态进行仿真分析，分析滤波器的投入对谐波的抑制作用。

2. 带滤波器稳态运行的仿真结果

MCSR 无功额定容量运行且带 5、7 次滤波器条件下，MCSR 稳态绕组的电压、电流及无功功率等仿真波形如图 3-10 所示。从图 3-10 中波形可见，无功功率存在小幅值的工频分量；控制侧总直流电流中存在小幅值的工频分量及倍频分量；网侧电流以工频为主，但存在小幅畸变；控制侧单相电流中除直流分量外，还存在明显的 2 倍频分量，以及小幅值的倍频分量；补偿侧电流包含小幅值的工频分量及倍频分量。

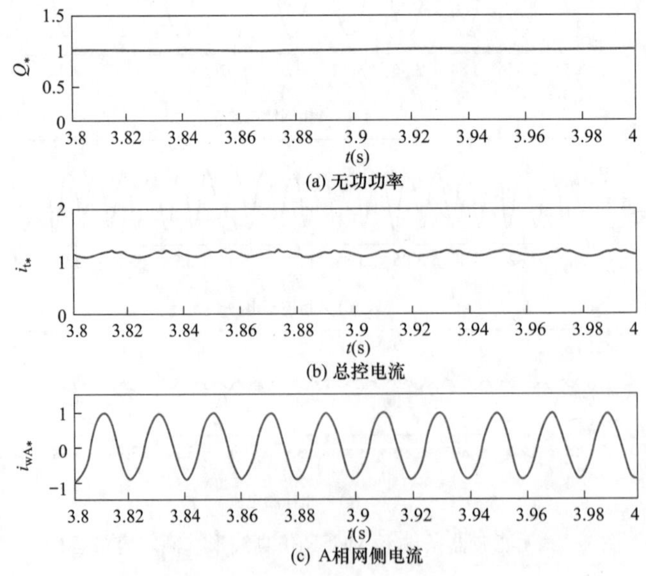

图 3-10　带滤波器条件下 MCSR 仿真波形（额定容量运行）（一）

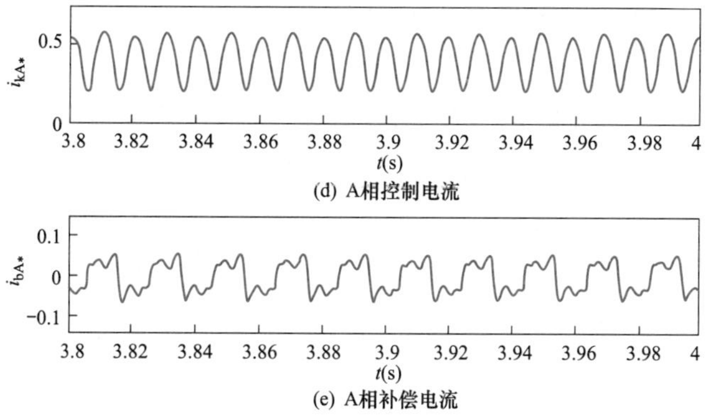

图3-10　带滤波器条件下MCSR仿真波形（额定容量运行）（二）

带滤波器条件下MCSR网侧电流的各次谐波幅值如图3-11所示，其中横坐标代表谐波次数，可见各次谐波中3、4、5次谐波幅值相对较高；与无滤波器相比，5、7次谐波分别降低约20％和44％。

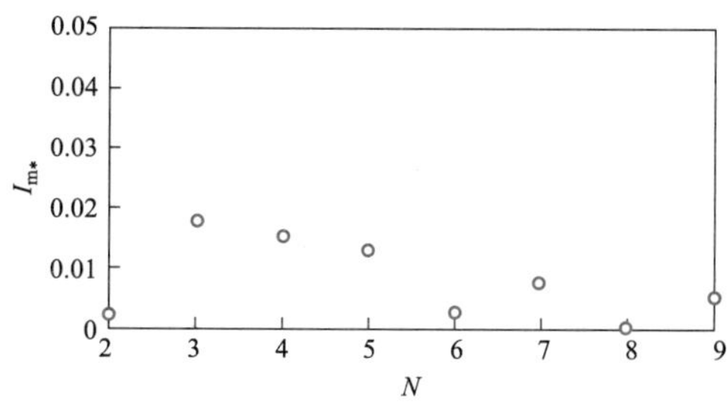

图3-11　带滤波器条件下MCSR网侧电流的各次谐波幅值（额定容量运行）

MCSR无功运行在50％额定容量且带5、7次滤波器条件下，MCSR网侧电流的各次谐波幅值如图3-12所示，各次谐波中3、4、5次幅值相对较高；与额定容量状态相比，网侧电流谐波含量相对较大；与无滤波器相比，5、7次谐波分别降低约50％和33％。对比有、无滤波器条件下的谐波幅值可知，5、7次滤波器投入后，在一定程度上降低了MCSR向电网中注入的倍频谐波，如增大滤波器的容量，可进一步降低相应谐波幅值。

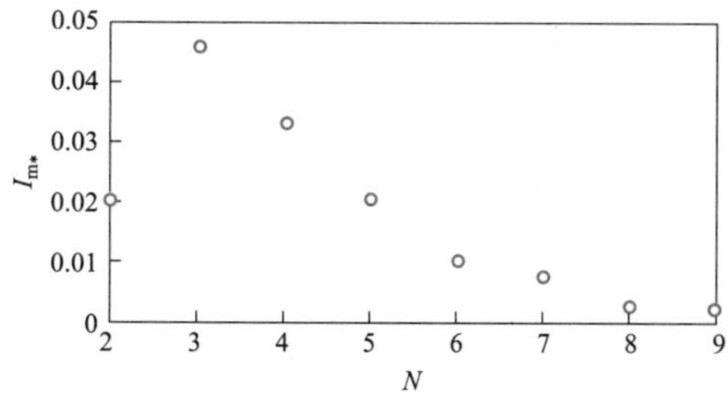

图3-12　带滤波器条件下MCSR网侧电流的各次谐波幅值（50％额定容量运行）

3.1.3.2 谐波特性的影响因素分析

通过 3.1.3.1 的分析表明，MCSR 网侧电流以奇数次谐波为主，其中 3、5、7 次谐波幅值相对较高。本小节分析 MCSR 向电网中注入谐波的影响因素，着重考虑无功功率水平及 5、7 次谐波滤波器投入与否两方面因素的影响。其中，在施加不同的控制侧直流电流时，MCSR 铁心的饱和程度不同，将实现不同的无功输出；而在不同的饱和程度（也称为不同的工作点）下，易知其输出电流的谐波特征将存在差异。下面通过仿真和实测给出定量分析结果。

1. 仿真分析

考虑不同的无功功率水平，以及投入、不投入滤波器两种情况，通过仿真给出了 MCSR 无功逐级调节（给定不同控制电流，见图 3-5）时，输出电流的谐波含量响应曲线，如图 3-13 所示。这里主要给出了 3、5、7 次谐波幅值随时间变化的曲线，进一步分析还可发现其中 3 次谐波主要为零序、5 次谐波主要为负序、7 次谐波主要为正序。

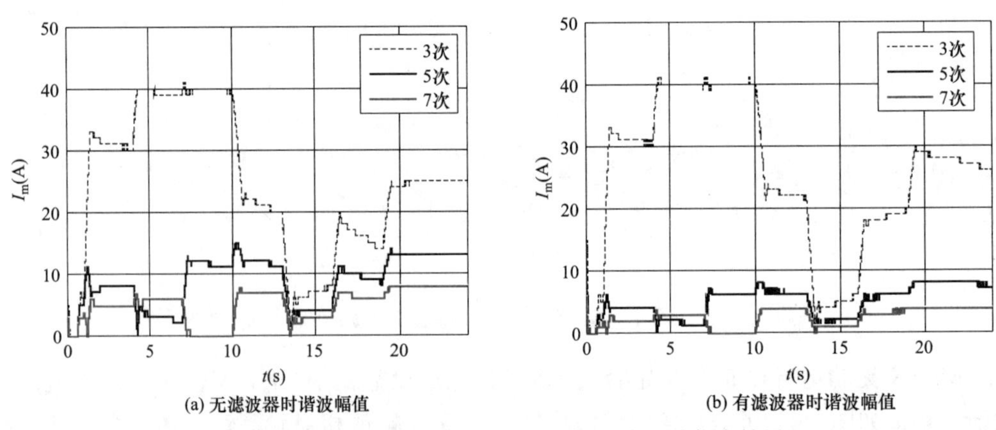

图 3-13 不同工况下 MCSR 网侧电流稳态谐波仿真结果

由仿真结果可总结以下几个规律：

(1) 由于电流—磁链曲线的非线性，当 MCSR 位于不同的工作点（无功功率状态）时，其电感饱和程度不同，因此输出电流的畸变程度不同，使得谐波含量也存在差异。

(2) 由于补偿绕组是角形连接，因此该绕组对 3 次谐波的零序分量有一定的分流作用。

(3) 补偿绕组侧 5、7 次滤波器投入后，能够在一定程度上滤除 MCSR 网侧电流中的 5、7 次谐波。

2. 实测分析

鱼卡站 750kV MCSR 调试试验中也测试了 MCSR 无功逐级调节时的输出电流，并采用傅里叶变换进行频谱分析，谐波含量响应曲线如图 3-14 (a) 所示。试验中采用自励方式，其中 200A 时未投滤波器，其余为投入滤波器后的实测结果。通过与图 3-14 (b) 所示的仿真结果进行对比，实测结果与仿真结果较为吻合。

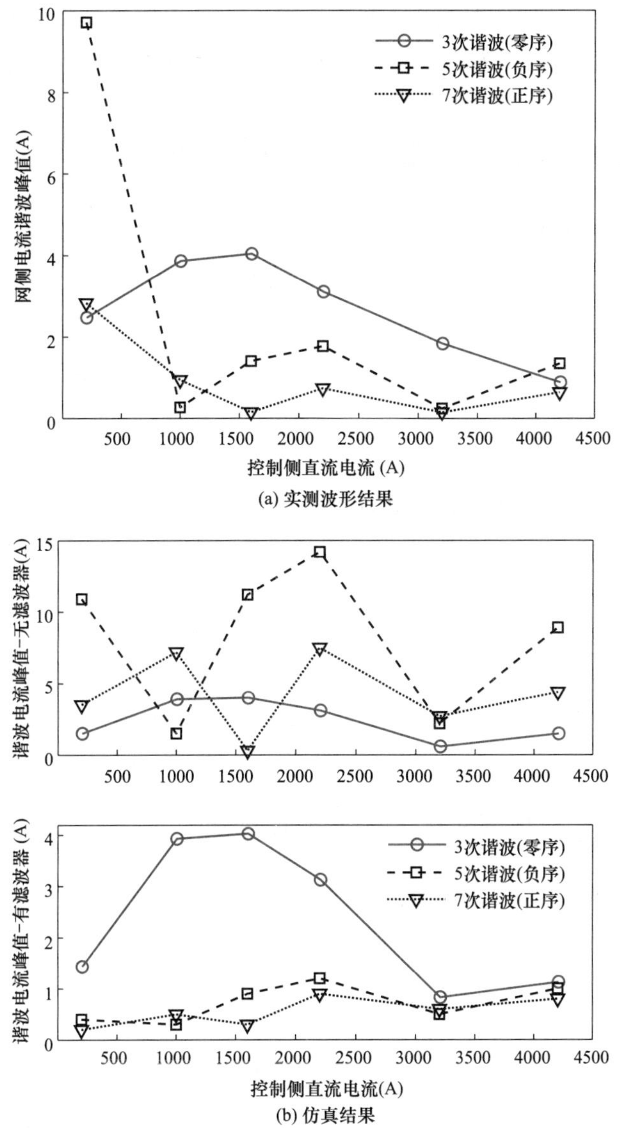

图 3-14　不同工况下 MCSR 网侧电流稳态谐波实测结果

本节对 MCSR 的稳态特性进行仿真分析，展示了各绕组电气量的特征，并针对无功输出特性及稳态谐波特性进行仿真与实测分析，得到如下结论：

（1）MCSR 通过在控制绕组施加直流电流，使铁心趋于饱和，网侧等效电感降低，从而输出不同的无功功率，且无功功率与控制侧电流呈单调递增关系。无功功率、控制绕组电流对控制参考值表现出较好的跟随性。

（2）稳态运行条件下，MCSR 输出无功功率存在小幅值的工频分量；控制侧单相绕组电流中除直流分量外，还存在明显的 2 倍频分量，控制侧输出的总电流为三相电流之和，其谐波分量小于单相谐波分量；网侧输出电流以工频电流为主，但存在一定的倍频谐波；补偿侧电流包含小幅值的工频及倍频分量，当投入 5、7 次滤波器时，主要为滤波器负荷电流。

（3）稳态运行时 MCSR 的网侧输出电流中 3、5、7 次谐波幅值较高，其幅值与时变的工作点有关，投入 5、7 次滤波器可在一定程度上抑制相应的谐波分量。

3.2　MCSR 合闸暂态特性及对电网的影响

MCSR 为非线性电感设备，与饱和变压器类似，当 MCSR 网侧直接合闸接入电网时，将产生较大的励磁涌流，其中含有各次谐波分量。这种暂态谐波对电网的危害主要包括交流电压畸变、过电压，以及影响直流输电系统及其他电力电子设备的正常运行等。这里主要分析 MCSR 在合闸过程中所输出的励磁涌流及其谐波特征。

本节针对 MCSR 合闸暂态特性进行仿真与实测分析，从而明确合闸对电网产生的影响。具体分析工作包括：

（1）基于 MCSR 的详细电磁暂态仿真模型，模拟了 MCSR 在合闸时的暂态过程，给出了合闸过程中各绕组的电气量波形，对比了预励磁合闸和直接合闸两种操作方式下的暂态特性。

（2）针对预励磁合闸过程，基于电磁暂态模型分析了预励磁电流大小对 MCSR 输出暂态谐波特性的影响。

（3）基于我国西北电网应用的 MCSR 设备，给出了实际工程中 MCSR 的部分仿真和实测结果。

3.2.1　MSCR 预励磁合闸及直接合闸过程分析

MCSR 投入时有两种可选的合闸操作方式，即直接合闸方式（也称无预励磁合闸方式）和预励磁合闸方式。前者是在 MCSR 合闸后再施加直流励磁电流以达到目标工作点；而后者是在施加一定的直流励磁电流后再投入 MCSR，之后进一步调节直流励磁电流以达到目标工作点。由于 MCSR 铁心的饱和特性，MCSR 在两种合闸方式下投入时会产生较大的励磁涌流，其中含有各次谐波分量，该过程可能对直流输电系统等造成影响[12]。

直接合闸方式下 MCSR 与常规的空载变压器类似，当空载 MCSR 通过合闸操作投入电网时，由于电感磁链不能突变，因此外部电压的突变将使磁链出现自由分量，并导致电感饱和，产生大量的暂态谐波分量。

预励磁合闸方式下产生的电感饱和特性及输出电流的谐波特性将与直接合闸方式存在显著差异。在 MCSR 合闸前施加一定的直流励磁，一方面使 MCSR 的初始工作点向饱和方向移动，相当于变压器存在一定的剩磁，会形成更大的励磁涌流[13-15]；另一方面，合闸后控制绕组作为谐波的分流通道，会出现直流分量和各次谐波分量，将对 MCSR 的工作点造成影响，并进一步影响自身的谐波特性。

分别对无预励磁和预励磁电流 200A（5%额定励磁电流）两种情况进行仿真，随机合闸 100 次，统计计算网侧电流最大峰值分别为 369A 和 588A，可见与无预励磁时相比，加入预励磁后网侧电流明显增大。在此基础上，分别选择典型合闸工况，仿真分析两种合闸方式下的励磁涌流及其谐波特征，并着重对预励磁合闸方式下的谐波产生机理及特征进行分析。

3.2.1.1　**直接合闸方式下 MCSR 的励磁涌流**

直接合闸方式下投空载 MCSR 时各绕组电流仿真波形如图 3-15 所示，可见补偿侧电流也出现了较大的涌流；控制侧为开路状态，因此电流为零。

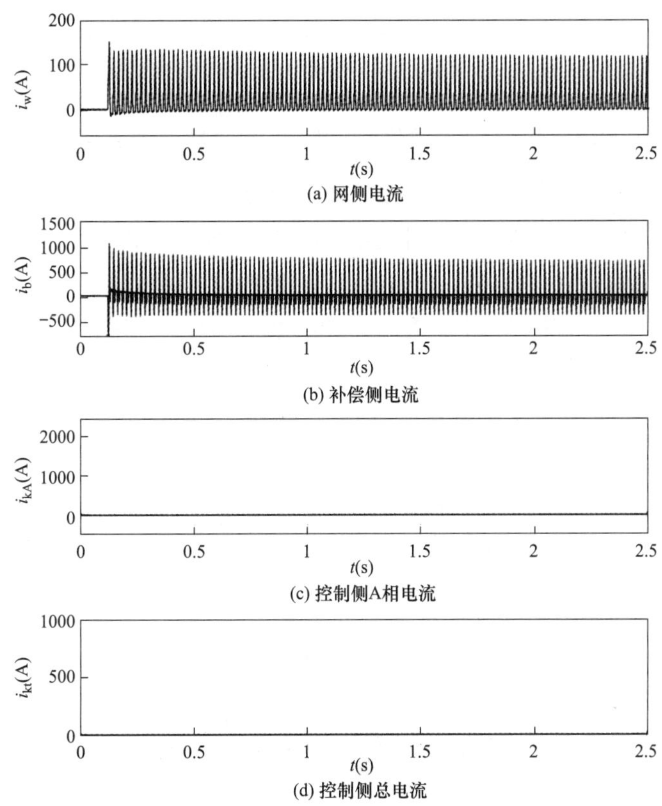

图 3-15　直接合闸方式下投空载 MCSR 时各绕组电流仿真波形

对各绕组电流进行谐波分析可知，网侧电流除工频分量外，还含有明显的直流分量、2 次谐波分量；补偿侧角内电流含有明显的 2 次谐波、3 次谐波分量和直流分量，部分波形如图 3-16 所示，其中各侧电流谐波幅值均折算到网侧。

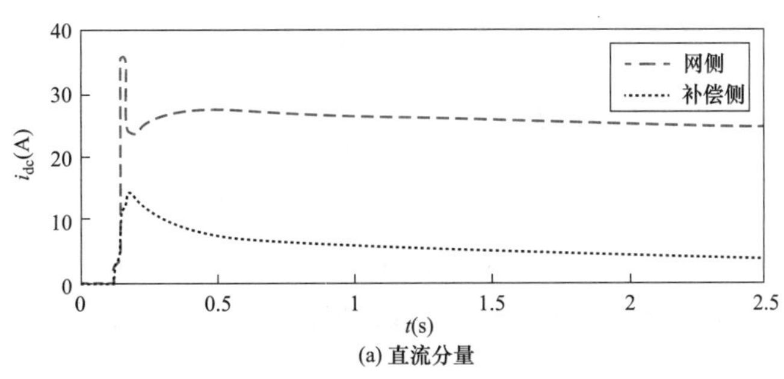

图 3-16　MCSR 各侧电流谐波仿真结果（单相，幅值均折算到网侧）（一）

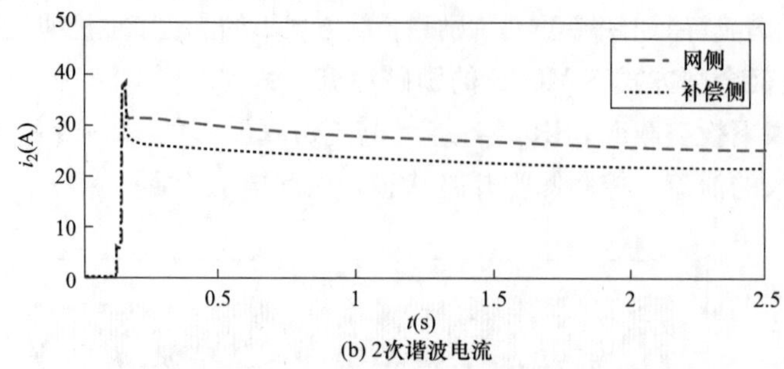

(b) 2次谐波电流

图 3-16　MCSR 各侧电流谐波仿真结果（单相，幅值均折算到网侧）（二）

3.2.1.2　预励磁合闸方式下 MCSR 的励磁涌流

预励磁合闸方式下的电流仿真结果分析如下：合闸过程中，各绕组电流仿真波形如图 3-17 所示，可见除网侧电流外，控制侧和补偿侧电流也出现了较大的涌流。其中，控制侧总电流为该侧三相电流之和，三相间部分谐波分量互相抵消，因此总电流的谐波含量相对较小，该侧电流中的自由分量呈快速衰减趋势；补偿侧电流中的自由分量呈快速衰减趋势，其中的交流正弦分量幅值呈先增大后减小的趋势。

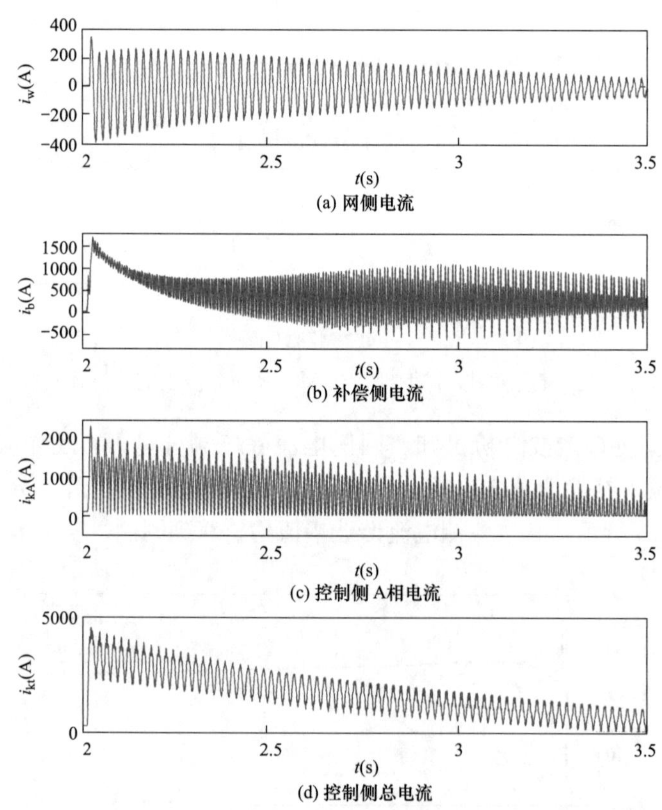

图 3-17　预励磁合闸方式下投空载 MCSR 时各绕组电流仿真波形

对各绕组电流进行谐波分析可知，网侧和控制侧电流除工频分量外，还含有明显的直流分量、2 次谐波分量；补偿侧角内电流含有明显的 2 次谐波零序、3 次谐波零序分量和直流分量，部分波形如图 3-18 所示，其中各侧电流谐波幅值均折算到网侧。在直接合闸方式下，网侧电流的谐波幅值呈单调衰减趋势；在预励磁合闸方式下，网侧电流的谐波幅值呈先增大后减小的趋势。

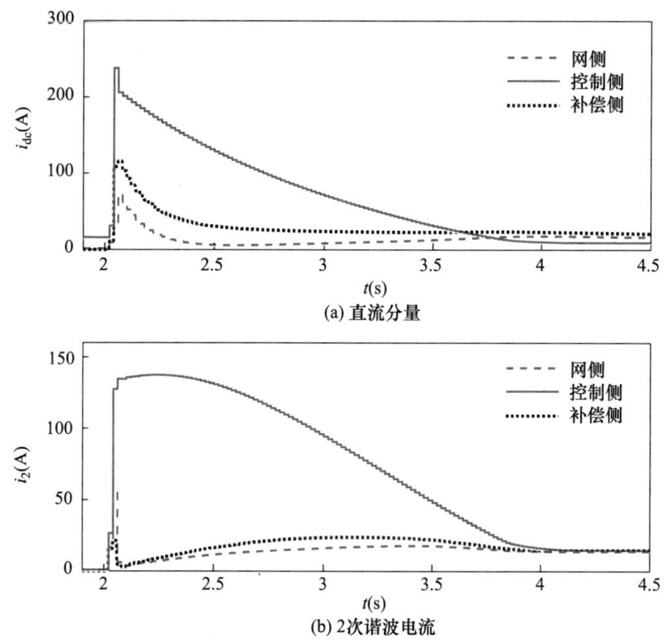

图 3-18　预励磁合闸方式下 MCSR 各侧电流谐波仿真结果（均折算到网侧）

对比图 3-18 中各侧电流的谐波幅值可见，控制侧电流远大于其余两侧电流，即控制侧起主要的谐波分流作用；随着合闸后控制侧直流分量的逐渐衰减，MCSR 的工作点逐渐向线性段移动，网侧电流中 2 次谐波幅值随之变化。图 3-19 给出了合闸后 0.1s 和 1.0s 时单个工频周期内的电流波形，可见 0.1s 和 1.0s 总励磁电流（即非线性励磁支路的电流）均为带间断的尖顶波，但网侧电流畸变程度不同，其中合闸后 1.0s 波形畸变程度相对严重，其 2 次谐波分量也相对较大。MCSR 在励磁特性曲线上的工作点决定了各绕组的谐波电流幅值。

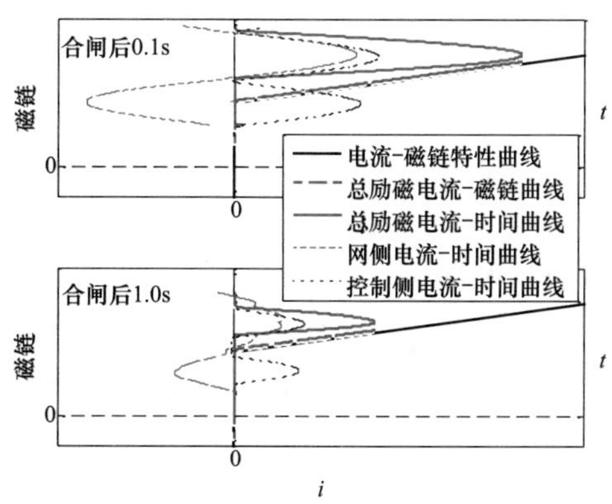

图 3-19　合闸后 0.1s 和 1.0s 时单个工频周期内的电流波形

3.2.2 预励磁电流大小对谐波特性的影响

在空载 MCSR 合闸前施加不同的直流励磁，将使其初始工作点向饱和方向呈不同程度的移动，相当于变压器存在不同的剩磁，会对励磁涌流的幅值和谐波组成产生影响。改变预励磁电流的大小，对 MCSR 合闸过程进行仿真分析，统计计算得到网侧最大电流峰值分别为 609A（预励磁电流 1000A）、634A（预励磁电流 2000A）和 664A（预励磁电流 3000A），可见预励磁电流越大，即工作点越靠近饱和区，则产生的励磁涌流越大。

下面着重分析励磁涌流的谐波特征，部分谐波仿真结果如图 3-20 所示。

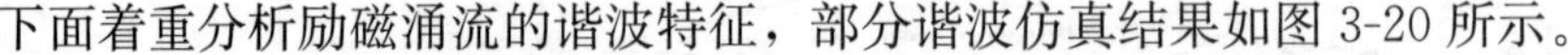

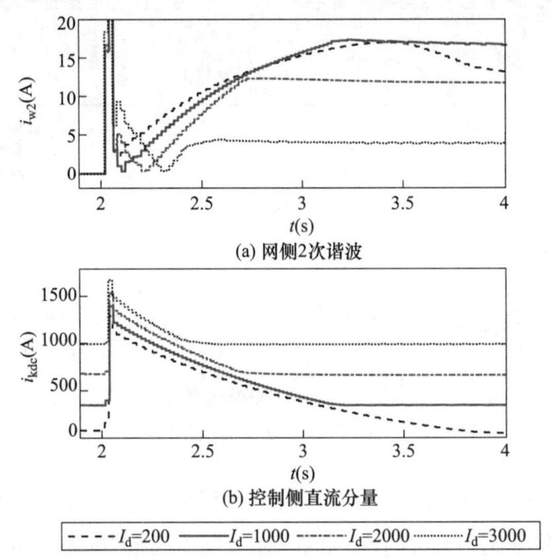

图 3-20 不同预励磁电流时的谐波仿真结果（单相，幅值）

由图 3-20 可见，在操作后短时内，控制侧出现的直流电流从不同初始值开始衰减，网侧 2 次谐波电流呈现不同的衰减趋势，其达到谷值的时刻不同。实际上，从图中多条曲线来看，不同工况下谐波幅值的谷值及对应的控制侧电流均为固定值，与施加的预励磁电流大小无关。综上，网侧谐波幅值主要与时变的工作点有关，而预励磁电流大小仅决定了初始的谐波幅值。

3.2.3 MSCR 合闸过程的仿真与实测结果对比

鱼卡站 750kV MSCR 在系统调试中曾开展了大量试验工作，这里先对该 MSCR 合闸过程进行仿真分析，再给出现场实测结果进行对比验证。

3.2.3.1 工程调试前的仿真分析

在工程调试前对 MSCR 合闸过程中的励磁涌流的谐波特性进行仿真分析，这里分别给出直接合闸和预励磁合闸两种方式下投 MSCR 的仿真结果。网侧电流中主要为正序 2 次、负序 2 次、负序 3 次、负序 4 次，其中 2 次谐波幅值明显较高，上述电流谐波分量的幅值随时间变化的曲线如图 3-21 所示。

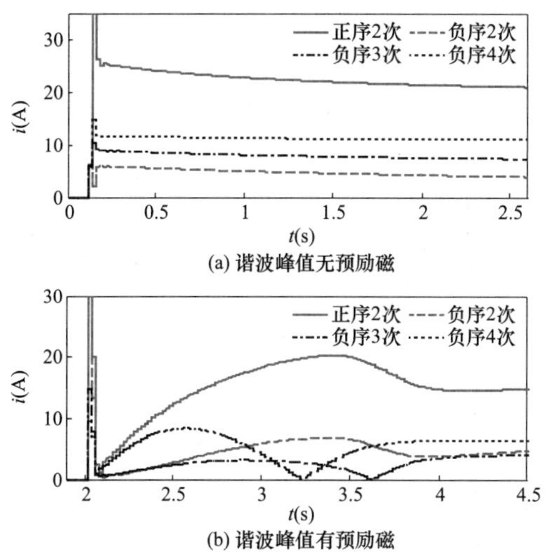

(a) 谐波峰值无预励磁

(b) 谐波峰值有预励磁

图 3-21　网侧电流谐波仿真结果

从图 3-21 中各次谐波随时间的变化趋势可见，预励磁合闸方式与直接合闸方式存在显著差别，直接合闸方式下各次谐波的衰减趋势与常规的饱和变压器类似，2s 左右的短时内，谐波分量幅值接近于单调衰减特征；而预励磁合闸方式下，谐波幅值均存在峰、谷值。

3.2.3.2　现场实测结果

在工程调试期间，分别对两种合闸操作过程进行现场实测，投空载 MCSR 实测的网侧电流及补偿侧电流波形如图 3-22 所示。其中，无预励磁时网侧电流峰值为 141.9A；有预励磁时网侧电流峰值为 496.4A，该工况下实测波形与 3.2.1 的相关仿真波形较为吻合。

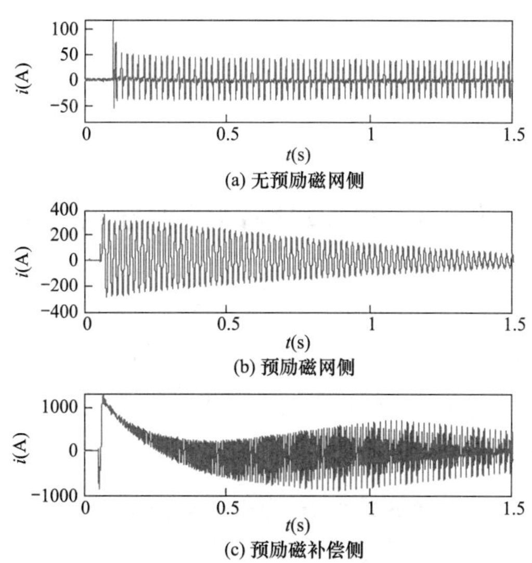

(a) 无预励磁网侧

(b) 预励磁网侧

(c) 预励磁补偿侧

图 3-22　投空载 MCSR 实测的电流波形

对图 3-22 所示的实测网侧电流波形进行谐波分析，主要谐波分量如图 3-23 所示。

可见与图 3-21 中的仿真结果较为吻合，验证了本章前述仿真分析的正确性。

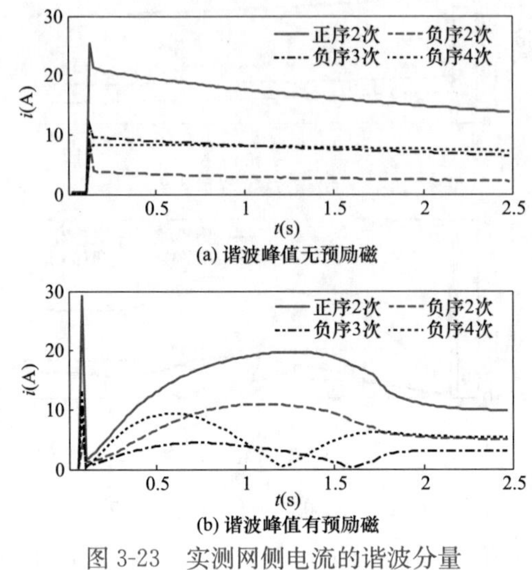

(a) 谐波峰值无预励磁

(b) 谐波峰值有预励磁

图 3-23 实测网侧电流的谐波分量

本节对 MSCR 空载合闸的暂态特性进行仿真分析，从暂态谐波方面分析了 MSCR 空载合闸对电网的影响，得到如下结论：

（1）空载 MSCR 可通过直接合闸、预励磁合闸两种方式进行合闸。与直接合闸方式相比，预励磁合闸方式在合闸前加入预励磁电流会增大网侧合闸涌流，预励磁电流越大，网侧涌流越大。

（2）直接合闸方式下，网侧电流各次谐波幅值基本呈单调递减趋势。预励磁合闸方式下，控制侧具有明显的分流作用，且其直流分量决定了 MSCR 的工作点，将影响网侧谐波的衰减趋势；该直流分量衰减至预励磁电流的直流指令值后，各绕组电流及其谐波进入缓慢衰减阶段。

（3）网侧电流谐波幅值主要与暂态过程中 MSCR 时变的工作点有关，而预励磁电流大小仅决定初始的谐波幅值。

3.3 MCSR 接入对电网过电压特性的影响

对于本节的研究，考虑一个简单的两端输电系统，其电压等级为 750kV，线路长度为 330km，线路相关参数如表 3-2 所示，线路两端分别配置高压并联电抗器 390Mvar，其中性点小电抗均为 300Ω。在计算合闸于空载线路操作过电压时，考虑线路断路器装设 600Ω 的合闸电阻。

表 3-2　　两端输电系统的线路相关参数

序参数	电阻（Ω/km）	电感（Ω/km）	电容（μF/km）
零序	0.1866	0.7832	0.009 36
正序	0.0107	0.2781	0.013 27

下面基于两端输电系统的电磁暂态仿真模型，分析 MCSR 接入对电网过电压特性的影响，具体包括对工频过电压的影响、对潜供电流及恢复电压的影响、对合闸于空载线路操作过电压的影响。

3.3.1　对工频过电压的影响

1. MCSR 接于母线

考虑 MCSR 接于母线首端，对无故障甩负荷工频过电压、单相接地甩负荷工频过电压进行仿真计算，对比 MCSR 不接入、接入两种情况下的过电压，结论如表 3-3 所示。

表 3-3　　MCSR 接于母线首端时过电压仿真计算结果

过电压类型	无 MCSR 接入	有 MCSR 接入但 MCSR 中性点不接地	有 MCSR 接入且 MCSR 中性点经 300Ω 小电抗接地	有 MCSR 接入且 MCSR 中性点直接接地
无故障甩负荷工频过电压标幺值	0.99	0.99	0.99	0.98
单相接地甩负荷工频过电压标幺值	1.28	1.28	1.28	1.28

可见，对于无故障甩负荷工频过电压而言，MCSR 接于首端母线，相当于在一定程度上降低了首端等效电压源的电压值，因此 MCSR 的接入对该类型工频过电压的影响较小。对于单相接地甩负荷工频过电压而言，MCSR 接于首端母线，相当于在一定程度上降低了首端等效电压源的电压值，因此 MCSR 的接入对该类型工频过电压的影响同样很小。

有 MCSR 接入且 MCSR 中性点直接接地时的无故障甩负荷工频过电压仿真波形如图 3-24 所示，其中 0.5s 发生了无故障甩负荷。

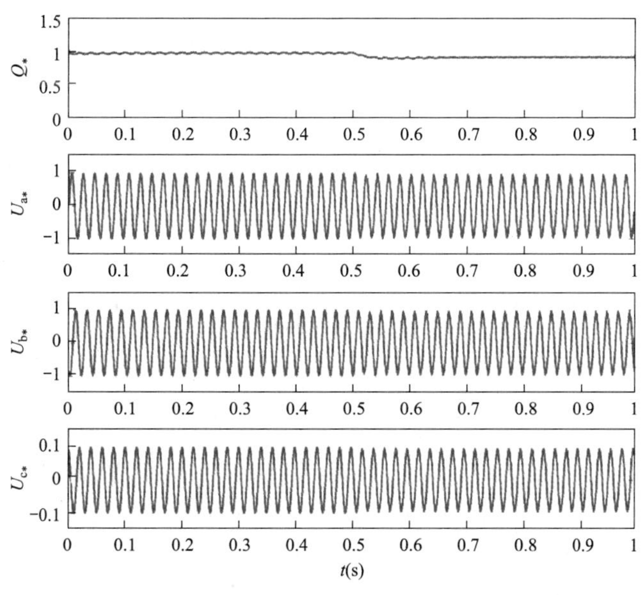

图 3-24　有 MCSR 接入且 MCSR 中性点直接接地时的无故障甩负荷工频过电压仿真波形

2. MCSR接于线路

考虑MCSR接于线路末端，对无故障甩负荷工频过电压、单相接地甩负荷工频过电压进行仿真计算，对比MCSR不接入、接入两种情况下的过电压，结论如表3-4所示。

表3-4　MCSR接于线路末端时过电压仿真计算结果

过电压类型	无MCSR接入	有MCSR接入但MCSR中性点不接地	有MCSR接入且MCSR中性点经300Ω小电抗接地	有MCSR接入且MCSR中性点直接接地
无故障甩负荷工频过电压标幺值	0.99	0.96	0.96	0.96
单相接地甩负荷工频过电压标幺值	1.28	1.23	1.19	1.13

可见，对于无故障甩负荷工频过电压而言，MCSR接于线路末端，相当于在一定程度上增大了线路末端高压电抗器的容量，因此有助于降低此时的工频过电压，而MCSR中性点接地方式并不会对该类型工频过电压产生影响。对于单相接地甩负荷工频过电压，MCSR接于线路末端，相当于在一定程度上增大了线路末端高压电抗器的容量，因此有助于降低此时的工频过电压，同时，MCSR中性点采取不同接地方式时，将改变系统等效零序阻抗，从而对该类型工频过电压影响显著，中性点小电抗越小，过电压值越低。

有MCSR接入但MCSR中性点不接地时的单相接地甩负荷工频过电压仿真波形如图3-25所示，有MCSR接入且MCSR中性点直接接地时的单相接地甩负荷工频过电压仿真波形如图3-26所示。

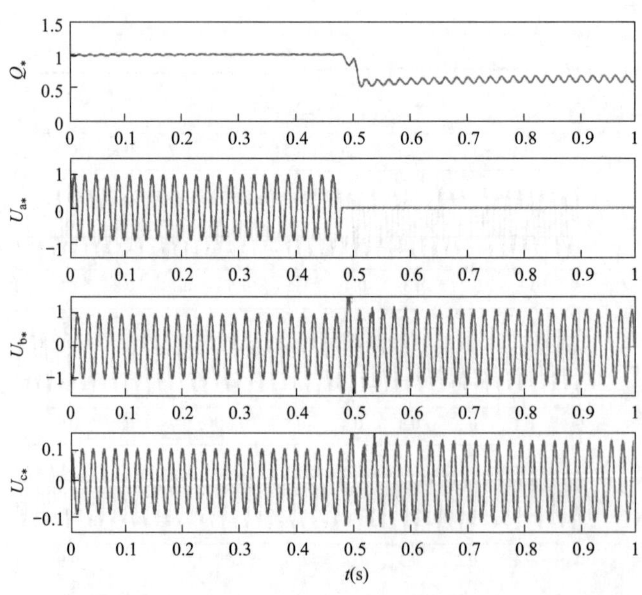

图3-25　有MCSR接入但MCSR中性点不接地时的单相接地甩负荷工频过电压仿真波形

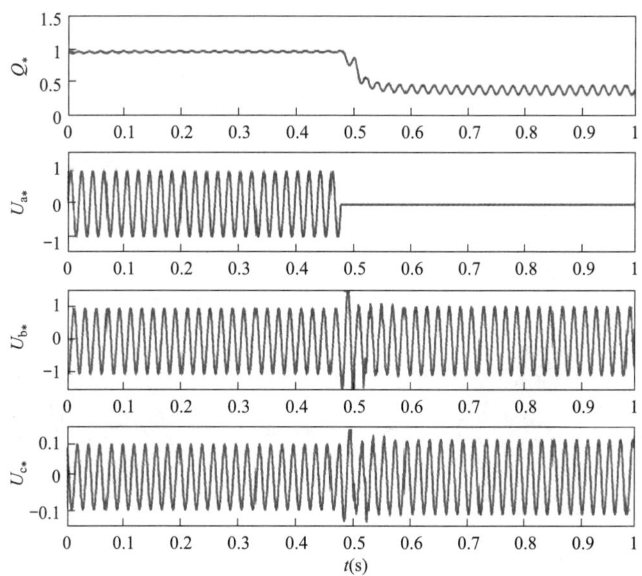

图 3-26　有 MCSR 接入且 MCSR 中性点直接接地时的单相接地甩负荷工频过电压仿真波形

3.3.2　对潜供电流及恢复电压的影响

1. MCSR 接于母线

考虑 MCSR 接于其中一端母线，对单相故障后两侧断路器单相跳开后的潜供电流及恢复电压进行仿真计算，对比 MCSR 不接入、接入两种情况下的过电压，结果如表 3-5 所示。

表 3-5　MCSR 接于母线时潜供电流及恢复电压仿真计算结果

参数	无 MCSR 接入	有 MCSR 接入但 MCSR 中性点不接地	有 MCSR 接入且 MCSR 中性点经 300Ω 小电抗接地	有 MCSR 接入且 MCSR 中性点直接接地
最大恢复电压（kV）	26.1	25.9	26.0	25.8
最大潜供电流（A）	5.0	5.3	4.3	6.4

可见，当 MCSR 接于母线时，MCSR 的接入不会对潜供电流及恢复电压造成明显影响，且不同的中性点接地方式下，潜供电流及恢复电压无明显差异。

2. MCSR 接于线路

考虑 MCSR 接于线路其中一侧，对单相故障后两侧断路器单相跳开后的潜供电流及恢复电压进行仿真计算，对比 MCSR 不接入、接入两种情况下的过电压，结果如表 3-6 所示。

上述潜供电流、恢复电压的值均为达到稳态后的有效值。相关仿真波形如图 3-27～图 3-29 所示。仿真时序为：0.5s 时 A 相发生单相接地故障，约 50ms 后两侧断路器跳开 A 相，线路 A 相对地点出现潜供电流；2.5s 左右模拟潜供电流灭弧，此后线路 A 相出现恢复电压。

表 3-6　　MCSR 接于线路时潜供电流及恢复电压仿真计算结果

参数	无 MCSR 接入	有 MCSR 接入但 MCSR 中性点不接地	有 MCSR 接入且 MCSR 中性点经 300Ω 小电抗接地	有 MCSR 接入且 MCSR 中性点直接接地
最大恢复电压（kV）	26.1	327	40.3	196
最大潜供电流	5.0	123	42	155

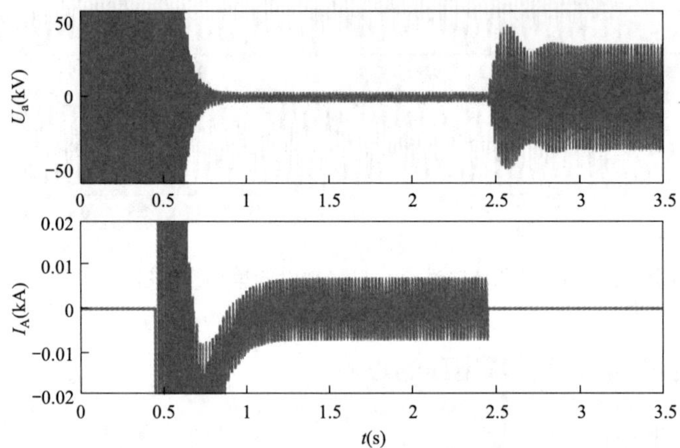

图 3-27　无 MCSR 接入时的潜供电流及恢复电压仿真波形

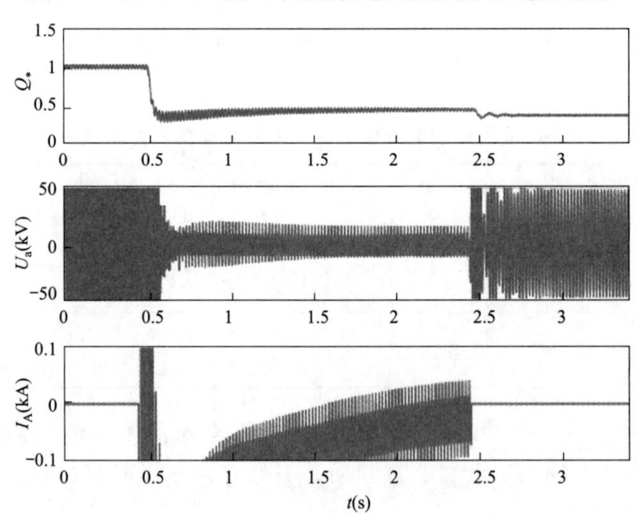

图 3-28　MCSR 接入线路且 MCSR 中性点经小电抗接地时的潜供电流及恢复电压仿真波形

可见，当 MCSR 接于线路时，其中性点接地方式对潜供电流及恢复电压影响显著，当 MCSR 中性点不接地或直接接地时，MCSR 接入将显著增大恢复电压水平和恢复电压，当 MCSR 中性点小电抗取合适值时，恢复电压可以保证在安全范围之内，但此时潜供电流有一定程度的增大。因此，MCSR 接入线路之后，应关注潜供电流及恢复电压问题并合理设计相应的控制结构和参数。

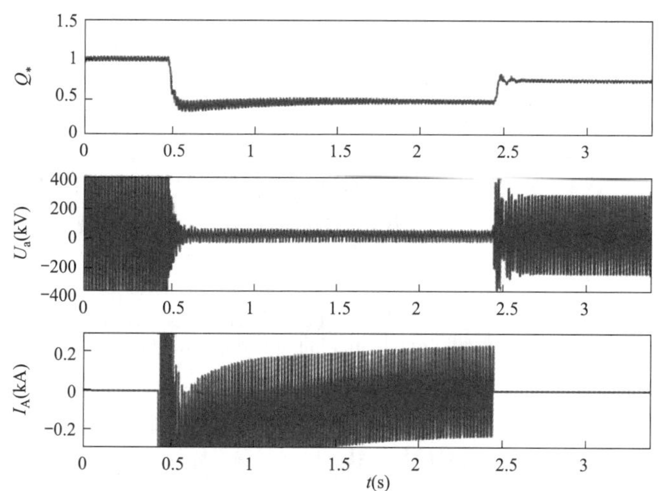

图 3-29　MCSR 接入线路且 MCSR 中性点直接接地时的潜供电流及恢复电压仿真波形

3.3.3　对合闸于空载线路操作过电压的影响

1. MCSR 接于母线

当 MCSR 接于母线末端时，易知对空载合闸线路操作过电压无明显影响，因此仅对 MCSR 接于母线首端时合闸于空载线路操作过电压进行仿真计算，对比 MCSR 不接入、接入两种情况下的过电压，结果如表 3-7 所示。可见，MCSR 接于母线，对合闸于空载线路操作过电压无明显影响。

表 3-7　　MCSR 接于母线末端和线路末端时过电压仿真计算结果

过电压类型	MCSR 接于母线末端			
	无 MCSR 接入	有 MCSR 接入但 MCSR 中性点不接地	有 MCSR 接入且 MCSR 中性点经 300Ω 小电抗接地	有 MCSR 接入且 MCSR 中性点直接接地
合闸于空载线路操作过电压标幺值	1.26	1.27	1.27	1.27
过电压类型	MCSR 接于线路末端			
	无 MCSR 接入	有 MCSR 接入但 MCSR 中性点不接地	有 MCSR 接入且 MCSR 中性点经 300Ω 小电抗接地	有 MCSR 接入且 MCSR 中性点直接接地
合闸于空载线路操作过电压标幺值	1.26	1.12	1.17	1.15

2. MCSR 接于线路

考虑 MCSR 接于线路末端，对合闸于空载线路操作过电压进行仿真计算，对比 MCSR 不接入、接入两种情况下的过电压，结果如表 3-7 所示。有 MCSR 接入且 MCSR 中性点直接接地时的合闸于空载线路操作过电压仿真波形如图 3-30 所示，其中于 0.2s 进行合闸操作。可见，MCSR 接于线路，有助于降低线路操作过电压。

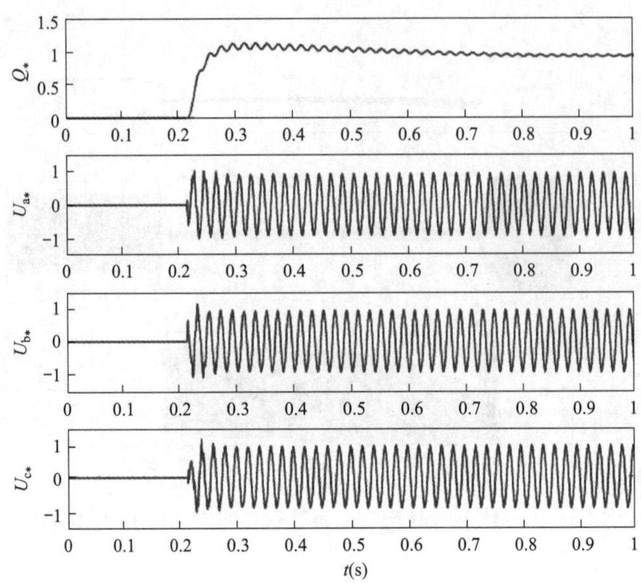

图 3-30 有 MCSR 接入且 MCSR 中性点直接接地时的合闸于空载线路操作过电压仿真波形

3.4 小　结

本章研究了 MCSR 接入电网特性，包括 MCSR 稳态运行特性、MCSR 合闸暂态特性及对电网的影响，以及 MCSR 接入对电网过电压特性的影响，得到主要结论如下：

（1）MCSR 稳态运行特性：

1）MCSR 通过在控制绕组施加直流电流，使铁心趋于饱和，网侧等效电感降低，从而输出不同的无功功率，且无功功率与控制侧电流呈单调递增关系。无功功率、控制绕组电流对控制参考值表现出较好的跟随性。

2）稳态运行条件下，MCSR 输出无功功率存在小幅值的工频分量；控制侧单相绕组电流中除直流分量外，还存在明显的 2 倍频分量，控制侧输出的总电流为三相电流之和，其谐波分量小于单相谐波；网侧输出电流以工频为主，但存在一定的倍频谐波；补偿侧电流包含小幅值的工频及倍频分量，当投入 5、7 次滤波器时，主要为滤波器负荷电流。

3）稳态运行时 MCSR 的网侧输出电流中 3、5、7 次谐波幅值较高，其幅值与时变的工作点有关，投入 5、7 次滤波器时可在一定程度上抑制相应的谐波幅值。

（2）MCSR 合闸暂态特性：

1）空载 MCSR 可通过直接合闸、预励磁合闸两种方式进行合闸。与直接合闸方式相比，预励磁合闸方式合闸前加入预励磁电流会增大网侧合闸涌流，预励磁电流越大，网侧涌流越大。

2）直接合闸方式下，网侧电流各次谐波幅值基本呈单调递减趋势。预励磁合闸方式下，控制侧具有明显的分流作用，且其直流分量决定了 MCSR 的工作点，将影响网侧谐波的衰减趋势；该直流分量衰减至预励磁电流的直流指令值后，各绕组电流及其谐波进入缓慢衰减阶段。

3）网侧电流谐波幅值主要与暂态过程中 MCSR 时变的工作点有关，而预励磁电流大小仅决定了初始的谐波幅值。

（3）MCSR 接入电网的过电压特性：

1）当 MCSR 接于母线时，对无故障甩负荷、单相接地甩负荷工频过电压的影响较小；当 MCSR 接于线路时，有助于降低无故障甩负荷、单相接地甩负荷工频过电压，且 MCSR 中性点接地方式对单相接地甩负荷工频过电压影响显著。

2）当 MCSR 接于母线时，不会对潜供电流及恢复电压造成明显影响；当 MCSR 接于线路时，可能大幅增大恢复电压，需针对其控制结构和参数做进一步研究。

3）当 MCSR 接于母线时，对合闸于空载线路操作过电压无明显影响；当 MCSR 接于线路时，有助于降低合闸于空载线路操作过电压。

参考文献

[1] 周勤勇，郭强，卜广全，等．可控电抗器在我国超/特高压电网中的应用［J］．中国电机工程学报，2007，27（7）：1-6.

[2] 刘振亚．特高压电网［M］．北京：中国经济出版社，2005：411-412.

[3] 周腊吾，徐勇，朱青，等．新型可控电抗器的工作原理与选型分析［J］．变压器，2003，40（8）：1-5.

[4] 田铭兴，励庆孚．变压器式可控电抗器的谐波分析和功率级数计算［J］．中国电机工程学报，2003，23（8）：168-171.

[5] 陈维贤，陈禾，鲁铁成，等．关于特高压可控并联电抗器［J］．高电压技术，2005，31（11）：26-27.

[6] 任丕德，刘发友，周胜军．动态无功补偿技术的应用现状［J］．电网技术，2004，28（23）：81-83.

[7] 陈振虎，梁继勇，黄祥伟．基于磁控电抗器的电力系统动态无功补偿装置的设计及应用［J］．电网技术，2005，29（7）：82-84.

[8] 刘涤尘，陈柏超，田翠华，等．新型可控电抗器在电网中的应用与选型分析［J］．电网技术，1999，23（2）：52-54，58.

[9] 邓占锋，王轩，周飞．超高压磁控式并联电抗器仿真建模方法［J］．中国电机工程学报，2008，28（36）：108-113.

[10] 蔡宣三，高越农．可控饱和电抗器原理、设计与应用［M］．北京：中国水利水电出版社，2008：54-73.

[11] YOUNG M，LI Z，DIMITROVSKI A. Modeling and simulation of continuously variable series reactor for power system transient analysis［C］//2016 IEEE Power and Energy Society General Meeting（PESGM），Boston，MA，USA，2016：1-5.

[12] 郭文科．750kV 可控高压并联电抗器控制策略研究［D］．兰州：兰州理工大学，2012.

[13] 郑伟杰，周孝信．基于动态磁阻的磁控式并联电抗器等效电抗暂态模型［J］．电工技术学报，2011，31（4）：1-6.

[14] 夏道止，沈赞埙．高压直流输电系统的谐波分析及滤波［M］．北京：水利水电出版社，1994：4-10.

第4章

MCSR 本体保护配置研究

目前国内外对于可控并联电抗器保护的研究主要集中于分级式可控并联电抗器和TCR 式可控并联电抗器[1-9]，而针对 MCSR 的保护却鲜有论述。事实上，由于 MCSR 本体结构及工作原理的特殊性，其保护配置相比其他类型的可控并联电抗器有较大不同。MCSR 二次侧不接负载电抗，而是与通有直流的控制绕组相接，另外还增设第三绕组（补偿绕组），所以相较于分级式和 TCR 式可控并联电抗器的保护配置，在配置 MCSR 保护时需要对其所特有的控制绕组和补偿绕组的保护配置进行额外关注，其中由于 MCSR 控制绕组结构的特殊性，其保护方案是 MCSR 本体保护配置的重点和难点。总之，MCSR 的保护配置相较于其他类型的可控并联电抗器更为复杂，难点也更多，有必要对其开展深入的研究。本书所针对的新型超/特高压 MCSR 在本体结构上与传统结构 MCSR 相比有了很大改变，传统结构 MCSR 的本体保护配置[10] 已不再适用，很多保护相关的难点和问题亟须进一步研究并解决。

4.1　MCSR 本体保护配置难点及解决方案

500kV 传统结构 MCSR 本体保护配置方案如图 4-1 所示。对于一次绕组接地故障，配置的主保护为纵联差动保护、零序电流差动保护。纵联差动保护取一次绕组首、末端 TA 电流构成电流差动原理。零序电流差动保护利用 MCSR 一次绕组首、末端三相 TA 电流分别构成的首端零序电流和末端零序电流做成差动保护，其保护动作原理类似于纵联差动保护。

对于一次绕组的匝间故障，考虑配置的主保护有零序功率方向保护。零序功率方向保护是根据在一次绕组内部及外部不同故障情况下流过一次绕组的零序功率的方向相反的原理而构成的保护，零序功率方向保护是目前国内应用较多的应对电抗器匝间故障的一种保护原理。

对于控制绕组的匝间故障，考虑配置的保护为控制绕组电压差动保护。控制绕组电压差动保护是根据在控制绕组两个分支电压做差动，正常工作情况下两个分支电压由于结构对称而差压为零或很小，匝间故障或者接地故障时差动电压将很大的原理而构成的保护。

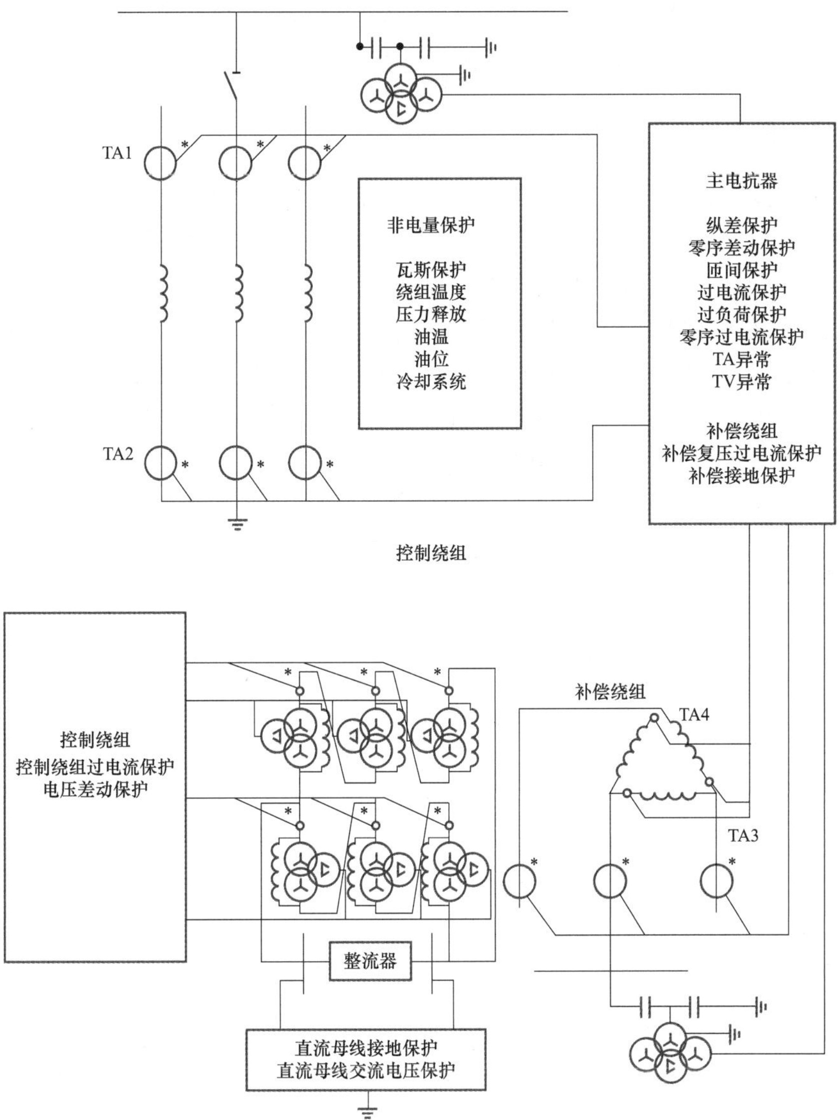

图 4-1　500kV 传统结构 MCSR 本体保护配置方案图

由于新型超/特高压 MCSR 本体结构与传统结构 MCSR 相比有了很大改变，因此传统结构 MCSR 的本体保护配置已不再适用，面临的主要技术难点包括：

（1）控制绕组保护；

（2）各绕组匝间保护；

（3）补偿绕组接地或相间保护。

4.1.1　控制绕组保护

新型超/特高压 MCSR 控制绕组采用“三串两并”的结构形式，正常运行时每相的两个分支控制绕组上的交流感应电动势因大小相等、方向相反而抵消，而当控制绕组发生内部故障（如绕组接地或匝间故障）时，两分支绕组的平衡被打破，幅值很高的交流电压将转移到低压励磁系统，很可能造成晶闸管阀等设备损坏。因此，控制绕组的保护配置是新型超/特高压 MCSR 本体保护配置的重点之一。

4.1.2 各绕组匝间保护

传统固定式并联电抗器匝间短路的主保护为瓦斯保护，通常还配置相应的电量保护以提高保护的灵敏度。500kV 荆州 MCSR 示范工程中，根据网侧绕组所采用的两分支结构的形式，配置分支差动保护并配合零序功率方向保护共同构成匝间短路电量保护；控制绕组的匝间短路保护通过控制绕组平衡差动保护实现。而新型超/特高压 MCSR 本体包括网侧绕组、控制绕组和补偿绕组，且每相的网侧绕组采用分支绕组串联结构，控制绕组采用“两串三并”结构，补偿绕组采用角形非分支绕组结构，导致传统结构 MCSR 的匝间保护配置已不再适用。若采用传统固定式并联电抗器所配备的零序功率方向保护来应对匝间故障，则会由于控制绕组和补偿绕组对外均没有明显的零序电流通路，而出现控制绕组和补偿绕组匝间短路时的灵敏性不高的问题（详见表 4-1 和表 4-2）。

表 4-1　零序功率方向保护应对补偿绕组匝间短路故障的仿真结果

故障点	故障类型	短路匝数比（%）	保护类型	末端零序电流有效值（A）	是否大于启动值	是否大于门槛值	零序电压电流夹角（末端 TA）	保护动作情况
k4	100%容量下A相匝间故障	20	匝间保护	0.0141	否	否	66.6405°	拒动
		5	匝间保护	0.0034	否	否	50.5239°	拒动
	70%容量下A相匝间故障	20	匝间保护	0.0172	否	否	64.9416°	拒动
		5	匝间保护	0.0042	否	否	39.8298°	拒动

表 4-2　零序功率方向保护应对控制绕组匝间短路故障的仿真结果

故障点	故障类型	短路匝数比（%）	保护类型	末端零序电流有效值（A）	是否大于启动值	是否大于门槛值	零序电压电流夹角（末端 TA）	保护动作情况
k5	100%容量下A相匝间故障	20	匝间保护	0.0172	否	否	51.3810	拒动
		5	匝间保护	0.0083	否	否	35.3923	拒动
	70%容量下A相匝间故障	20	匝间保护	0.0104	否	否	52.1514	拒动
		5	匝间保护	0.0192	否	否	−99.0261	拒动

鉴于此，在新型超/特高压 MCSR 本体匝间短路保护配置中拟增加负序功率方向保护，以期提升控制绕组和补偿绕组匝间短路动作的灵敏度，具体内容详见 4.4。

4.1.3 补偿绕组接地或相间保护

相比传统结构 MCSR，新型超/特高压 MCSR 本体中增加了补偿绕组，补偿绕组采用角形接线结构，出线连接有 5、7 次滤波器。图 4-2 给出了 MCSR 工作在 20％额定容量下的补偿绕组角内谐波电流有效值变化曲线，可见正常运行时角内将有幅值很高的 3 次谐波电流流通，并包含许多其他次谐波电流，且 3 次谐波电流有效值在某些容量下甚至高于基波电流，在对补偿绕组进行保护配置时必须重视谐波的影响。鉴于此，在新型超/特高压 MCSR 补偿绕组保护配置中拟采用补偿绕组复压过电流保护和补偿绕组接地保护，分别实现对补偿绕组相间故障和接地故障的保护，具体内容详见 4.3。

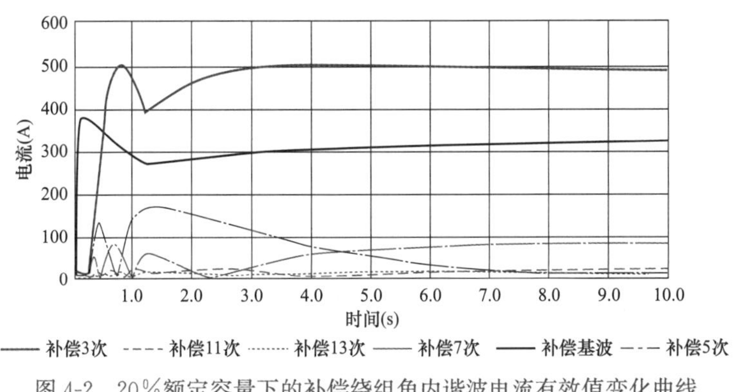

图 4-2　20％额定容量下的补偿绕组角内谐波电流有效值变化曲线

4.2　控制绕组保护研究

4.2.1　控制绕组故障特征分析

新型超/特高压 MCSR 励磁系统结构如图 4-3 所示，控制绕组采用“两串三并”的结构接于直流母线间，补偿绕组通过整流变压器为换流器供电（图 4-3 中简化为励磁电源），换流器输出并注入控制绕组内，图中 R_{ph} 为平衡电阻，用于钳制正、负极直流母线电位；i_{kA}、i_{kB}、i_{kC} 分别为各相控制支路电流。

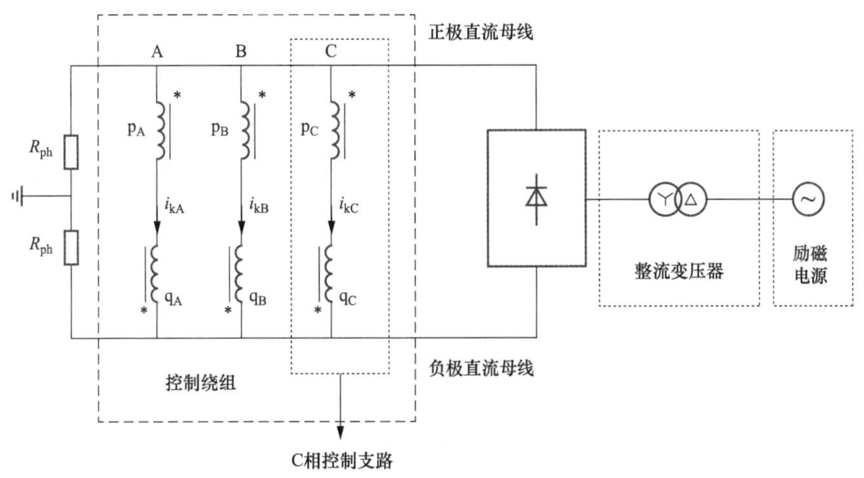

图 4-3　新型超/特高压 MCSR 励磁系统结构

4.2.1.1 控制绕组接地故障

如图 4-4（a）所示，以 A 相控制绕组 p 接地故障为例，设接地点到绕组端口的匝数与控制绕组 p 总匝数的比为 α。对应的故障后等效模型如图 4-4（b）所示，图中 U_k 为控制绕组额定电压，且有 $\beta=1-(1-\alpha)=\alpha$。

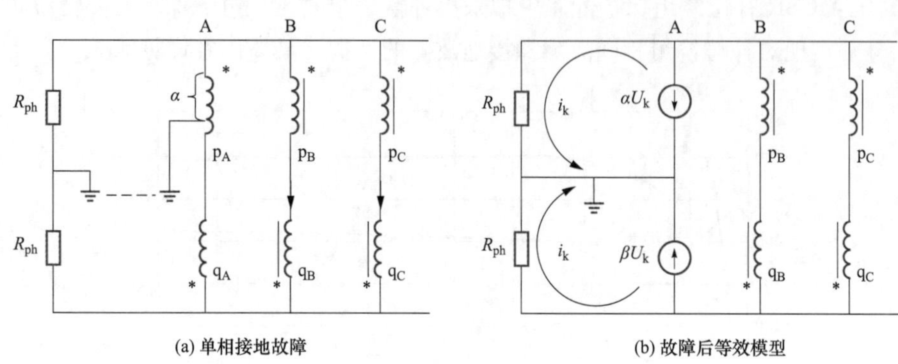

(a) 单相接地故障　　(b) 故障后等效模型

图 4-4　控制绕组单相接地故障示意图

故障后故障点与平衡电阻 R_{ph} 连接处的接地点构成故障回路，形成短路电流 i_k，则有

$$i_k=\frac{\alpha U_k}{R_{ph}} \tag{4-1}$$

同时直流母线对地电位抬高了 αU_k，由于控制绕组额定电压很高，因此即使很小的 α 也会在直流母线对地电压中引起很大的交流过电压，从而会对励磁系统低压侧设备构成绝缘威胁。

4.2.1.2 控制绕组匝间故障

如图 4-5（a）所示，假设 A 相控制绕组 p 发生匝间短路，短路匝数与控制绕组 p 总匝数的比为 α，此时对应的故障后等效模型如图 4-5（b）所示。故障相两分支控制绕组感应电动势平衡被打破，会在故障相控制支路形成不平衡感应电动势 Δe，Δe 可表示为

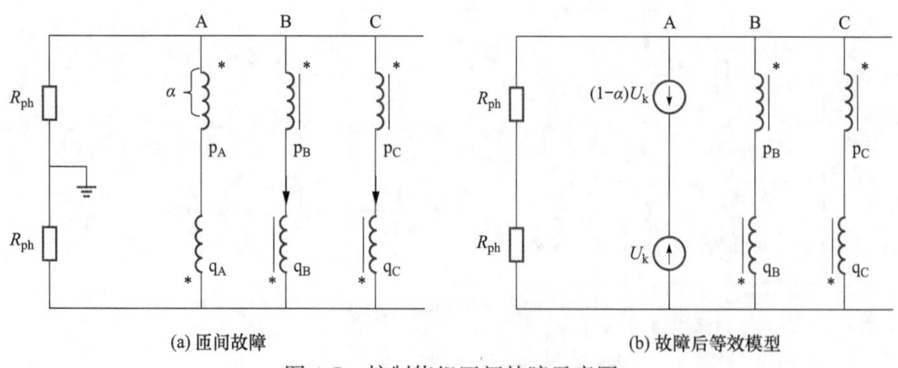

(a) 匝间故障　　(b) 故障后等效模型

图 4-5　控制绕组匝间故障示意图

$$\Delta e=\dot{U}_k-(1-\alpha)\dot{U}_k=\alpha\dot{U}_k \tag{4-2}$$

与控制绕组接地故障类似，该不平衡感应电动势可能在直流母线间形成幅值很高的交流过电压。此外，匝间故障时总控电流 i_t（即三相控制支路电流之和，有 $i_t=i_{kA}+i_{kB}+i_{kC}$）由整流输出的直流分量叠加故障产生的交流分量构成，总控电流中的基波故障分量与不平衡电动势 Δe 的关系可表示为

$$\dot{I}_{tk}=\frac{\Delta e}{Z}=\frac{\alpha\dot{U}_k}{Z} \tag{4-3}$$

式中：$\dot{I}_{tk}$ 为总控电流中的基波故障分量；Z 为各相控制支路等效阻抗。

4.2.1.3　控制绕组相间故障

如图 4-6（a）所示，假设 A 相控制绕组 p 距绕组端口 α 处与 B 相控制支路中点发生短路，其故障等效电路如图 4-6（c）所示，图中 Z 为各分支控制绕组等效阻抗，$\dot{I}_{pA}$、$\dot{I}_{pB}$、$\dot{I}_{qA}$、$\dot{I}_{qB}$ 分别为各分支控制绕组电流中的基波故障分量，$\dot{I}_{tk}$ 为总控电流中的基波故障分量。对于图 4-6（b）所示 A 相控制绕组 p 距绕组端口 α 处与 B 相控制绕组 p 距绕组端口 β 处发生短路的情况可以通过等效变换转化为图 4-6（a）的情况，故以图 4-6（c）作为控制绕组相间故障等效电路进行分析不失一般性。

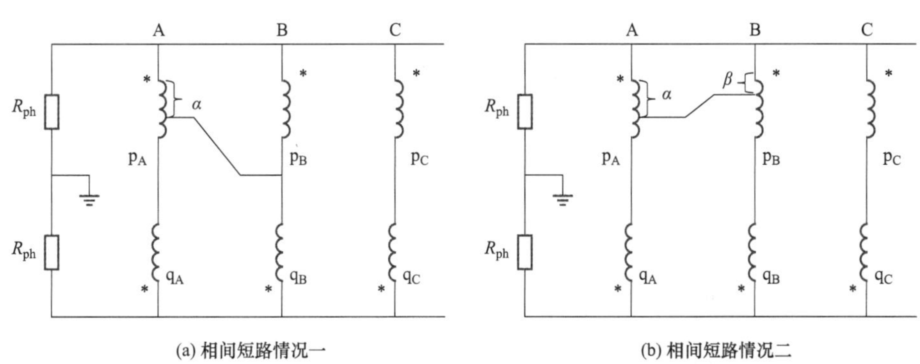

(a) 相间短路情况一　　(b) 相间短路情况二

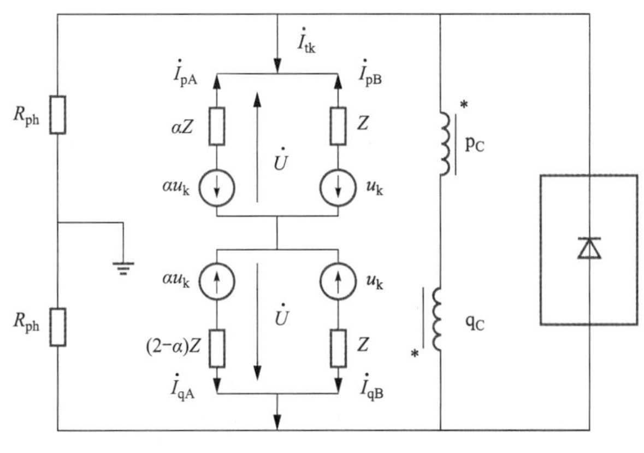

(c)故障等效电路

图 4-6　控制绕组相间故障示意图

对图 4-6（c）列写故障分支支路电流、电压方程，即

$$\begin{bmatrix} \alpha Z & 0 & 0 & 0 \\ 0 & Z & 0 & 0 \\ 0 & 0 & (2-\alpha)Z & 0 \\ 0 & 0 & 0 & Z \\ 1 & 1 & 1 & 1 \end{bmatrix} \begin{bmatrix} \dot{I}_{pA} \\ \dot{I}_{pB} \\ \dot{I}_{qA} \\ \dot{I}_{qB} \end{bmatrix} - \begin{bmatrix} \alpha \\ 1 \\ \alpha \\ 1 \\ 0 \end{bmatrix} \dot{U}_k = \begin{bmatrix} 1 \\ 1 \\ 1 \\ 1 \\ 0 \end{bmatrix} \dot{U} \tag{4-4}$$

式中 $\alpha \in [0, 1]$，解得

$$\begin{bmatrix} \dot{I}_{pA} \\ \dot{I}_{pB} \end{bmatrix} = \frac{\dot{U}_k}{Z} \begin{bmatrix} 1+\dfrac{\alpha-3}{1+2\alpha-\alpha^2} \\ 1+\dfrac{\alpha(\alpha-3)}{1+2\alpha-\alpha^2} \end{bmatrix} \tag{4-5}$$

$$\dot{I}_{tk} = -(\dot{I}_{pA}+\dot{I}_{pB}) = \frac{\dot{U}_k}{Z}\left(\frac{2}{1+2\alpha-\alpha^2}-1\right), \quad \alpha \in [0,1] \tag{4-6}$$

令 $f(\alpha)=\dfrac{2}{1+2\alpha-\alpha^2}-1$，$\alpha \in [0, 1]$，则对 $f(\alpha)$ 求导可得

$$f'(\alpha) = \frac{4(\alpha-1)}{(1+2\alpha-\alpha^2)^2} < 0, \quad \alpha \in [0,1] \tag{4-7}$$

经分析可知，当控制绕组发生相间故障时，故障的两相控制支路电流中含有基波故障分量 $\dot{I}_{pA}$、$\dot{I}_{pB}$，总控电流中的基波故障分量 $\dot{I}_{tk}$ 的大小随着 α 的增大单调递减，当 $\alpha=0$ 时，相当于 B 相控制绕组 p 发生 100%匝间短路，$\dot{I}_{tk}$ 最大；当 $\alpha=1$ 时，短路点等电位，无故障特征，$\dot{I}_{tk}$ 为零。

4.2.2 控制绕组保护配置研究

4.2.2.1 直流母线过电压保护

由于平衡电阻 R_{ph} 阻值较大（100Ω 左右），当控制绕组发生接地故障时，若 α 较小，则故障电流 i_k 不大，反映到网侧的不平衡电流更小，难以被保护装置检测出。4.2.1 中的分析指出，控制绕组发生接地故障时直流母线对地电压中会出现很大的交流分量，故考虑在直流母线上装设过电压保护应对控制绕组接地故障，此外，该保护还可动作于由匝间或相间故障引起的直流母线过电压，保护励磁系统低压侧设备。

图 4-7 给出了 100%工作容量下 A 相控制绕组 p 发生 20%接地故障的仿真结果，故障时间设置为 8～8.2s。由图 4-7 可以看出，总控电流中的故障分量较小，网侧电流几乎没有故障特征，而直流母线对地电压则呈现很大的交流过电压，与理论分析一致。

需要注意的是，4.2.1 中的理论分析指出，控制绕组匝间故障时会在故障相控制支路形成不平衡感应电动势，该不平衡感应电动势可能在直流母线间形成幅值很高的交流过电压，故拟采用直流母线极间的过电压保护作为控制绕组匝间故障的保护。然而，仿真和动模试验的结果均显示控制绕组匝间故障时不一定会在直流母线上产生过电压，直流母线过电压保护可能拒动，必须考虑其他保护方案，该问题的成因及解决方案将在 4.4 中详细阐述。

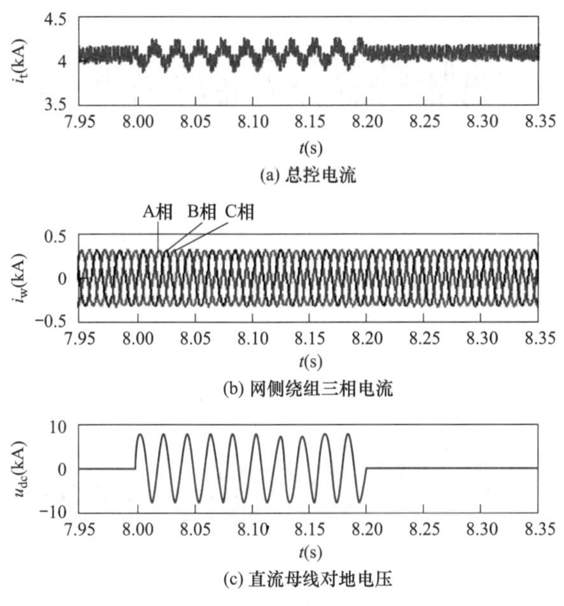

图 4-7 控制绕组接地故障的仿真结果

4.2.2.2 零序与负序功率方向保护

新型超/特高压 MCSR 配有零序功率方向保护作为网侧绕组匝间故障的主保护，然而对于控制绕组匝间故障，零序功率方向保护的灵敏度远低于负序功率方向保护的灵敏度，分析如下：

图 4-8 为控制绕组匝间故障时的零序等效回路，图中 X_{s0} 为系统零序等效电抗，X_{m0} 为 MCSR 零序励磁电抗，X_1、X_2'和X_3'分别为 MCSR 网侧绕组的漏抗和折算至高压侧的控制绕组、补偿绕组的漏抗。由于补偿绕组角接，在零序等效回路中相当于短接，同时控制绕组侧通过平衡电阻也存在接地点，故匝间故障时零序电流将不流向网侧而主要在控制绕组和补偿绕组回路中流通。因此以网侧 TA 和 TV 构成的零序功率方向保护不适用于 MCSR 控制绕组匝间故障，应考虑采用负序功率方向保护。

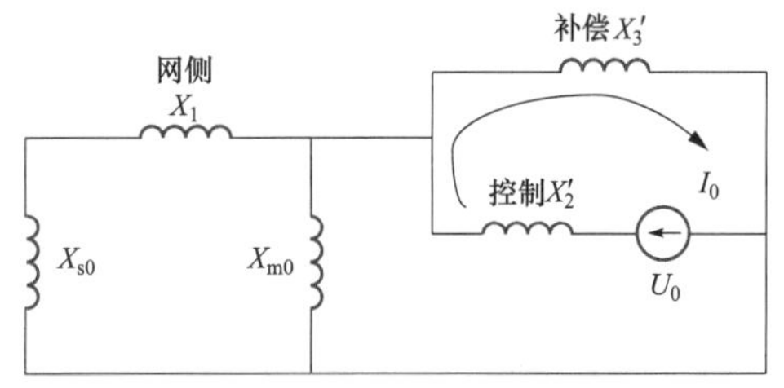

图 4-8 控制绕组匝间故障时的零序等效回路

图 4-9 给出了 100%工作容量下控制绕组 20%匝间故障的仿真结果，故障时间设置为 8～8.2s。由图 4-9 可以看出，网侧绕组三相电流存在不平衡，但网侧绕组零序电流很小（10^{-3}kA 数量级），而补偿绕组角内电流幅值较高，该电流三相同相位，为零序电流性质，仿真结果与理论分析结果一致。表 4-3 给出了 100%工作容量、不同短路匝比下控制绕组匝间故障时在网侧绕组侧测得的零、负序电流有效值的比较结果，可见即使短路匝比达到 40%，零序电流也不足以启动保护，而对于 20%以上的控制绕组匝间故障，负序功率方向保护基本能够准确判别。

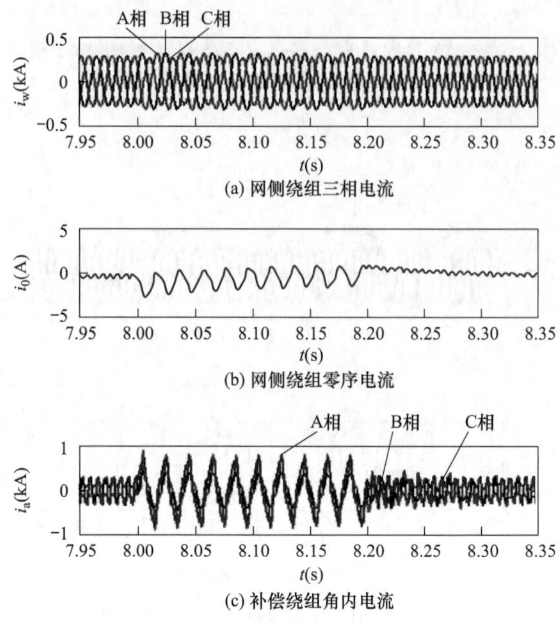

图 4-9 100%工作容量下控制绕组 20%匝间故障的仿真结果

表 4-3 不同短路匝比下匝间故障时网侧零、负序电流有效值的比较结果

短路匝比（%）	网侧零序电流有效值（A）	零序电流是否大于启动值	网侧负序电流有效值（A）	负序电流是否大于启动值
10	0.25	否	9.5	否
20	0.9	否	36.7	是
40	2.5	否	93.1	是

由 4.2.1 中的分析可知，当控制绕组相间故障时，在故障的两相控制支路中存在很大的交流故障电流，进而在网侧绕组中产生不平衡电流，负序功率方向保护能够可靠动作。图 4-10 给出了 100%工作容量下控制绕组 80%相间故障的仿真结果，可以看出，在故障相控制支路电流中有很大的基波故障分量产生，网侧三相电流不平衡明显。表 4-4 给出了不同 α 的控制绕组相间故障时网侧负序电流的有效值，可见即使是 $\alpha=98\%$的控制绕组相间短路，负序功率方向保护依然能够有效动作。

表 4-4 不同 α 的控制绕组相间故障时网侧负序电流有效值

短路匝比（%）	网侧负序电流有效值（A）	负序电流是否大于启动值
98	27.1	是
95	55.4	是
90	129.7	是
80	286.4	是

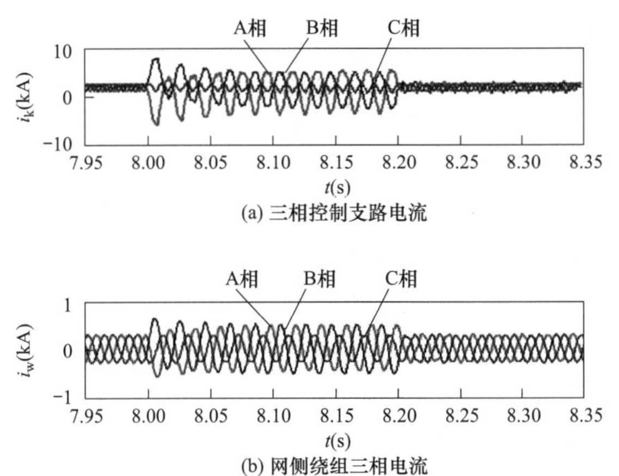

(a) 三相控制支路电流

(b) 网侧绕组三相电流

图 4-10　100%工作容量下控制绕组 80%相间故障的仿真结果

综上所述，宜采用负序功率方向保护作为控制绕组匝间故障和相间故障的保护，相关电气量取自网侧绕组末端电流互感器 TA2 和网侧绕组电压互感器 TV1。

4.3　MCSR 本体保护整体配置方案及灵敏度校验

4.3.1　MCSR 本体保护整体配置方案

考虑到新型超/特高压 MCSR 本体保护设计所面临的主要技术难点，以各类故障仿真结果为依据，基于 4.1 和 4.2 的分析结果，如图 4-11 所示制定新型超/特高压 MCSR 保护方案。

1. 电量保护

（1）主电抗器保护配置有纵联差动保护、零序差动保护、匝间保护、过电流保护、过负荷保护、零序过电流保护；

（2）补偿绕组保护配置有补偿绕组复压过电流保护、补偿绕组接地保护；

（3）控制绕组保护配置有直流母线交流过电压保护。

2. 非电量保护

MCSR 本体主要配置有瓦斯保护，绕组温度、压力释放、油温、油位、冷却系统保护。

上述各种本体保护的保护范围和动作设置如下：

（1）电抗器网侧纵联差动保护：取自网侧绕组首、末端电流互感器 TA1、TA2。保护范围为 MCSR 网侧绕组接地故障和相间故障。动作于跳开本体网侧开关、整流变压器和滤波器支路开关。

（2）电抗器网侧零序差动保护：取自网侧绕组首、末端电流互感器 TA1、TA2 的自产零序电流。保护范围为 MCSR 网侧绕组接地故障。动作于跳开本体网侧开关、整流变压器和滤波器支路开关。

（3）电抗器匝间保护：取自网侧绕组首、末端电流互感器 TA1、TA2，补偿绕组

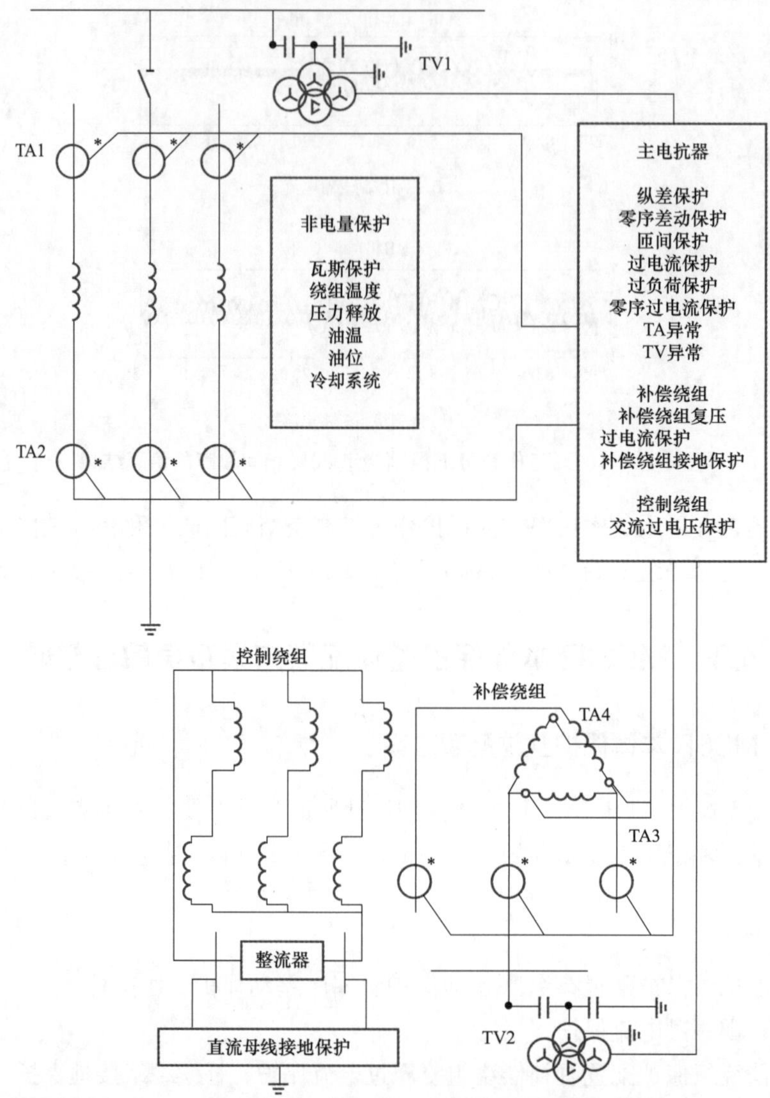

图 4-11　新型超/特高压 MCSR 本体保护整体配置方案图

角外电流互感器 TA3 以及网侧绕组电压互感器 TV1 和补偿绕组电压互感器 TV2。保护范围为 MCSR 网侧绕组、控制绕组和补偿绕组的匝间故障。动作于跳开本体网侧开关、整流变压器和滤波器支路开关。

（4）电抗器过电流保护：取自网侧绕组首端电流互感器 TA1，为 MCSR 内部故障的后备保护。延时动作于跳开本体网侧开关、整流变压器和滤波器支路开关。

（5）电抗器过负荷保护：取自网侧绕组首端电流互感器 TA1。延时动作于发信号告警。

（6）电抗器零序过电流保护：取自网侧绕组首端电流互感器 TA1 的自产零序电流，为 MCSR 内部故障的后备保护。延时动作于跳开本体网侧开关、整流变压器和滤波器支路开关。

（7）补偿绕组复压过电流保护：取自补偿绕组角外电流互感器 TA3 和补偿绕组电压互感器 TV2。保护范围为补偿绕组相间故障，并对励磁变压器和交流滤波器故障起到一定的后备保护作用。实现延时动作于补偿绕组出线开关；实现延时动作于跳开本体网侧开关、整流变压器和滤波器支路开关。

（8）补偿绕组接地保护：取自补偿绕组电压互感器 TV2。保护范围为补偿绕组接地故障。延时动作于发信号告警。

（9）直流母线交流过电压保护：取自直流母线间隙或断路器过电流检测（breaker overcurrent detection，BOD）电流。保护范围为控制绕组接地和部分控制绕组匝间故障。动作于跳开本体网侧开关、整流变压器和滤波器支路开关。

（10）直流母线接地保护：取自直流母线电压和接地电阻电压。保护范围为直流母线接地故障，并作为控制绕组接地故障的后备保护。延时动作于发信号告警。

4.3.2　灵敏度校验

为了充分掌握新型超/特高压 MCSR 各类故障下的暂态特性并对保护灵敏度进行校验，基于第 2 章所述的磁路分解建模方法，依据鱼卡站 750kV MCSR 工程的实际参数在 MATLAB/Simulink 中分别建立了新型超/特高压 MCSR 的数字仿真模型，并在此基础上，对可能发生的各种故障进行了详细仿真，仿真中所考虑的故障位置和故障点如图 4-12 和表 4-5 所示。表 4-6 和表 4-7 分别给出了故障仿真中的 MCSR 本体和 750kV 等效系统的基本参数设置。

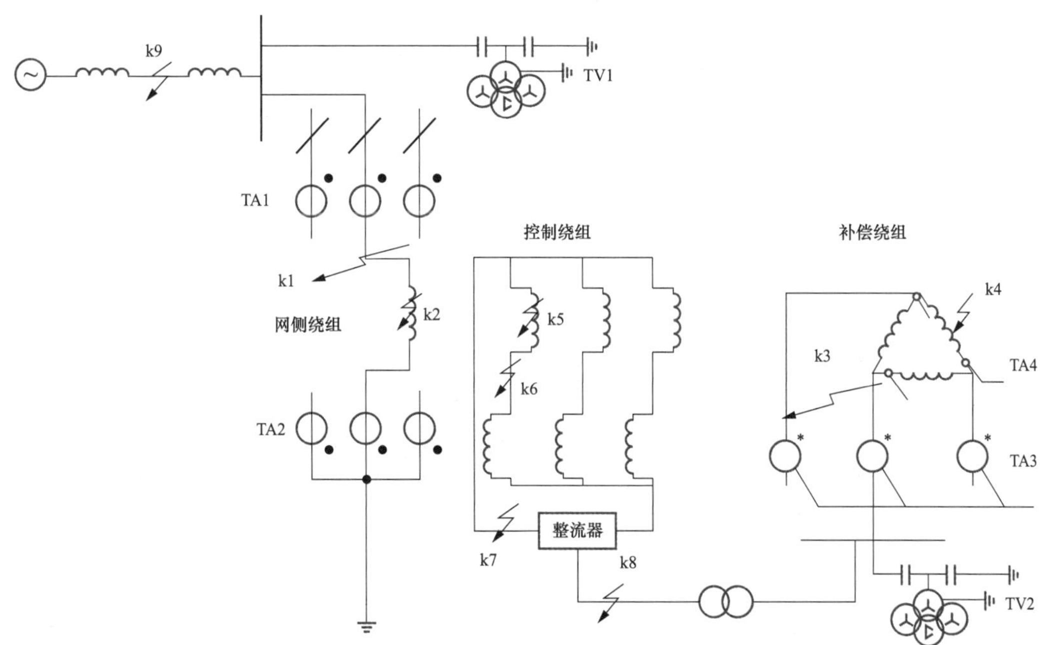

图 4-12　仿真中所考虑的故障设置示意图

表 4-5　　仿真中所考虑的故障点一览表

故障位置	故障标号	故障类型
网侧绕组	k1_1	网侧绕组 A 相接地故障
	k1_2	网侧绕组 AB 两相接地
	k1_3	网侧绕组三相短路
	k2	网侧绕组 A 相匝间故障
补偿绕组角外	k3_1	补偿绕组角外 A 相接地故障
	k3_2	补偿绕组角外 AB 两相接地
	k3_3	补偿绕组角外三相短路
补偿绕组角内	k4	补偿绕组 A 相匝间故障
控制绕组	k5	控制绕组匝间故障
	k6	控制绕组接地故障
	k7	控制绕组直流母线接地故障
整流变压器低压侧	k8_1	整流变压器低压侧 A 相接地故障
	k8_2	整流变压器低压侧 AB 两相接地
	k8_3	整流变压器低压侧三相短路
区外故障	k9_1	区外 A 相接地故障
	k9_2	区外 AB 两相接地
	k9_3	区外三相短路

表 4-6　　MCSR 本体基本参数设置

参数名称	数值
额定容量（MVA）	3×110
网侧绕组额定电压（kV）	$800/\sqrt{3}$
控制绕组额定电压（kV）	21
补偿绕组额定电压（kV）	20
额定频率（Hz）	50
网侧绕组额定电流（A）	238
额定容量下的等效阻抗（Ω）	1941
容量调节范围	10%～100%

表 4-7　　750kV 等效系统基本参数设置

参数名称	数值
电压（kV）	750
正序电阻（Ω）	2.9
正序电感（H）	0.143
零序电阻（Ω）	8.7
零序电感（H）	0.299
频率（Hz）	50

4.3.2.1　保护定值清单

表 4-8～表 4-11 分别给出了新型超/特高压 MCSR 不同工作容量下的额定电流以及各主要保护的定值表。

表 4-8　MCSR 额定电流表

容量	一次侧额定电流（A）
100%	238.15
70%	166.71
50%	119.08
20%	47.63

表 4-9　纵联差动保护定值表

定值名称	整定值
纵联差动速断电流定值	$3.0I_{r1n}$
纵联差动最小动作电流	$0.3I_{r1n}$
纵联差动拐点 1 电流	$0.5I_{r1n}$
纵联差动拐点 2 电流	$1.0I_{r1n}$
纵联差动特性 1 段斜率	0.2
纵联差动特性 2 段斜率	0.3
纵联差动特性 3 段斜率	0.7

注　I_{r1n} 为对应容量下的一次侧额定电流。

表 4-10　零序差动保护定值表

定值名称	整定值
零序差动速断电流定值	$3.0I_{r1n}$
零序差动最小动作电流	$0.3I_{r1n}$
零序差动拐点电流	$0.8I_{r1n}$
零序差动特性斜率	0.8

注　I_{r1n} 为对应容量下的一次侧额定电流。

表 4-11　电抗器匝间保护定值表

定值名称	整定值
匝间保护零序电流启动值	$0.1I_{r1n}$
匝间保护负序电流启动值	$0.1I_{r1n}$
动作范围	$0°$～$180°$

4.3.2.2　保护动作情况及灵敏度分析

基于新型超/特高压 MCSR 的本体保护配置策略和定值，对 MCSR 各种可能出现的内部故障类型下对应保护的动作情况和灵敏度进行了全面的评估和校验，详细校验结果见表 4-12～表 4-16（表中“保护动作情况”一栏打勾表示保护动作）。

表 4-12 网侧绕组端部的金属性故障

故障点	故障类型	保护类型	保护动作情况	灵敏度
k1	100%容量下A相接地故障	差流速断	√	10.5929
		纵联差动	√	88.5492
		零序速断	√	10.5929
		零序差动	√	2.7554
	20%容量下A相接地故障	差流速断	√	53.1070
		纵联差动	√	135.157
		零序速断	√	53.1070
		零序差动	√	2.7472
	100%容量下AB相接地故障	差流速断	√	10.5437
		纵联差动	√	89.2467
		零序速断	√	10.6649
		零序差动	√	2.7560
	20%容量下AB相接地故障	差流速断	√	52.8809
		纵联差动	√	127.458
		零序速断	√	53.9440
		零序差动	√	2.7370
	100%容量下AB相间短路故障	差流速断	√	9.0888
		纵联差动	√	68.4635
		零序速断	—	—
		零序差动	—	—
	20%容量下AB相间短路故障	差流速断	√	45.4000
		纵联差动	√	245.200
		零序速断	—	—
		零序差动	—	—
	100%容量下ABC短路故障	差流速断	√	10.4969
		纵联差动	√	104.3398
		零序速断	—	—
		零序差动	—	—
	20%容量下ABC短路故障	差流速断	√	52.5000
		纵联差动	√	51.2700
		零序速断	—	—
		零序差动	—	—

表 4-13 网侧绕组A相接地故障

故障点	故障类型	接地位置	保护配置	保护动作情况	灵敏度
k2	100%容量下A相绕组接地故障	50%	差流速断	√	2.8882
			纵联差动	√	13.1130
			零序速断	√	2.8882
			零序差动	√	4.6382
		20%	差流速断	√	5.2340
			纵联差动	√	30.1881
			零序速断	√	5.2340
			零序差动	√	3.2607
		10%	差流速断	√	7.0391
			纵联差动	√	45.7255
			零序速断	√	7.0391
			零序差动	√	2.9873

续表

故障点	故障类型	接地位置	保护配置	保护动作情况	灵敏度
k2	70%容量下 A 相绕组接地故障	50%	差流速断 纵联差动 零序速断 零序差动	√ √ √ √	4.1399 10.0993 4.1399 4.7256
		20%	差流速断 纵联差动 零序速断 零序差动	√ √ √ √	7.4876 24.8620 7.4876 3.2705
		10%	差流速断 纵联差动 零序速断 零序差动	√ √ √ √	10.0814 43.7088 10.0814 2.9899
	20%容量下 A 相绕组接地故障	50%	差流速断 纵联差动 零序速断 零序差动	√ √ √ √	14.9236 5.6784 14.9236 5.2003
		20%	差流速断 纵联差动 零序速断 零序差动	√ √ √ √	26.8618 13.4364 26.8618 3.3536
		10%	差流速断 纵联差动 零序速断 零序差动	√ √ √ √	35.9015 23.6328 35.9015 3.0154

注　表中接地位置表示故障点距离网侧绕组首端的距离占整个绕组的比例。

表 4-14　　网侧绕组 A 相匝间故障

故障点	故障类型	短路匝数比（%）	末端零序电流有效值（A）	是否大于启动值	是否大于门槛值	零序电压电流夹角（末端 TA）	保护动作情况
k2	100%容量下 A 相匝间故障	20	276.2228	是	是	83.0265	√
		5	61.5533	是	是	68.1553	√
	70%容量下 A 相匝间故障	20	281.7617	是	是	74.0633	√
		5	62.8264	是	是	39.1312	√
	20%容量下 A 相匝间故障	20	290.4122	是	是	70.0908	√
		5	64.8648	是	是	93.3893	√

表 4-15　　补偿绕组 A 相匝间故障

故障点	故障类型	短路匝数比（%）	末端负序电流有效值（A）	是否大于启动值	是否大于门槛值	负序电压电流夹角（末端 TA）	保护动作情况
k4	100%容量下 A 相匝间故障	20	591.7	是	是	77.6	√
		5	186.1	是	是	83.1	√
	70%容量下 A 相匝间故障	20	689.2	是	是	78.2	√
		5	221.6	是	是	83.8	√
	50%容量下 A 相匝间故障	20	762.4	是	是	78.9	√
		5	253.2	是	是	84.9	√
	10%容量下 A 相匝间故障	20	887.4	是	是	79.4	√
		5	321.1	是	是	83.4	√

表 4-16　　控制绕组 A 相匝间故障

故障点	故障类型	短路匝数比（%）	末端负序电流有效值（A）	是否大于启动值	是否大于门槛值	负序电压电流夹角（末端 TA）	保护动作情况
k5	100%容量下 A 相匝间故障	40	153.9	是	是	81.3	√
		20	59.1	是	是	77.4	√
	70%容量下 A 相匝间故障	40	169.6	是	是	82.8	√
		20	68.7	是	是	78.5	√
	50%容量下 A 相匝间故障	40	186.7	是	是	83.3	√
		20	80.3	是	是	78.0	√
	10%容量下 A 相匝间故障	40	210.3	是	是	86.6	√
		20	81.4	是	是	76.5	√

针对上述本体保护灵敏度校验分析结果，可以看出：

（1）针对网侧绕组单相接地、两相接地及匝地故障，纵联差动保护和零序差动保护都能可靠动作，且具有较高的灵敏度。

（2）针对网侧绕组两相短路和三相短路故障，纵联差动保护能够可靠动作，且具有较高的灵敏度。

（3）针对 5%及以上匝比的网侧绕组匝间故障，零序功率方向保护都能可靠动作，且零序电流、电压夹角均在最大灵敏角（90°）附近；针对 5%及以上匝比的补偿绕组匝间故障，负序功率方向保护都能可靠动作，且负序电流、电压夹角均在最大灵敏角（90°）附近。

（4）针对 20%及以上匝比的控制绕组匝间故障，零序功率方向保护都能可靠动作，但对于 20%以下匝比的控制绕组匝间故障情况，可能存在灵敏度不足等问题。

综上，本书所设计的新型超/特高压 MCSR 本体保护在除了控制绕组匝间故障外的其他各种可能的内部故障情况下均能够较好地起到保护作用，具有良好的保护灵敏度；

负序功率方向保护作为控制绕组匝间保护方案的效果并不理想，有必要对控制绕组匝间保护方法做进一步研究。此外，针对控制绕组接地故障的直流母线过电压保护无法识别绕组端部接地故障，控制绕组端部接地保护死区问题亟待解决。因此，分别在 4.4、4.5 中提出基于总控电流基波分量的匝间保护方法以及基于直流母线不平衡电压的控制绕组接地保护方法。

4.4　基于总控电流基波分量的匝间保护新方法

MCSR 本体匝间短路是一种常见的故障形式，且匝间故障的概率会随着电压等级的升高而增大，匝间保护是新型超/特高压 MCSR 本体保护研究配置的重点和难点。传统固定式并联电抗器匝间短路的主保护为瓦斯保护，但灵敏度不高，通常配置相应的电量保护以提高保护的灵敏度。传统固定式并联电抗器的匝间短路电量保护一般采用由电抗器绕组末端 TA 的自产零序电流、电抗器安装处的零序电压构成的零序功率方向保护，并容错复判各相关电气量。由 4.3 可知，对于新型超/特高压 MCSR 的控制绕组匝间故障而言，零、负序功率方向保护均不能满足灵敏度的要求。考虑到 MCSR 控制绕组发生匝间故障时会在故障相控制支路产生交流不平衡感应电动势，由于新型超/特高压 MCSR 的控制绕组额定电压很高，因此即使很小的短路匝比也会引起很大的不平衡感应电动势，基于这种特殊的故障工况，拟在直流母线间设置过电压保护应对控制绕组匝间故障。但事实上匝间故障引起的不平衡感应电动势并不一定会产生直流母线交流过电压，以过电压保护作为控制绕组匝间保护方案可能会延时动作或拒动。综上所述，有必要对直流母线过电压保护在控制绕组匝间故障出现时的拒动原因进行分析，并进一步探索控制绕组匝间保护的新方法。

4.4.1　控制绕组匝间故障特性理论分析

MCSR 单相控制支路结构图如图 4-13 所示，其中，u_{dc} 为控制支路端电压（即直流母线极间电压）；i_k 为控制支路电流；Φ_p、Φ_q 分别为 p、q 心柱主磁通；e_p、e_q 分别为 p、q 心柱中由主磁通感应出的电动势；N_p、N_q 分别为控制绕组 p、q 的匝数；R_p、R_q 分别为控制绕组 p、q 的直流电阻。

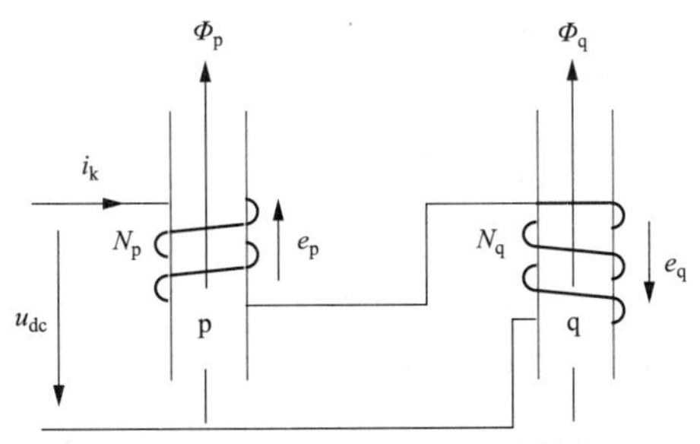

图 4-13　MCSR 单相控制支路结构图

若忽略漏磁通，则控制支路的端电压方程为

$$u_{dc}=i_k\cdot(R_p+R_q)+e_p+(-e_q)$$
$$=i_k\cdot(R_p+R_q)+N_p\frac{d\Phi_p}{dt}+\left(-N_q\frac{d\Phi_q}{dt}\right) \tag{4-8}$$

正常运行时，有

$$i_k=I_{dc} \tag{4-9}$$

$$N_p=N_q \tag{4-10}$$

$$\frac{d\Phi_p}{dt}=\frac{d\Phi_q}{dt} \tag{4-11}$$

将式（4-9）~式（4-11）代入式（4-8），可得

$$u_{dc}=I_{dc}\cdot(R_p+R_q) \tag{4-12}$$

由于 $i_k=I_{dc}$，故 u_{dc} 只含有直流分量。

设控制绕组 p 发生匝间故障，参数 R_p 和 N_p 发生改变，控制绕组中产生不平衡电动势，有

$$\Delta e=e_p-e_q=N_p\frac{d\Phi_p}{dt}-N_q\frac{d\Phi_q}{dt}\neq 0 \tag{4-13}$$

综上分析得出，正常运行时直流母线极间电压 u_{dc} 只含直流分量；当控制绕组发生匝间故障时，铁心中的交流磁通在两分支绕组中引起的感应电动势不再平衡，会在 u_{dc} 中产生交流不平衡电动势，由于新型超/特高压 MCSR 的控制绕组额定电压很高，该不平衡电动势幅值很大。因此，在本体保护设计时拟采用基于 u_{dc} 的过电压保护作为控制绕组匝间故障的保护方案。

4.4.2 控制绕组匝间故障特性仿真分析

以 100%工作容量下 A 相控制绕组 p 发生 50%匝间故障为例详细分析，故障时段为 4~4.2s。图 4-14 给出了直流母线极间电压 u_{dc}，各相控制支路电流 i_{kA}、i_{kB}、i_{kC} 以及总控电流 i_t（$i_t=i_{kA}+i_{kB}+i_{kC}$）的仿真结果。

依照 4.4.1 的分析，在控制绕组发生匝间故障的同时，直流母线极间电压 u_{dc} 中会产生交流不平衡感应电动势，从而在控制绕组故障相电流 i_{kA} 中产生交流故障分量。图 4-14（b）和图 4-14（c）所示的仿真结果验证了 i_{kA} 中交流故障分量的存在。然而在图 4-14（a）中，由匝间故障引起的不平衡感应电动势并未在直流母线极间电压 u_{dc} 中呈现出连续的交流过电压，而是周期性地出现间断的电压尖峰，分析该现象的成因如下：

为了便于观察和分析，取图 4-14（a）和图 4-14（c）的局部放大图，如图如 4-15 所示。由于电压尖峰每工频周期出现一次，因此以故障初始时刻至第二个电压尖峰出现这段过程为分析对象，并进一步将该过程分为 3 个时段。

时段 1：匝间故障时在故障相控制支路引起不平衡感应电动势 Δe，故障相控制支路电流 i_{kA} 中出现交流故障分量。如图 4-15 所示，该时段内总控电流 i_t 大于零，换流器工作在整流状态，励磁系统电流分布如图 4-16 所示。由于晶闸管的导通电阻和整流变压器低压侧直流电阻远小于控制支路的直流电阻 R_{kA}、R_{kB} 和 R_{kC}，可以认为 Δe 经 R_{kA}

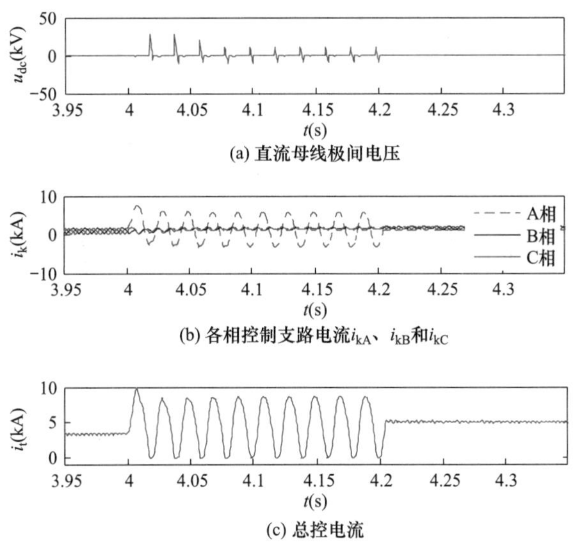

图 4-14　100％工作容量下 A 相控制绕组 p 发生 50％匝间故障的仿真结果

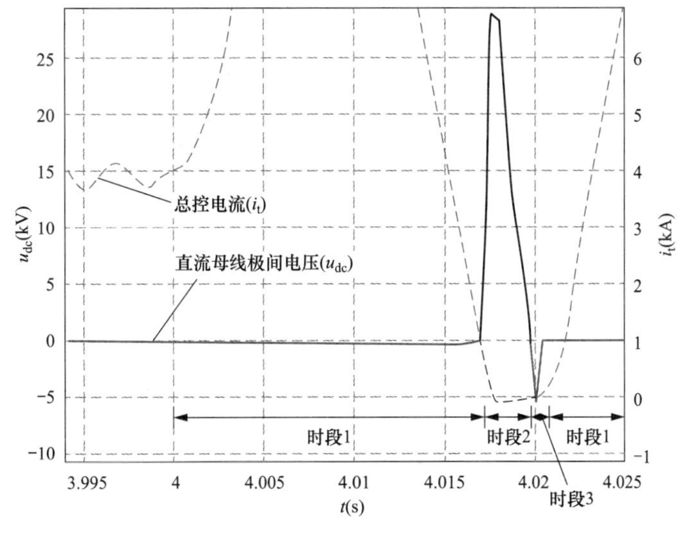

图 4-15　局部放大图

被整流阀短路，从而直流母线极间电压 u_{dc} 中不呈现交流过电压。

时段 2：总控电流 i_t 过零并为负。由于控制绕组的额定电压很高，匝间故障引起的不平衡感应电动势 Δe 幅值远大于整流变压器二次侧电压，故在时段 2 内，换流器所有晶闸管承受反向电压，且由于 i_t 过零，原先导通的晶闸管关断。此时励磁系统电流分布如图 4-17 所示，i_t 降落在平衡电阻 R_{ph} 上，使得 u_{dc} 中出现故障特征，呈现为正向电压尖峰。

时段 3：总控电流 i_t 为正，相应地，电压尖峰呈现负值，此时晶闸管承受正向电压，但由于触发脉冲尚未到来，整流阀仍处于关断状态。励磁系统电流分布如图 4-18 所示，时段 3 相较于时段 2 期间 i_t 流向相反。当触发脉冲再次到来时，整流阀导通，励

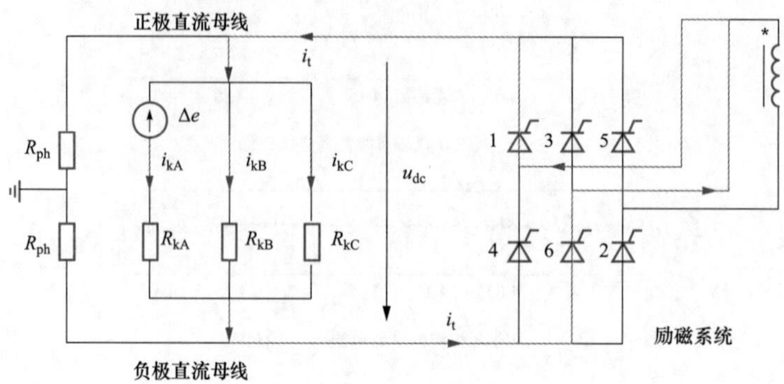

图 4-16　时段 1 期间励磁系统电流分布

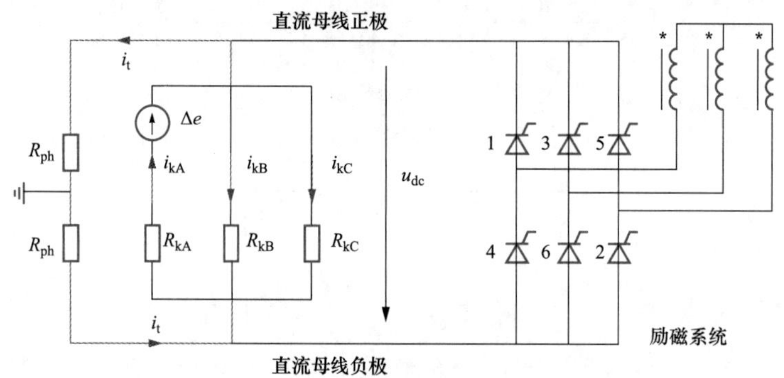

图 4-17　时段 2 期间励磁系统电流分布

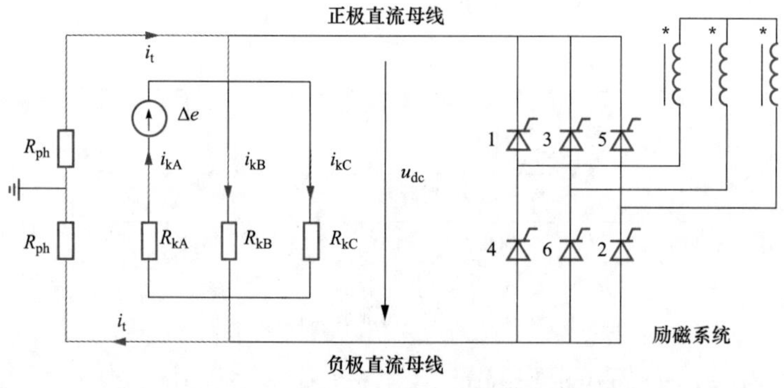

图 4-18　时段 3 期间励磁系统电流分布

磁系统又回到时段 1 的运行状态，直流母线极间电压 u_{dc} 中的电压尖峰消失。此后重复时段 1～时段 3 的过程直到故障切除。

综上所述，当控制绕组匝间故障时，总控电流 i_t 由整流输出的直流分量叠加故障产生的交流分量构成。当 i_t 为正，即整流阀导通时，故障产生的交流不平衡感应电动势被短路，直流母线极间电压 u_{dc} 不呈现故障特征（即交流过电压）；当 i_t 过零为负，即整流阀关断时，u_{dc} 呈现过电压。可见交流过电压的出现源于整流阀的关断，而整流阀的关断又依赖于 i_t 的过零。由此可以推断，当 MCSR 的工作容量越大（i_t 直流分量大）或短路匝比越小（i_t 的故障交流分量小）时，控制绕组匝间故障下 u_{dc} 呈现出的故障特征越不明显，当 i_t 不存在过零点时，u_{dc} 将不显示故障特征。

图 4-19 和图 4-20 分别给出了 100%工作容量和 10%工作容量下控制绕组 p 发生 10%匝间故障时的直流母线极间电压 u_{dc} 和总控电流 i_t 的仿真波形，故障时段为 8～8.2s。

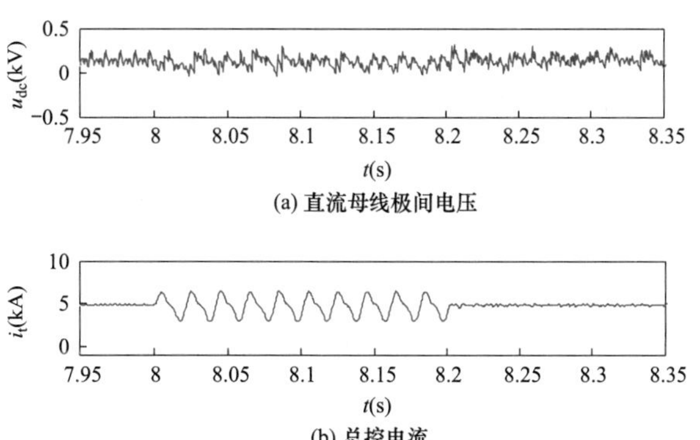

图 4-19　100%工作容量下 A 相控制绕组 p 发生 10%匝间故障的仿真结果

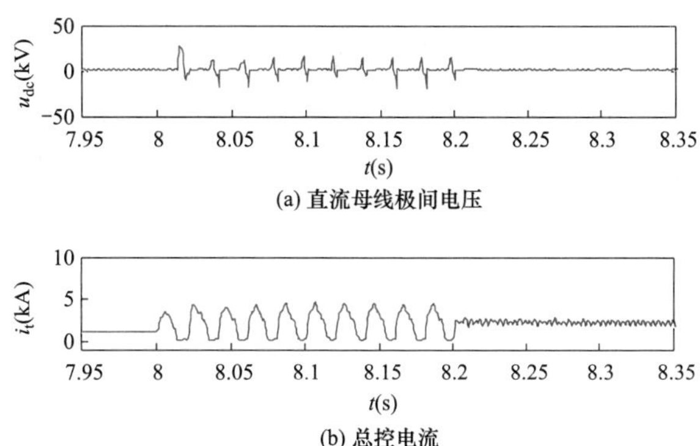

图 4-20　10%工作容量下 A 相控制绕组 p 发生 10%匝间故障的仿真结果

通过对比图 4-14 和图 4-19 可知，在相同的工作容量下，短路匝比越小，一个周期内的总控电流 i_t 过零时间越短，直流母线极间电压 u_{dc} 的故障特征越不明显；通过对比图 4-19 和图 4-20 可知，在相同的短路匝比下，工作容量越小，u_{dc} 越容易呈现出故障特征，仿真结果与前文推论一致。表 4-17 第 3 列给出了更多控制绕组匝间故障情况下 u_{dc} 是否呈现故障特征的仿真结果。

表 4-17　　不同短路匝比及工作容量下的故障特征对比

短路匝比	工作容量	是否出现电压尖峰	i_t 基波分量有效值（A）
50%	10%	是	5244
	100%	是	5183
20%	10%	是	3256
	100%	否	3289

续表

短路匝比	工作容量	是否出现电压尖峰	i_t 基波分量有效值（A）
5%	10%	是	484.4
	100%	否	461.2
2%	10%	否	95.6
	100%	否	45.6

从仿真结果可以看出，直流母线极间电压 u_{dc} 中的电压尖峰并非伴随故障发生而立即出现，而是直到总控电流 i_t 过零时才会出现，这势必会造成过电压保护的延时动作。另外，在大工作容量或小短路匝比的故障情况下，u_{dc} 会因为 i_t 没有过零而不显示故障特征，进而导致保护拒动。

4.4.3　基于总控电流基波分量的控制绕组匝间保护方案

注意到新型超/特高压 MCSR 正常运行时总控电流 i_t 中只含有整流输出的直流和 $6k$（$k=1$，2，3…）次谐波分量，理论上不含基波分量，而当控制绕组匝间故障时，故障相控制支路电流 i_{kA} 和总控电流 i_t 均含有幅值较高的交流故障分量，因此，可以利用基波电流的有无作为控制绕组匝间故障的判据。据此，本章提出在直流母线上装设一个电流互感器，利用总控电流 i_t 中的基波分量来构成控制绕组匝间保护，考虑到按躲过设备制造误差以及系统参数不平衡引起的正常运行时 i_t 中可能出现的最大基波电流整定，保护判据为

$$I_{t1}>I_{t1.set}=k_{rel}I_{t1\_unb.max} \tag{4-14}$$

式中：I_{t1} 为总控电流中基波分量的有效值；$I_{t1.set}$ 为过电流保护整定值；k_{rel} 为可靠系数；$I_{t1\_unb.max}$ 为正常运行时总控电流中因设备制造误差以及系统参数不平衡等引起的最大不平衡基波电流有效值。

表 4-17 最后一列给出了不同短路匝比和不同工作容量下控制绕组匝间故障时总控电流 i_t 基波分量的有效值，可知，正常运行情况 i_t 几乎不含基波电流，而在匝间故障情况下的基波电流有效值较大，保护新方法在 2%小匝比匝间故障情况下也可保证具有较高的灵敏度。

为了对基于总控电流基波分量的过电流保护方案进行整定并验证保护新方法的可靠性，分别针对参数不平衡、区外故障及空充合闸等情况进行讨论。

1. 参数不平衡时保护新方法的可靠性分析

根据正常运行时总控电流中因设备制造误差或系统参数不平衡等引起的最大不平衡基波电流对式（4-14）中的 $I_{t1.set}$ 进行整定，分别考虑了系统电压不平衡、控制绕组电压不平衡及控制绕组阻抗不平衡。根据 MCSR 制造商提供的标准，制造误差最大不超过 2%，故以上几种不平衡均按照最大不平衡度 2%考虑，各种不平衡情况下总控电流 i_t 基波分量有效值 I_{t1} 的仿真结果如表 4-18 所示。

表 4-18　　各类不平衡情况下 I_{t1} 的仿真结果

不平衡类型	工作容量	I_{t1}（A）
2%系统电压不平衡	10%	0.302
	70%	0.458
	100%	0.466
2%控制绕组电压不平衡	10%	1.645
	70%	6.261
	100%	8.529
2%控制绕组阻抗不平衡	10%	0.384
	70%	0.498
	100%	0.531

如表 4-18 所示，最严重的不平衡情况为 100%工作容量下 2%控制绕组电压不平衡，此时 $I_{t1_unb.max}=8.529$A，考虑可靠系数 k_{rel}，式（4-14）中 $I_{t1.set}$ 可以整定为 15～20A。另外从表 4-17 最后一行可以看出，在控制绕组 2%匝间故障情况下 $I_{t1.set}$ 的最小值为 45.6A，以 20A 的整定值计算，即使是 2%小匝比的控制绕组，匝间故障的灵敏度也在 2 以上，因此所提出的保护新方案能够灵敏地动作于控制绕组 2%及以上短路匝比的匝间故障，有效地改善了控制绕组匝间保护的灵敏度。

2. 区外故障时保护新方法的可靠性分析

表 4-19 给出了不同工作容量及不同类型的区外故障情况下总控电流 i_t 基波分量有效值 I_{t1} 的仿真结果。

表 4-19　　区外故障情况下 I_{t1} 的仿真结果

区外故障类型	工作容量	I_{t1}（A）
单相接地故障	10%	6.51
	100%	18.23
相间故障	10%	3.56
	100%	8.83
三相故障	10%	0.28
	100%	0.84

从表 4-19 中可以看出，最严重的区外故障情形是 100%工作容量下的单相接地故障，此时 I_{t1} 可能超过 15～20A 的定值，为了确保保护在区外故障时不误动，可在网侧的零序方向继电器或负序方向继电器处增加区外故障的逻辑判断环节，当确认为区外故障时，闭锁保护。具体的保护动作逻辑如图 4-21 所示。

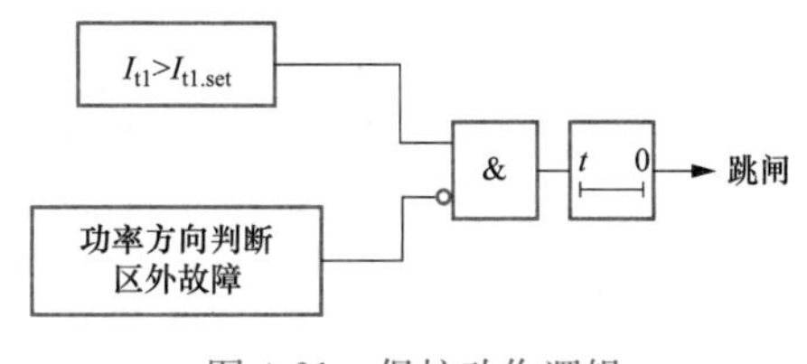

图 4-21　保护动作逻辑

3. 空充合闸时保护新方法的可靠性分析

在实际工程中，新型超/特高压 MCSR 的整流环节在空充合闸时保持闭锁，在此期间内总控电流 i_t 为零，因此该保护新方案不会受到 MCSR 空充合闸的影响。但是在预励磁合闸及容量调节场景下，整流环节处于工作状态，总控电流的基波分量有可能增大从而导致该保护方案误动，因此需要对预励磁合闸及容量调节场景的暂态过程进行详细分析，该部分内容将在第 5、6 章进行讨论。

4.5 MCSR 控制绕组接地保护研究

针对控制绕组接地故障，现有研究均是基于绕组内部接地故障时的直流母线过电压故障特征设置保护，过电压的大小一般为正常运行时母线极对地电压的 5～7 倍。投运于鱼卡站的 750kV MCSR 采用直流母线对地过电压保护作为控制绕组接地故障的主保护，但无法识别控制绕组的端部接地故障，且还需设置 0.1～0.3s 的保护延时以躲过暂态过电压的影响。有学者提出了由分支控制绕组低电压与平衡电阻支路过电流构成的复合型保护，但仍然无法识别绕组端部接地故障。因此，控制绕组端部接地保护死区问题亟待解决。

4.5.1 MCSR 控制绕组接地故障特性

如图 4-22 所示，为三相超高压 MCSR 励磁系统结构，其中包括三相励磁电源、三相桥式整流电路、三相控制绕组支路和平衡电阻。图中，p_A、p_B 和 p_C 及 q_A、q_B 和 q_C 分别表示 p、q 心柱的控制绕组；R_{ph1} 和 R_{ph2} 为平衡电阻，分别用于钳制正、负极直流母线的电位，两电阻阻值相等且较大，约为 120Ω；u_{dc} 为直流母线极间电压。

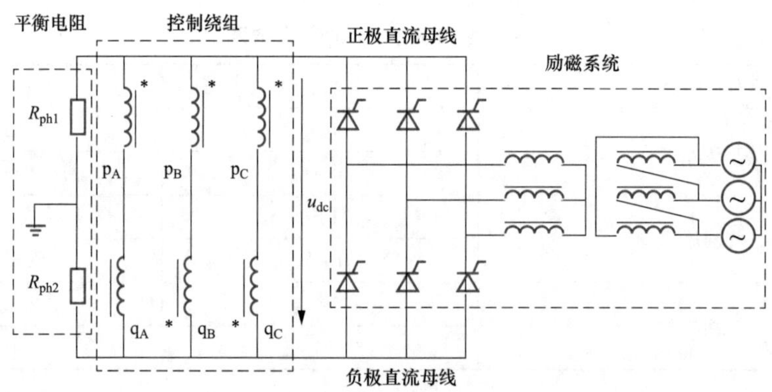

图 4-22 三相超高压 MCSR 励磁系统结构

正常运行时，当直流电流 I_k 流过 p、q 心柱的两个匝数均为 N_2 的控制绕组时，在 p、q 心柱中产生等幅反向的直流偏置磁通，该直流偏置磁通叠加上网侧电压所产生的交流磁通，使得 p、q 心柱在同一电源周期内交替饱和。可以通过调整换流器触发角 θ 改变直流母线极间电压，进而实现对 MCSR 的容量调节，整流变压器两侧额定电压为 38 500V/150V，整流桥输出电压平均值为 $u_{dc}=2.34U_2\cos\theta$，其中，U_2 为整流变压器二次侧相电压。可知，100%额定容量时 $u_{dc}\approx 200V$。

直流母线极间电压可表示为

$$u_{\mathrm{dc}|0|}=i_{\mathrm{k}|0|}R_{\mathrm{k}}+AN_{2,\mathrm{p}}\frac{\mathrm{d}B_{\mathrm{p}}}{\mathrm{d}t}+\left(-AN_{2,\mathrm{q}}\frac{\mathrm{d}B_{\mathrm{q}}}{\mathrm{d}t}\right) \tag{4-15}$$

式中：$u_{\mathrm{dc}|0|}$ 为正常运行时的直流母线极间电压（用下标 $|0|$ 表示）；$i_{\mathrm{k}|0|}$ 为正常运行时流过单相控制绕组的电流；R_{k} 为单相控制绕组的电阻；A 为 p、q 心柱的截面积；$N_{2,\mathrm{p}}$ 和 $N_{2,\mathrm{q}}$ 分别为分支控制绕组在 p、q 心柱上的匝数；B_{p} 和 B_{q} 分别为 p、q 心柱的磁感应强度。

由于 p、q 心柱交链的主磁通相同，且 p、q 心柱分支控制绕组匝数也相同，所以分支控制绕组产生的感应电动势是相等的，即

$$AN_{2,\mathrm{p}}\frac{\mathrm{d}B_{\mathrm{p}}}{\mathrm{d}t}=AN_{2,\mathrm{q}}\frac{\mathrm{d}B_{\mathrm{q}}}{\mathrm{d}t} \tag{4-16}$$

将式（4-16）代入式（4-15），可得

$$u_{\mathrm{dc}|0|}=i_{\mathrm{k}|0|}R_{\mathrm{k}} \tag{4-17}$$

控制绕组的电阻 R_{k} 非常小，因此 MCSR 稳态运行时直流母线极间电压为数值很小的直流电压。由于平衡电阻 R_{ph1} 和 R_{ph2} 的钳制作用，使得正、负极母线对地电压的绝对值相等。

以在 p 心柱上的 A 相控制绕组发生接地故障为例，具体故障位置如图 4-23 中故障点 k1 和 k2 所示。接地故障点 k1 位于绕组内部时，设接地点到端口的匝数与控制绕组总匝数的比为 α，为便于阅读，重绘图 4-4 如图 4-24 所示，其中图 4-24（a）为控制绕组单相接地故障示意图，图 4-24（b）为故障后的等效模型，U_{k} 为控制绕组额定电压。

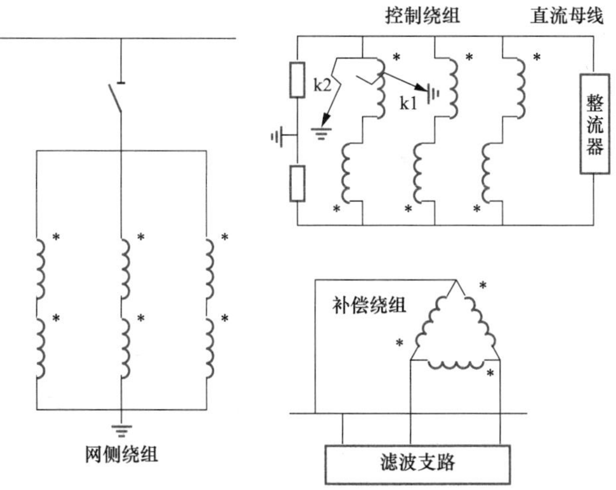

图 4-23　单相 MCSR 电气主接线图及故障位置示意图

故障接地点与平衡电阻的接地点共地，故障点两侧的部分控制支路各自与平衡电阻形成回路。此时根据叠加定理，正、负极直流母线对地电压分别为

$$u_{\mathrm{d+}|\mathrm{k1}|}=u_{\mathrm{d+}|0|}+\alpha U_{\mathrm{km}}\sin(\omega t+\varphi) \tag{4-18}$$

$$u_{\mathrm{d-}|\mathrm{k1}|}=u_{\mathrm{d-}|0|}+\alpha U_{\mathrm{km}}\sin(\omega t+\varphi) \tag{4-19}$$

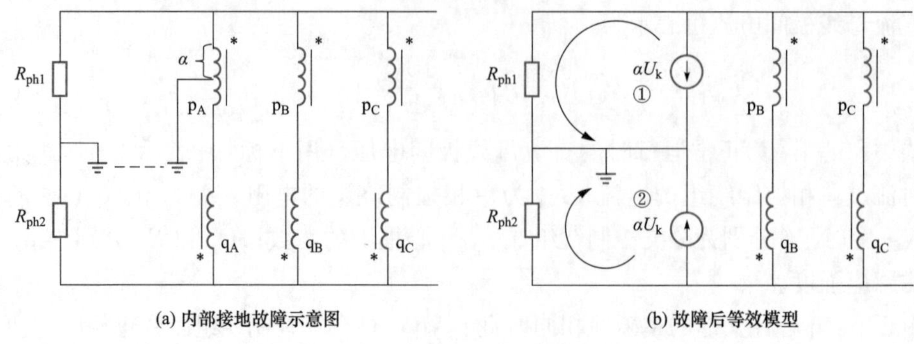

图 4-24　控制绕组单相接地故障示意图

式中：$u_{d+|k1|}$ 和 $u_{d-|k1|}$ 分别为控制绕组发生内部接地故障后的正、负极直流母线对地电压；$u_{d+|0|}$ 和 $u_{d-|0|}$ 分别为控制绕组正常运行时正、负极直流母线对地电压；U_{km} 和 φ 分别为 U_k 的幅值和相角。

控制绕组发生接地故障时，正、负极直流母线对地电压会叠加上大小为 αU_k 的交流电压，由于分支控制绕组的额定电压 U_k（额定值为 41.86kV）远高于正常运行时母线对地的直流电压（100％额定容量时约为 200V），所以正、负极直流母线中会出现基波交流过电压。

控制绕组端部发生接地故障时有 $\alpha=0$，以 p 心柱靠近正极直流母线的端部为例进行分析，此时故障位置如图 4-23 中 k2 所示。控制绕组 p、q 心柱上产生的感应电动势相互抵消，直流母线对地电压无交流过电压，故障极母线对地电压的大小由直流电压降为 0。由于 I_k 不受影响，故 I_k 在控制绕组上产生的压降不变，非故障极母线对地电压的数值升高至原来的 2 倍，导致正、负极直流母线对地电压呈现不平衡状态。

4.5.2　不同合闸方式对母线电压的影响

MCSR 直接合闸和预励磁合闸都可能在控制绕组上形成不平衡感应电动势。直接合闸时，MCSR 励磁系统开路，各相控制绕组上的不平衡电动势 Δe_A、Δe_B、Δe_C 与平衡电阻 R_{ph1} 和 R_{ph2} 形成回路，此时励磁系统电流分布如图 4-25（a）所示，图中，R_{kA}、R_{kB} 和 R_{kC} 分别为三相控制绕组的电阻。由于平衡电阻阻值（120Ω）远大于控制绕组电

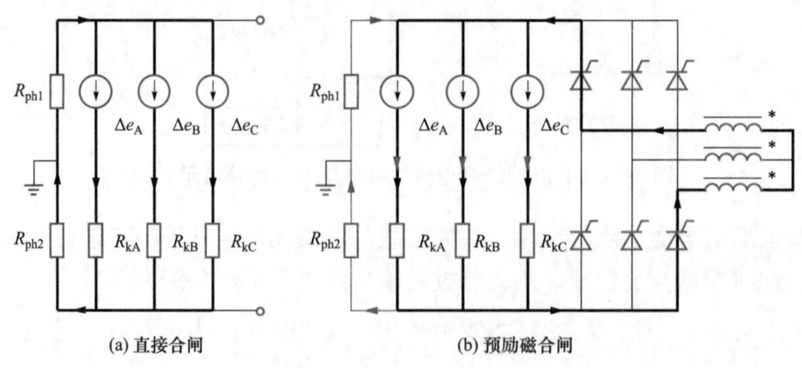

图 4-25　合闸时励磁系统电流分布

阻阻值（0.03Ω），Δe 几乎完全施加于平衡电阻上。产生的交流电流完全穿越两个平衡电阻，导致直流母线对地过电压。因此，实际工程中为避免直接合闸时母线过电压保护误动，需要牺牲一定的速动性，可以设置 0.1～0.3s 的保护延时躲过暂态过电压。

预励磁合闸是工程中较多采用的一种合闸方式，此时励磁系统的电流分布如图 4-25（b）所示，励磁系统为不平衡电动势 Δe 提供通路，励磁系统的阻值较小，相当于 Δe 被励磁系统短路，仅少量电流穿越平衡电阻支路，母线不会出现过电压。

两种合闸方式下，由合闸产生流经平衡电阻支路的电流均为穿越性的，正、负极母线电压均可保持平衡。

4.5.3　基于直流母线不平衡电压的控制绕组接地保护方案

根据 4.5.1 的分析，控制绕组端部接地故障发生时，直流母线无交流过电压特征，导致现有的母线过电压保护无法识别该故障。无论控制绕组发生内部故障还是端部接地故障，正、负极直流母线电压都呈现不平衡状态。基于此，将正、负极直流母线对地电压之和定义为直流母线不平衡电压，可表示为

$$\Delta u_{\mathrm{d}}=u_{\mathrm{d+}}+u_{\mathrm{d-}} \tag{4-20}$$

式中：Δu_{d} 为直流母线不平衡电压；$u_{\mathrm{d+}}$ 和 $u_{\mathrm{d-}}$ 分别为直流母线正、负极对地电压。

正常运行时，分支控制绕组反极性串联，直流母线极间电压可表示为

$$u_{\mathrm{dc}|0|}=i_{\mathrm{k}|0|}R_{\mathrm{k}}+AN_{2,\mathrm{p}}\frac{\mathrm{d}B_{\mathrm{p}}}{\mathrm{d}t}+\left(-AN_{2,\mathrm{q}}\frac{\mathrm{d}B_{\mathrm{q}}}{\mathrm{d}t}\right) \tag{4-21}$$

式中：$u_{\mathrm{dc}|0|}$ 为正常运行时的直流母线极间电压；$i_{\mathrm{k}|0|}$ 为正常运行时流过单相控制绕组的电流；R_{k} 为单相控制绕组的电阻；A 为 p、q 心柱的截面积；B_{p} 和 B_{q} 为 p、q 心柱的磁感应强度。

由于 p、q 心柱绕组交链的主磁通相同，且分支控制绕组匝数相同，则分支控制绕组产生的感应电动势相等，即有

$$AN_{2,\mathrm{p}}\frac{\mathrm{d}B_{\mathrm{p}}}{\mathrm{d}t}=AN_{2,\mathrm{q}}\frac{\mathrm{d}B_{\mathrm{q}}}{\mathrm{d}t} \tag{4-22}$$

将式（4-22）代入式（4-21）可得

$$u_{\mathrm{dc}|0|}=i_{\mathrm{k}|0|}R_{\mathrm{k}} \tag{4-23}$$

参考实际工程参数，R_{k} 阻值较小，约为 0.03Ω。因此，MCSR 正常运行时直流母线极间电压为数值较小的直流电压。由于平衡电阻的钳位作用，正、负极直流母线对地电压的大小相等、极性相反，理论上直流母线不平衡电压为 0，即有

$$\Delta u_{\mathrm{d}|0|}=u_{\mathrm{d+}|0|}+u_{\mathrm{d-}|0|}=0 \tag{4-24}$$

控制绕组内部发生接地故障时，将式（4-23）和式（4-24）代入式（4-20），并且两直流电压相互抵消，母线不平衡电压为故障后产生的交流电压之和 $2\alpha U_{\mathrm{k}}$，即有

$$\Delta u_{\mathrm{d}|\mathrm{k1}|}=u_{\mathrm{d+}|\mathrm{k1}|}+u_{\mathrm{d-}|\mathrm{k1}|}=2\alpha U_{\mathrm{km}}\sin(\omega t+\varphi) \tag{4-25}$$

式中：$\Delta u_{\mathrm{d}|\mathrm{k1}|}$ 为控制绕组内部发生接地故障后的母线不平衡电压。

控制绕组端部发生接地故障时，正、负极直流母线对地电压呈现不平衡状态，此时

母线不平衡电压等于非故障极母线对地电压，即有

$$\Delta u_{d|k2|}=u_{d+|k2|}+u_{d-|k2|}=u_{d-|k2|}=2u_{d-|0|} \tag{4-26}$$

式中：$\Delta u_{d|k2|}$为控制绕组端部发生接地故障后的母线不平衡电压；$u_{d+|k2|}$和$u_{d-|k2|}$分别为控制绕组端部发生接地故障后的正、负极直流母线对地电压。

当$\alpha=0$时，非故障极母线对地电压的数值升高至正常运行时的2倍，且为数值较小的直流电压，当MCSR以100%额定容量运行时，其数值约为200V，不含交流过电压，所以基于母线对地过电压特征设计的过电压保护无法识别控制绕组端部接地故障。

因此，控制绕组发生接地故障后的母线不平衡电压可表示为

$$\Delta u_d=\begin{cases}2u_{d-|0|}, & \alpha=0\\ 2\alpha U_{km}\sin(\omega t+\varphi), & \alpha\in(0,1]\end{cases} \tag{4-27}$$

根据此差异性特征，利用直流母线不平衡电压有效值构造控制绕组接地故障保护判据。定义ΔU_d为采样时间窗内直流母线不平衡电压的有效值，即

$$\Delta U_d=\sqrt{\frac{1}{N_s}\sum_{i=1}^{N_s}[u_{d+}(i)+u_{d-}(i)]^2} \tag{4-28}$$

式中：N_s为采样时间窗内采样点的个数，取$N_s=20$，采样频率为$20\times50=1$(kHz)；$u_{d+}(i)$和$u_{d-}(i)$分别为第i个采样点对应的正、负极直流母线对地电压。

构造基于母线不平衡电压有效值的保护判据为

$$\Delta U_d\geqslant\varepsilon_{set} \tag{4-29}$$

式中：ε_{set}为门槛值，取正常运行、直接合闸、预励磁合闸和MCSR区外故障工况下的直流母线不平衡电压的最大值，此处取100%额定容量下直流母线对地电压的10%，即在所建立的MCSR模型中取$\varepsilon_{set}=10.13$V。

在不同的MCSR运行工况下，保护方案动作情况的分析如下：正常运行时，正、负极直流母线对地电压保持平衡，即$\Delta U_d=0$，保护不动作；在直接合闸、预励磁合闸、MCSR区外故障的运行工况下，流经平衡电阻支路的电流为穿越性电流，正、负极直流母线对地电压大小相等、极性相反，从而保持平衡，即$\Delta U_d=0$，保护不动作。当控制绕组发生接地故障时，若$\alpha\in(0,1]$，则$\Delta U_d=|2\alpha U_k|$；若$\alpha=0$，则ΔU_d为正常运行时母线对地电压有效值的2倍。因此控制绕组发生接地故障时，ΔU_d均大于门槛值，保护可正确动作。综上所述，基于直流母线不平衡电压的控制绕组接地保护方案能准确识别控制绕组接地故障，克服了传统保护方案无法识别控制绕组端部接地故障的问题，消除了保护死区，此外无须设置保护延时，在不同运行工况下均可正确动作。

4.5.4 仿真验证

根据基于磁路分解原理所搭建的750kV三相MCSR仿真模型验证基于直流母线不平衡电压的控制绕组接地保护方案。MCSR在70%额定容量下控制绕组发生40%接地故障时的仿真结果如图4-26所示（假设故障时$\varphi=0°$）。由图可见，控制绕组发生接地故障后，直流母线不平衡电压呈现为交流过电压且数值为直流母线对地电压的2倍，与理论分析一致；ΔU_d随采样时间窗的移动而增大，在故障后20ms达到最大值30kV，

远大于门槛值 ε_{set}，保护可以正确动作。

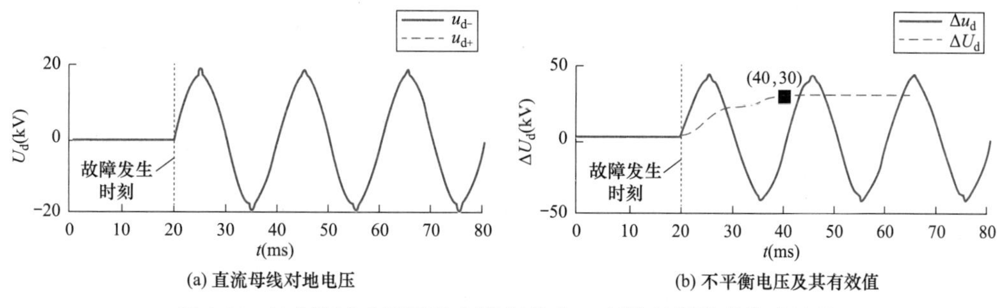

(a) 直流母线对地电压　　(b) 不平衡电压及其有效值

图 4-26　70%额定容量下控制绕组发生 40%接地故障的仿真结果

图 4-27 为控制绕组端部发生接地故障的仿真结果，图 4-27（a）中的故障极母线对地电压降为 0，非故障极母线对地电压升高为原来的 2 倍，数值远小于内部接地故障产生的交流过电压，故障后不平衡电压等于非故障极对地电压，与理论分析一致。图 4-27（b）中不平衡电压有效值在故障后 20ms 达到最大值 203.9V，大于门槛值 10.13V，保护可靠动作。

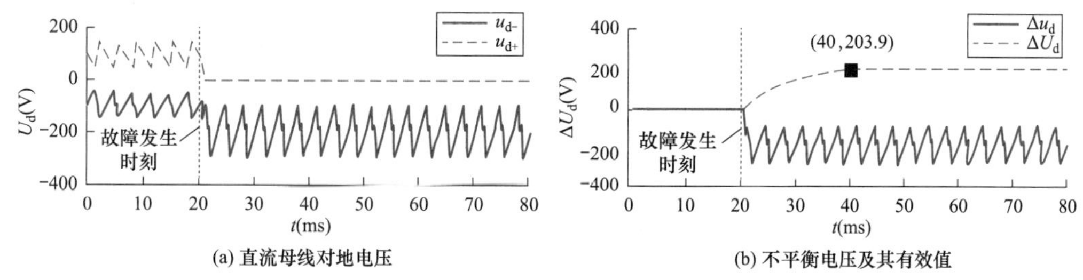

(a) 直流母线对地电压　　(b) 不平衡电压及其有效值

图 4-27　70%额定容量下控制绕组端部发生接地故障的仿真结果

MCSR 在 70%额定容量下直接合闸和预励磁合闸的仿真结果见图 4-28 和图 4-29。如图 4-28 所示，直接合闸时不平衡电动势与平衡电阻形成回路，导致直流母线出现周期性的过电压，其持续时间大于 0.3s，说明传统保护即使设置延时也无法完全躲过直接合闸产生的过电压。正、负极直流母线对地电压保持平衡，不平衡电压基本等于 0，说明基于直流母线不平衡电压的保护方案不受直接合闸暂态过电压的影响，保护不动作。

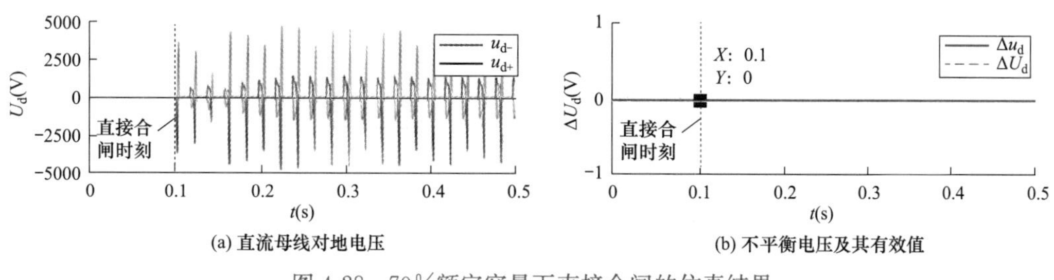

(a) 直流母线对地电压　　(b) 不平衡电压及其有效值

图 4-28　70%额定容量下直接合闸的仿真结果

如图 4-29 所示，预励磁合闸对直流母线对地电压几乎无影响，母线无交流过电压，不平衡电压等于 0.016V，远小于门槛值 ε_{set}，保护不动作。

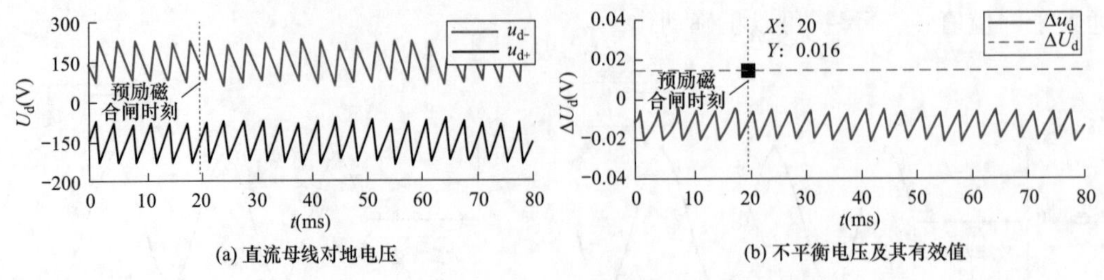

(a) 直流母线对地电压　　(b) 不平衡电压及其有效值

图 4-29　70%额定容量下预励磁合闸的仿真结果

对不同运行工况下的 MCSR 进行仿真，计算故障后 20ms 的不平衡电压有效值 ΔU_d，计算结果及保护动作情况详见表 4-20。表中，√、×分别表示保护动作和保护不动作。

表 4-20　　不同运行工况下的 ΔU_d 及保护动作情况

运行工况		运行容量	ΔU_d（V）	保护动作情况
正常运行		20%	0.013	×
		40%	0.048	×
		70%	0.049	×
		100%	0.047	×
合闸	直接合闸	—	0	×
	预励磁合闸	70	0.016	×
区外故障	A 相接地	100	0	×
	BC 相短路	100	0	×
	BC 相接地	100	0	×
	三相短路	100	0	×
A 相控制绕组接地故障	端部接地	20	174.557	√
	1%匝接地	20	646.906	√
		40	640.935	√
		70	649.236	√
		100	633.424	√
	10%匝接地	20	6237.760	√
		40	6149.832	√
		70	6269.920	√
		100	5934.498	√
	20%匝接地	20	12 468.567	√
		40	12 292.425	√
		70	12 532.949	√
		100	11 860.224	√

由表 4-20 可见，基于直流母线不平衡电压的控制绕组接地保护方案能够在控制绕

组发生接地故障时可靠动作且灵敏度较高，此外，在控制绕组端部发生接地故障时也能正确动作，消除了传统保护死区；在正常运行、直接合闸、预励磁合闸及区外故障等不同运行工况下均能可靠不动作。

4.6 小　　结

本章首先介绍了新型超/特高压 MCSR 故障仿真及参数设置，在故障仿真的基础上，阐述了新型超/特高压 MCSR 保护配置面临的技术难点，主要包括控制绕组保护、各绕组匝间保护以及补偿绕组接地和相间故障保护，其中考虑控制绕组结构和故障特征的特殊性，重点对控制绕组的各类故障的故障特征和相应的保护方案进行了分析和研究，并以此为基础，设计了新型超/特高压 MCSR 本体保护的配置方案，最后结合所设计的保护方案和策略，对 MCSR 各种可能出现的内部故障类型下对应保护的动作情况和灵敏度进行了全面的评估和校验。分析指出，控制绕组接地故障发生时，直流母线上会出现幅值很高的交流过电压，基于此，可装设直流母线交流过电压保护应对控制绕组接地故障，该保护还可以保护部分控制绕组匝间故障，而控制绕组相间故障可由负序功率方向保护动作；对于网侧绕组的匝间故障，零序功率方向保护能够可靠、灵敏动作，但对于补偿绕组的匝间故障，故障产生的零序电流将主要以补偿绕组本身构成回路流通而不流向系统侧，故零序功率方向保护灵敏度不能满足要求，宜采用负序功率方向保护；而对于控制绕组的匝间故障，一方面由网侧电气量构成的零、负序功率方向保护灵敏度不理想，另一方面故障并不一定伴随着直流母线交流过电压，故直流母线过电压保护也不充分，有必要探索效果更好的控制绕组匝间保护方法。

进一步地，本章首先深入研究了新型超/特高压 MCSR 控制绕组匝间故障的故障特征，结合数字仿真和动模试验结果，指出了以过电压保护作为 MCSR 控制绕组匝间保护会延时动作且可能拒动，原因在于控制绕组匝间故障时正、负极直流母线间并未出现连续的交流过电压而是出现了间断的电压尖峰，甚至在某些情况下完全不显示过电压特征。随后，本章揭示了上述现象的成因，并得出：故障后直流母线极间电压中故障特征的出现依赖于总控电流过零，且故障期间会在故障相控制电流和总控电流中产生幅值很高的交流故障分量。基于该结论，提出了以总控电流中的基波分量作为判据的控制绕组匝间保护新方案，该方案原理简单，只需在直流母线上装设一个电流互感器，工程上易于实现，仿真结果显示在 2%小匝间短路情况下仍然具有较高的灵敏度，且可保证在参数不平衡、区外故障和空充合闸等情况下可靠不误动，为 MCSR 控制绕组匝间保护提供了有效手段，对实际工程具有指导意义。但是该保护方案在预励磁合闸及容量调节场景中存在误动的可能，需要进一步完善，将在第 5、6 章中介绍。

此外，针对现有母线过电压保护无法识别无交流过电压特征的控制绕组端部接地故障问题，本章提出了一种基于直流母线不平衡电压的控制绕组接地保护方案，基于故障时母线不平衡电压明显上升的特征来识别控制绕组接地故障，方案原理简单，易于实现，解决了现有保护无法识别的控制绕组端部接地故障问题。

参考文献

[1] 廖敏，昃萌．分级可控并联电抗器的控制策略及保护配置 [J]. 电力系统自动化，2010，34（15）：56-59.

[2] 郑涛，树玉增，董淑惠，等．基于漏感变化的变压器式可控高抗匝间保护新原理 [J]. 电力系统自动化，2011，35（12）：65-69.

[3] 郑涛，赵彦杰，金颖，等．晶闸管控制变压器式可控高抗本体保护方案研究 [J]. 电网技术，2014，38（9）：2538-2543.

[4] 姚晴林，李瑞生，粟小华，等．分级式高压可控并联电抗器微机保护配置及原理分析 [J]. 电力系统自动化，2009，33（21）：58-65.

[5] 屠黎明，苏毅，于坤山，等．微机可控高压并联电抗器保护的研制 [J]. 电力系统自动化，2007，31（24）：94-98.

[6] 郑涛，赵彦杰，金颖．特高压磁控式并联电抗器保护配置方案及其性能分析 [J]. 电网技术，2014，38（5）：1396-1401.

[7] A working group of substation protection subcommittee of the IEEE power relaying committee. Static var compensator protection [J]. IEEE Transaction on Power Delivery，1995，10（3）：1224-1233.

[8] ANSI/IEEE C37. 109—1988 Guide for the Protection of Shunt Reactors.

[9] ZHENG T，ZHAO Y J. Microprocessor-based protection scheme for high-voltage magnetically controlled shunt reactors [C]//In 12th IET International Conference on Developments in Power System Protection，Copenhagen，Denmark，2014.

[10] 王庆杰．500kV 磁饱和式可控电抗器电气特性及其保护研究 [D]. 北京：华北电力大学，2008.

第5章

MCSR合闸暂态特性及其对匝间保护的影响与对策

在对第4章提出的基于总控电流基波分量的匝间保护新原理进行仿真分析时发现，当前MCSR中配备的对匝间的保护仍存在灵敏性不足及复杂工况下适应性弱等缺陷。尤其是在合闸暂态过程中，存在匝间保护误动的风险，可能导致MCSR合闸失败。若采取多次合闸应对合闸失败问题，则多次合闸过程中产生的合闸涌流将不可避免地对设备造成损害。因此，无论是从保护可靠性角度还是从设备安全性角度出发，都应采取合理的措施解决合闸过程中造成的匝间保护误动问题。基于此，本章深入分析了MCSR合闸暂态过程，发现p、q心柱磁场在合闸暂态过程中可能出现不平衡，从而使得控制绕组产生主要成分为基波分量的不平衡电动势，进一步导致总控电流中出现基波分量，最终导致基于总控电流基波分量的控制绕组匝间保护的误动。在明确合闸过程导致匝间保护误动的本质原因后，本章分别从频域和时域的角度提出了基于控制绕组电流基波分量和控制绕组电流波形自相关的合闸防误动策略，利用仿真及物理模型试验验证了合闸防误动策略的正确性。

5.1 MCSR合闸暂态过程分析

文献［1］和文献［2］对单相MCSR合闸暂态过程进行了初步分析，但分析范围仅限于合闸过程中的绕组电流暂态及稳态分量，未对控制绕组电流中的谐波含量变化及本质原因进行深入分析。本节将通过分析MCSR在合闸暂态过程中的谐波含量变化，明确导致基于总控电流基波分量的匝间保护误动的本质原因。

根据图2-1所示单相MCSR结构，可写出单相MCSR的基本方程为

$$\begin{cases} U_{\mathrm{m}}\sin(\omega t+\alpha)=i_{\mathrm{w}}R_{\mathrm{w}}+AN_{\mathrm{w}}\left(\dfrac{\mathrm{d}B_{\mathrm{p}}}{\mathrm{d}t}+\dfrac{\mathrm{d}B_{\mathrm{q}}}{\mathrm{d}t}\right) \\ U_{\mathrm{k}}=i_{\mathrm{k}}R_{\mathrm{k}}+AN_{\mathrm{k}}\left(\dfrac{\mathrm{d}B_{\mathrm{p}}}{\mathrm{d}t}-\dfrac{\mathrm{d}B_{\mathrm{q}}}{\mathrm{d}t}\right) \\ i_{\mathrm{w}}N_{\mathrm{w}}+i_{\mathrm{k}}N_{\mathrm{k}}=H_{\mathrm{p}}l \\ i_{\mathrm{w}}N_{\mathrm{w}}-i_{\mathrm{k}}N_{\mathrm{k}}=H_{\mathrm{q}}l \\ H_{\mathrm{p}}=f(B_{\mathrm{p}}) \\ H_{\mathrm{q}}=f(B_{\mathrm{q}}) \end{cases} \tag{5-1}$$

根据式（5-1），可得到 p 心柱等效励磁电感表达式为

$$\frac{\mathrm{d}B_{\mathrm{p}}}{\mathrm{d}t}+\frac{R_1 l}{2AN_{\mathrm{w}}^2\mu_{\mathrm{p}}}B_{\mathrm{p}}=\frac{U_{\mathrm{m}}\sin(\omega t+\alpha)}{2AN_{\mathrm{w}}}+\frac{U_{\mathrm{k}}-R_{\mathrm{k}}i_{\mathrm{k}}}{2AN_{\mathrm{k}}}+\frac{N_{\mathrm{k}}R_{\mathrm{w}}i_{\mathrm{k}}}{2AN_{\mathrm{w}}^2} \tag{5-2}$$

式中：μ_{p} 为铁心磁工作点 P 对应的磁导率，满足关系 $B_{\mathrm{p}}=\mu_{\mathrm{p}}H_{\mathrm{p}}$。

对式（5-2）求解即可得到 p 心柱的磁感应强度，即

$$B_{\mathrm{p}}=\frac{k_1U_{\mathrm{m}}}{\sqrt{k_3^2/\mu_{\mathrm{p}}^2+\omega^2}}\sin(\omega t+\alpha-\varphi_{\mathrm{p}})+\frac{\mu_{\mathrm{p}}k_2}{k_3}+C\mathrm{e}^{-\frac{k_3}{\mu_{\mathrm{p}}}t} \tag{5-3}$$

式中：$k_1=\frac{1}{2AN_{\mathrm{w}}}$，$k_2=\frac{N_{\mathrm{k}}R_{\mathrm{w}}I_{\mathrm{k}}}{2AN_{\mathrm{w}}^2}$，$k_3=\frac{R_{\mathrm{w}}l}{2AN_{\mathrm{w}}^2}$，$\varphi_{\mathrm{p}}=\arg\frac{\omega\mu_{\mathrm{p}}}{k_3}$；$\alpha$ 为合闸瞬间系统电压的初相角。

由于铁心磁通不能突变，因此合闸瞬间可认为控制绕组电流未发生变化，则有 $i_{\mathrm{k}}(0+)=i_{\mathrm{k}}(0-)=U_{\mathrm{k}}/R_{\mathrm{k}}$。那么 p 心柱的磁感应强度应满足：

$$B_{\mathrm{p}}(0+)=B_{\mathrm{p}}(0-)=\mu_{\mathrm{p}}\frac{N_{\mathrm{k}}}{l}\frac{U_{\mathrm{k}}}{R_{\mathrm{k}}}=\frac{\mu_{\mathrm{p}}k_2}{k_3} \tag{5-4}$$

将式（5-4）代入式（5-3），可得预励磁合闸瞬间，p 心柱的磁感应强度中将产生式（5-5）所示的非周期分量：

$$B_{\mathrm{p}}=-\frac{k_1U_{\mathrm{m}}}{\sqrt{k_3^2/\mu_{\mathrm{p}}^2+\omega^2}}\sin(\alpha-\varphi_{\mathrm{p}})\mathrm{e}^{-\frac{k_3}{\mu_{\mathrm{p}}}t} \tag{5-5}$$

同理，q 心柱的磁感应强度中将产生式（5-6）所示的非周期分量：

$$B_{\mathrm{q}}=-\frac{k_1U_{\mathrm{m}}}{\sqrt{k_3^2/\mu_{\mathrm{q}}^2+\omega^2}}\sin(\alpha-\varphi_{\mathrm{q}})\mathrm{e}^{-\frac{k_3}{\mu_{\mathrm{q}}}t} \tag{5-6}$$

式中：μ_{q} 为铁心磁工作点 Q 对应的磁导率，满足关系 $B_{\mathrm{q}}=\mu_{\mathrm{q}}H_{\mathrm{q}}$，$\varphi_{\mathrm{p}}=\arg\frac{\omega\mu_{\mathrm{p}}}{k_3}$。

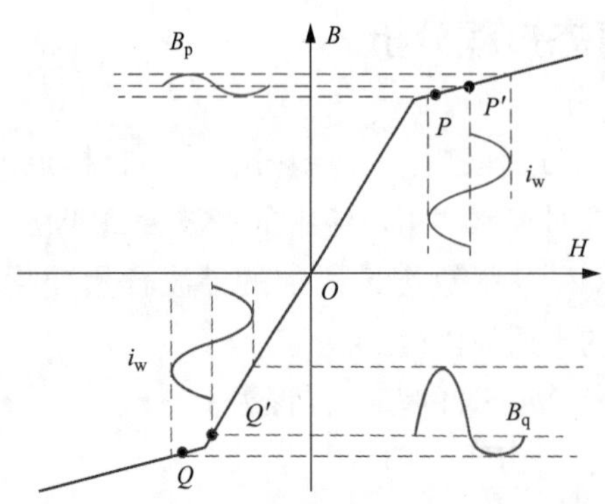

图 5-1　预励磁合闸时的 B-H 曲线图解

因此，合闸瞬间 p、q 心柱的磁感应强度中将产生大小相等、方向相同的非周期分量。图 5-1 为预励磁合闸时 p、q 心柱的 B-H 曲线变化情况，横轴上面表示 p 心柱，横轴下面表示 q 心柱。可以看出，该非周期分量使得 p、q 心柱的工作点分别从关于原点对称的 P、Q 点，偏移至 P' 和 Q' 处，导致 p、q 心柱的磁感应强度不再满足半波对称关系。

将合闸瞬间 p、q 心柱的磁感应强度记作 B'_{p} 和 B'_{q}，由于 $B'_{\mathrm{p}}(\omega t)\neq -B'_{\mathrm{q}}(\omega t+\pi)$，将其利用傅里叶分解后得到的各次谐波分量幅值将不再相等，因此控制绕组两端的感应电动势 e_{k} 为

$$\begin{aligned}e_{\mathrm{k}}(t)=e_{\mathrm{pk}}(t)-e_{\mathrm{qk}}(t)=\omega AN_{\mathrm{k}}[(B_{\mathrm{p1}}-B_{\mathrm{q1}})\cos(\omega t-\varphi_1)+\cdots+\\ n(B_{\mathrm{p}n}-B_{\mathrm{q}n})\cos(n\omega t-\varphi_n)]\quad(n=1,2,3,\cdots)\end{aligned} \tag{5-7}$$

式中：$e_{pk}(t)$ 和 $e_{qk}(t)$ 分别为 p、q 心柱所缠绕的控制绕组的感应电动势。

因此，MCSR 预励磁合闸场景下，每相控制绕组电流中的谐波含量与正常运行时有较大区别，此时不仅含有直流分量和偶次谐波分量，还将产生基波分量和其他奇次谐波分量。

MCSR 直接合闸时，在合闸前应将励磁控制系统闭锁，此时整流桥相当于开路，合闸后再在控制绕组中施加直流励磁，直流母线将无电流流过。由于铁心磁通不可突变，合闸前铁心中一般带有剩磁，因此与预励磁合闸类似，直接合闸后 p、q 心柱将由于非周期分量的影响产生短时不对称状态，控制绕组两端的感应电动势与式（5-7）类似，每相控制绕组电流中也将产生基波分量。

对于三相 MCSR，合闸角各差 120°，而由式（5-5）和式（5-6）可知，磁感应强度非周期分量的大小与合闸角相关。因此，三相 p、q 心柱工作点的偏移程度将会由于非周期分量大小的不同而产生差异。与变压器空载合闸过程中至少两相产生不对称励磁涌流的现象相类似，MCSR 预励磁合闸时，至多有一相铁心的磁感应强度中不会产生非周期分量，至少有两相铁心的磁感应强度中出现非周期分量，且会出现由于工作点不对称而导致的暂态过渡过程。由于总控电流为三相控制绕组电流之和，因此在合闸暂态过程中，总控电流中将产生大量基波分量，从而导致基于总控电流基波分量的匝间保护误动。

5.2　基于控制绕组电流基波分量的合闸防误动策略

根据以上分析，合闸过程中总控电流基波分量会明显增大，导致基于总控电流基波分量的匝间保护无法区分合闸和内部故障，并且无法通过提高总控电流基波分量的门槛值来躲过合闸的影响。因此，需要对基于总控电流基波分量的匝间保护方案进行改进，下面具体分析 MCSR 不同绕组匝间故障发生时，控制绕组电流及总控电流的故障特征，并基于此提出基于控制绕组电流基波分量与总控电流基波分量比值的合闸防误动策略。

5.2.1　MCSR 匝间故障特征分析

5.2.1.1　控制绕组匝间故障

直流母线电流过零前控制绕组匝间故障等效电路如图 5-2 所示。

图 5-2 中，Z_{kA}、Z_{kB}、Z_{kC} 分别是三相控制绕组的阻抗；Z_{zl} 为整流变压器低压侧每相绕组阻抗，直流母线电流 i_{DC} 满足晶闸管的单向导通性，其电流方向如图 5-2 所示。假设匝间故障发生在 A 相，将故障相绕组产生的不平衡电动势 Δe 的基波分量表示为 $\Delta\dot{E}$。故障发生后直流母线电流可以看作由故障电流分量和正常运行情况下的整流桥输出电流叠加而成。当运行容量较大且短路匝比较小时，故障电流幅值较小，由于控制绕组的阻抗及整流变压器的阻抗值相对于平衡电阻 R_{ph} 的阻值小得多，因此 $\Delta\dot{E}$ 产生的故障电流分量主要在图 5-2 所示加粗实线标出的回路中流通，$\dot{I}_{kA}$、$\dot{I}_{kB}$、$\dot{I}_{kC}$ 分别是三相控制绕组流过的故障电流基波分量。非故障相与故障相控制绕组的基波分量之间的关系为

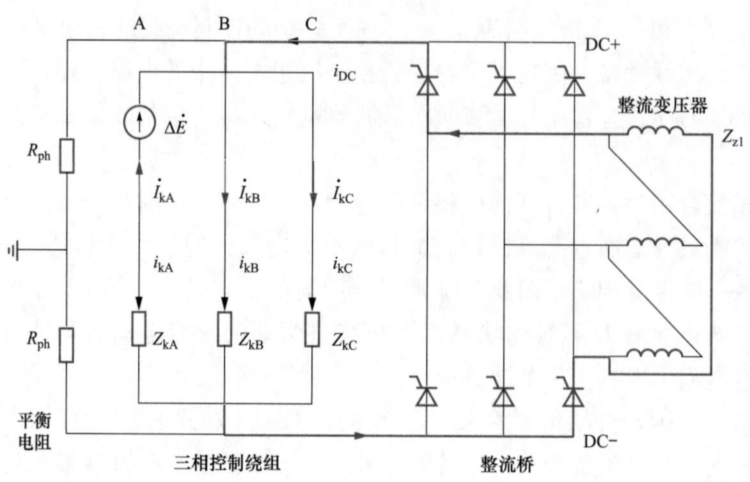

图 5-2　直流母线电流过零前控制绕组匝间故障等效电路

$$\dot{I}_{kB}=\dot{I}_{kC}=\frac{1/2\times 2R_{ph}//Z_{zl}}{2R_{ph}//Z_{zl}+Z_{kB}//Z_{kC}}\dot{I}_{kA}\approx\frac{1/2Z_{zl}}{Z_{zl}+Z_{kB}//Z_{kC}}\dot{I}_{kA} \tag{5-8}$$

根据式（5-8），随着短路匝比的增大，非故障相控制绕组的基波分量略有增大，但是由表 2-1 中的参数可知，整流变压器低压侧的阻抗远小于控制绕组的阻抗，导致非故障相控制绕组的基波分量将远小于故障相基波分量。因此，总控电流中基波分量主要来源于故障相，即故障相控制绕组电流基波分量的幅值与总控电流基波分量的幅值的比值接近于 1。

然而，当运行容量较小而短路匝比较大时，故障电流幅值较大，直流母线电流可能出现过零点。当过零点出现后，由于晶闸管的单向导通性，整流桥处于开路状态，此时的等效电路如图 5-3 所示，故障电流将与平衡电阻形成回路，非故障相与故障相控制绕组的基波分量之间的关系，将变为

$$\dot{I}_{kB}=\dot{I}_{kC}=\frac{1/2\times 2R_{ph}}{2R_{ph}+Z_{kB}//Z_{kC}}\dot{I}_{kA} \tag{5-9}$$

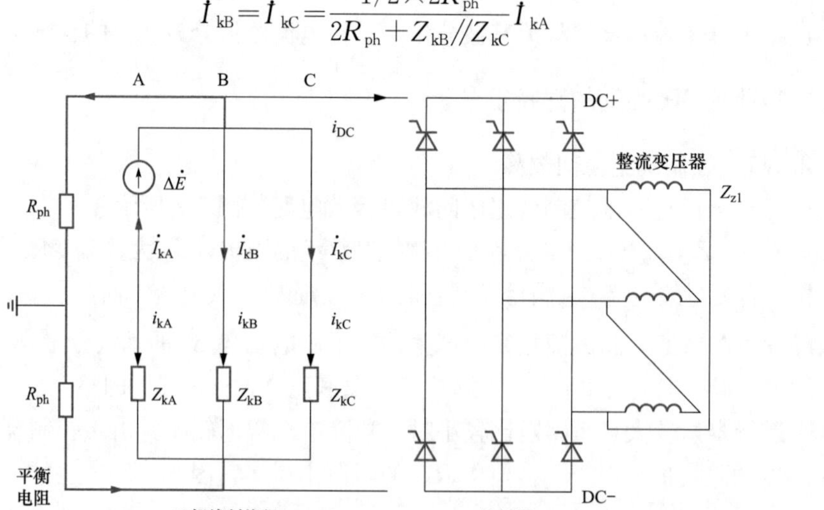

图 5-3　直流母线电流过零后控制绕组匝间故障的等效电路

由于平衡电阻 R_{ph} 的阻值较大，i_{DC} 过零后，非故障相控制绕组分流得到的故障基波分量相比式（5-8）有所升高，总控电流基波分量的大小也会受非故障相控制绕组电流的影响，即总控电流基波分量不再近似与故障相控制绕组电流基波分量相等。设直流母线电流过零的角度为 θ，则一周波内有 $2\pi-\theta$ 直流母线电流未过零，非故障相控制绕组基波分量可以表示为

$$\dot{I}_{kB}=\dot{I}_{kC}=\left[\frac{Z_{zl}}{Z_{zl}+Z_{kB}//Z_{kC}}\dot{I}_{kA}(2\pi-\theta)+\frac{1/2\times 2R_{ph}}{2R_{ph}+Z_{kB}//Z_{kC}}\dot{I}_{kA}\times\theta\right]/2\pi \tag{5-10}$$

由式（5-10）可知，过零角度 θ 越大，非故障相控制绕组分流得到的基波分量越大。但是一般而言，由于 i_{DC} 中直流分量的存在，过零角度 θ 较小，故障后非故障相控制绕组分流会随着时间逐渐降低，因此总控电流中的基波分量仍主要由故障相提供，比值接近于 1。

5.2.1.2　**网侧绕组匝间故障**

网侧绕组匝间故障的等效电路如图 5-4 所示，X_s 为系统等效电抗，X_w、X_k'和X_b'分别为 MCSR 网侧绕组的漏抗和折算至网侧的控制绕组、补偿绕组的漏抗，X_m 为励磁电抗。网侧绕组发生匝间故障后，故障相绕组匝数将发生变化，等效为网侧故障相绕组产生的不平衡电动势 Δe。由于网侧绕组电压的主要成分为基波，因此 Δe 同样为基波分量。由图 5-4 可知，相应控制绕组电流中会有基波成分的故障电流分流，从而导致总控电流基波分量的增大，而非故障相控制绕组电流不变，谐波成分与稳态运行下相同。因此，网侧绕组发生匝间故障后，故障相控制绕组电流基波分量与总控电流基波分量的比值近似于 1。

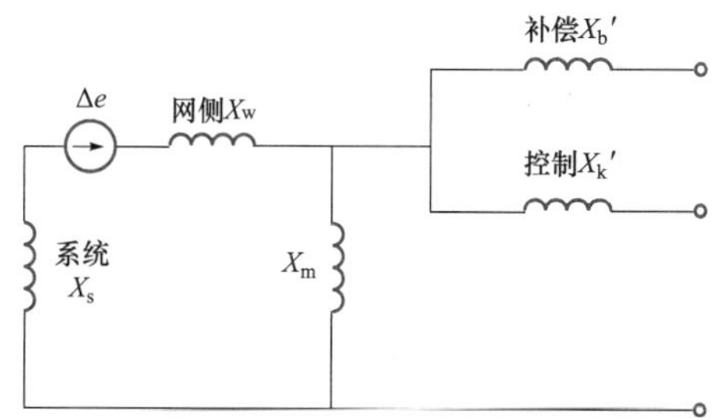

图 5-4　网侧绕组匝间故障的等效电路

综上所述，无论是 MCSR 网侧绕组或控制绕组发生匝间故障，还是在预励磁合闸时，总控电流都会有基波分量产生，但产生机理不同。控制绕组发生匝间故障时，总控电流基波分量与故障相控制绕组电流的基波分量直接相关，虽然非故障相控制绕组会分流得到一部分基波分量，但是含量较小；网侧绕组发生匝间故障时，由于电磁耦合作用，控制绕组也会感应到相应故障的发生，进而使得总控电流基波分量增大。匝间故障场景下，故障相控制绕组电流基波分量与总控电流基波分量的比值近似于 1。而在合闸暂态过程中，根据 5.1 的分析可知，总控电流基波分量由三相控制绕组基波分量组成，占比与合闸角度相关，至少两相控制绕组电流中会产生大小相当的基波分量，所以任意一相控制绕组电流基波分量与总控电流基波分量的比值不会在 1 附近。根据上述特征，可构建基于控制绕组电流基波分量的匝间保护合闸防误动策略。

5.2.2　基于分相控制绕组电流基波分量的合闸防误动策略

在稳态运行工况下，总控电流中不含基波分量，但在预励磁合闸及内部故障（包括

网侧绕组和控制绕组故障）情况下，总控电流基波分量均会增加，因此，仅靠总控电流基波分量的大小无法区分合闸和内部故障。而通过前述分析发现，内部故障情况下，总控电流基波分量主要来源于故障相，而合闸时，总控电流基波分量的产生与控制绕组的三相均有关。根据这个特征，引入每相控制绕组电流的基波分量有效值，即 $I_{kA(1)}$、$I_{kB(1)}$ 和 $I_{kC(1)}$，提出基于控制绕组电流基波分量的 MCSR 匝间保护新原理，保护判据为

判据 1：
$$I_{t(1)}>K_{rel}I_{t.unb(max)} \tag{5-11}$$

判据 2：
$$1-a\leqslant\frac{I_{k\varphi(1)}}{I_{t(1)}}\leqslant1+a \tag{5-12}$$

式中：K_{rel} 为可靠系数；$I_{t.unb(max)}$ 为正常运行条件下总控电流中可能产生的最大基波不平衡分量；$I_{k\varphi(1)}$ 为每相控制绕组电流的基波分量有效值，φ=A、B、C；$I_{t(1)}$ 为总控电流基波分量有效值，总控电流 I_t 为三相控制绕组电流之和；a 为一确定的远小于 1 的正数。

融合合闸防误动策略的匝间保护新方案的实现流程如下：首先计算总控电流基波分量有效值 $I_{t(1)}$，满足判据一则判断可能有内部故障；然后分别计算三相电流基波分量与总控电流基波分量的比值，任意一相满足判据 2 即任意一相控制绕组电流基波分量与总控电流基波分量的比值进入动作范围，判断为发生内部故障。由于任意一侧绕组匝间故障时，总控电流基波分量均主要来源于故障相控制绕组电流，因此故障相控制绕组基波分量与总控电流基波分量的比值近似为 1，因此设定范围为（$1-a$，$1+a$），a 远小于 1。

MCSR 不同运行工况下新保护方案的动作情况分析如下：MCSR 稳态运行时，总控电流基波分量有效值 $I_{t(1)}$ 较小，不满足判据 1，因此保护不会动作；预励磁合闸时，由于合闸瞬间 p、q 心柱磁感应强度不满足半波对称关系，$I_{t(1)}$ 较大，满足判据 1，但是根据 5.2 的分析，至少两相控制绕组电流中会产生大小相当的基波分量，因此 $I_{k\varphi(1)}/I_{t(1)}$ 不满足判据 2，保护不会误动；控制绕组发生匝间故障时，总控电流基波分量与故障相控制绕组电流基波分量的大小几乎一样，即 $I_{k\varphi(1)}/I_{t(1)}$ 接近于 1；网侧绕组发生匝间故障时，总控电流基波分量来自故障相的控制绕组，$I_{k\varphi(1)}/I_{t(1)}$ 接近于 1，因此，不论是控制绕组还是网侧绕组发生匝间故障，新保护方案均能可靠动作。

5.2.3 仿真验证

5.2.3.1 保护定值的整定

根据文献［3］，基于总控电流基波分量的整定值一般取 15～20A，本章对 MCSR 在不同容量下的稳态运行情况进行了大量的仿真测试，并将判据 1 的整定值设定为 15A。而在实际工程应用中，也要进行大量的稳态试验测试，并需要考虑 MCSR 制作工艺的误差等因素来设定总控电流基波分量的门槛值。

为了确定判据 2 中 a 的取值，需考虑非故障相控制绕组电流基波分量最大的工况，只有确保在这种情况下 $I_{k\varphi(1)}/I_{t(1)}$ 能进入动作范围，保护方案在其他运行工况下发生

匝间故障才能被正确识别。当 MCSR 在 5%额定容量运行下，A 相控制绕组发生 100%匝间故障时，非故障相中产生的基波分量最大，仿真结果如图 5-5 所示。图 5-5（a）为故障后的总控电流波形，故障后过零角度明显。图 5-5（b）为三相控制绕组电流，A 相出现明显的基波分量，图 5-5（c）、（d）、（e）分别为总控电流、故障相、非故障相控制绕组电流在故障发生后一周波的谐波分析结果，基波分量分别为 2.524、2.674、0.429kA，故障相基波分量与总控电流基波分量的比值为 1.059，因此取 $a=0.1$，设定动作范围为 $0.9 \leqslant I_{\mathrm{k}\varphi(1)}/I_{\mathrm{t}(1)} \leqslant 1.1$。总控电流基波分量幅值满足判据 1 的动作条件后，若任意一相控制绕组电流基波分量与总控电流基波分量比值进入上述范围，则判断有内部故障发生。

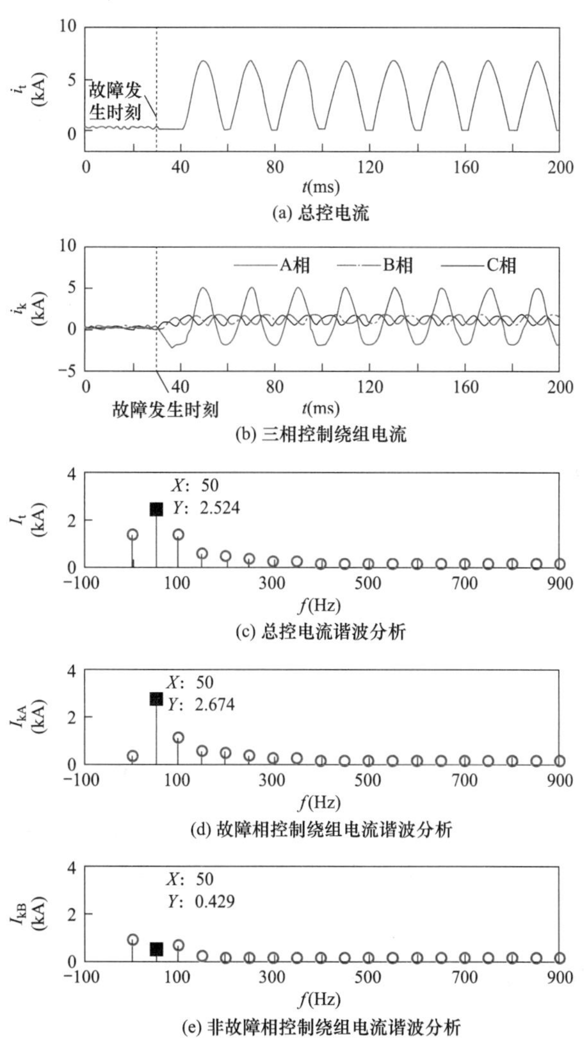

图 5-5　5%额定容量下 A 相控制绕组发生 100%匝间故障的仿真波形

5.2.3.2　防误动判据的仿真验证

图 5-6 为 70%运行容量下 A 相网侧绕组发生 20%匝间故障情况时网侧、控制和总

控电流波形图，总控电流及故障相、非故障相对应的控制绕组电流谐波含量。

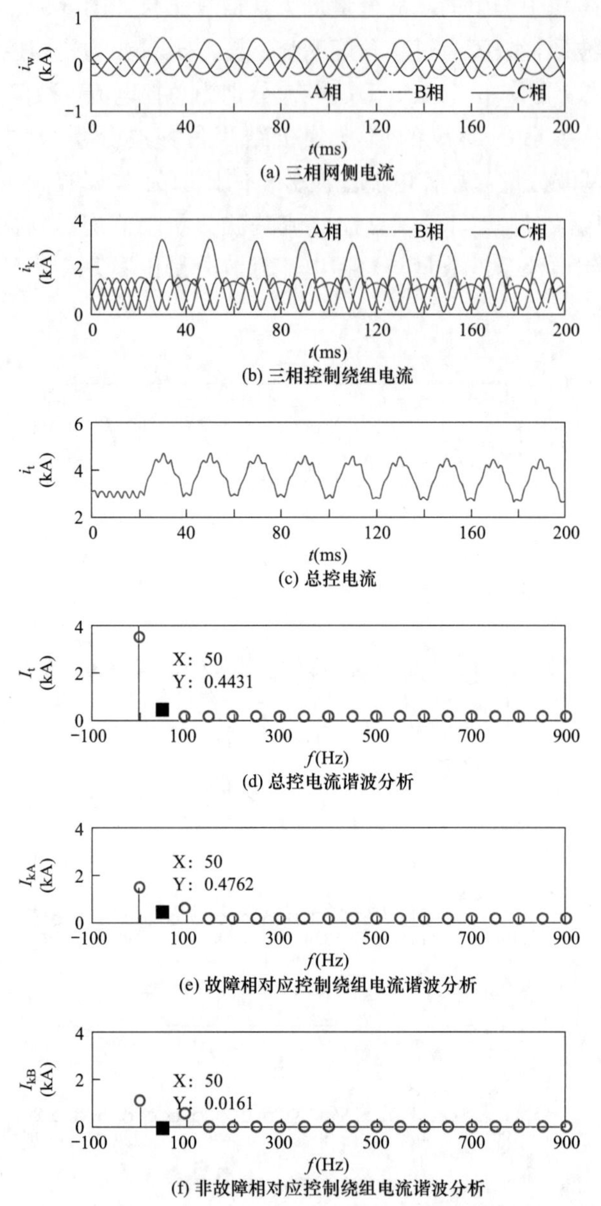

(a) 三相网侧电流

(b) 三相控制绕组电流

(c) 总控电流

(d) 总控电流谐波分析

(e) 故障相对应控制绕组电流谐波分析

(f) 非故障相对应控制绕组电流谐波分析

图 5-6　70％额定容量下 A 相网侧绕组发生 20％匝间故障的仿真波形

故障发生后，故障相控制绕组感应到了较大的故障电流，基波分量升高，而非故障相相应的控制绕组电流基波分量为 0，故障相控制绕组电流基波分量与总控电流基波分量的比值约为 1，与理论分析一致。

对 MCSR 运行于不同工况（包括正常运行、不同角度的带预励磁合闸、控制绕组匝间故障、网侧绕组匝间故障）时的电气特性进行仿真，仿真结果中的总控电流、控制绕组电流基波分量，以及两个电流之间的比值和保护方案的动作情况分别列于表 5-1。

表 5-1　不同运行工况下总控电流基波分量以及控制绕组电流基波与其的比值

运行条件	容量水平	$I_{t(1)}$ (kA)	$I_{ka(1)}$ (kA)	$I_{ka(1)}/I_{t(1)}$	$I_{kb(1)}$ (kA)	$I_{kb(1)}/I_{t(1)}$	$I_{kc(1)}$ (kA)	$I_{kc(1)}/I_{t(1)}$	动作情况
正常运行（不同容量）	10%	0.0002	0.0003	—	0.0001	—	0.0001	—	×
	40%	0.0001	0.0014	—	0.0001	—	0.0001	—	×
	70%	0.0002	0.0002	—	0.0000	—	0.0000	—	×
	90%	0.0001	0.0001	—	0.0000	—	0.0000	—	×
预励磁合闸（不同容量）	10%	0.818[a]	0.421	0.5142	0.481	0.5873	0.201	0.2454	×
	40%	2.205[a]	1.316	0.5970	0.951	0.4315	0.747	0.3386	×
	70%	2.259[a]	1.361	0.6024	0.835	0.3696	0.854	0.3780	×
	90%	2.121[a]	1.262	0.5949	0.792	0.3732	0.809	0.3816	×
70%额定容量预励磁合闸（不同合闸角）	0°	2.259[a]	1.361	0.6024	0.835	0.3696	0.854	0.3780	×
	30°	2.329[a]	1.288	0.5530	0.050	0.0214	1.300	0.5583	×
	60°	2.489[a]	0.949	0.3813	0.807	0.3243	1.390	0.5587	×
	90°	2.670[a]	0.356	0.1335	1.287	0.4822	1.297	0.4860	×
10%额定容量运行（0°故障）	5%匝间	0.135[a]	0.1348	1.0016[a]	0.0036	0.0265	0.0036	0.0270	√
	10%匝间	0.272[a]	0.273	1.0036[a]	0.0074	0.0271	0.0075	0.0274	√
	50%匝间	1.551[a]	1.557	1.0042[a]	0.0422	0.0272	0.042	0.0274	√
70%额定容量运行（0°故障）	5%匝间	0.113[a]	0.114	1.0106[a]	0.004	0.0329	0.004	0.0337	√
	10%匝间	0.227[a]	0.230	1.0135[a]	0.0078	0.0343	0.0079	0.0347	√
	50%匝间	1.282[a]	1.301	1.0150[a]	0.0454	0.0354	0.0457	0.0356	√
10%额定容量运行（180°故障）	100%匝间	2.524[a]	2.674	1.059[a]	0.429	0.170	0.540	0.214	√
70%额定容量运行（180°故障）	100%匝间	2.847[a]	3.130	1.099[a]	0.497	0.175	0.312	0.110	√
网侧绕组匝间故障 10%额定容量	5%匝间	0.240[a]	0.235	0.9801[a]	0.001	0.0042	0.001	0.0048	√
	10%匝间	0.4775[a]	0.4682	0.9804[a]	0.0019	0.0040	0.0024	0.0049	√
	50%匝间	2.1955[a]	2.1613	0.9844[a]	0.0104	0.0047	0.0109	0.0050	√
网侧绕组匝间故障 70%额定容量	5%匝间	0.222[a]	0.217	0.9736[a]	0.000	0.0017	0.001	0.0052	√
	10%匝间	0.4382[a]	0.4265	0.9735[a]	0.0008	0.0019	0.0024	0.0054	√
	50%匝间	1.9768[a]	1.9242	0.9734[a]	0.0074	0.0037	0.0128	0.0065	√

注　√表示动作，×表示未动作。

a　表示满足保护动作判据。

由表 5-1 可以得出，在稳态运行条件下，总控电流基波分量小于 15A，保护不动作；在不同容量预励磁合闸情况下，总控电流基波大于门槛值，但是控制绕组电流基波分量与其之间的比值未进入动作区域，不会引起保护误动；在不同合闸角度的预励磁合闸工况下，总控电流基波分量由至少两相控制绕组电流基波分量构成，任一相控制绕组电流基波分量与总控电流基波分量的比值均未进入 0.9～1.1 范围，预励磁合闸不会对该保护方案造成影响；内部故障发生后，对于控制绕组和网侧绕组短路匝比为 5%的匝间故障，总控电流基波分量仍然大于门槛值，并且故障相控制绕组电流基波分量与总控电流基波分量的比值在动作区内，保护可正确动作；控制绕组匝间故障发生时，电压相位为 180°，虽然非故障相控制绕组电流分流得到一部分基波分量，但是占比极小，故障相控制绕组电流基波分量与总控电流基波分量的比值仍然在动作区内，保护依然可以正确动作。

5.3 基于控制绕组电流波形自相关的合闸防误动策略

针对超/特高压 MCSR 的合闸防误动策略，除了从频域角度挖掘控制绕组电流基波分量与总控电流基波分量的故障与合闸之间的暂态过程特征差异外，还可从时域角度即波形的相关性方面探究故障与合闸之间的暂态过程的本质差异，并以此为依据构建合闸防误动策略。本节基于 MCSR 在预励磁合闸、正常运行及匝间故障工况下分相控制绕组电流的波形特征分析，利用数字信号处理中波形自相关的基本原理，提出了基于波形自相关的 MCSR 合闸防误动新方案。理论分析、基于 MATLAB/Simulink 的大量仿真结果以及基于 MCSR 物理模型的试验结果均表明该方案能够可靠识别 MCSR 的合闸暂态过程。

5.3.1 波形相关基本原理

相关函数（correlation function）是两个确定性信号或者随机信号之间相似度的一种度量。若这两个信号不同，则相关函数称为互相关函数（cross-correlation function）；若这两个信号相同，则称为自相关函数（auto-correlation function）[4]。

对于两个采样点数为 N 的离散信号 $x(n)$ 和 $y(n)$，其互相关函数定义为

$$\rho_{xy}=\frac{\sum_{n=1}^{N}x(n)y(n)}{\sqrt{\sum_{i=1}^{N}(x(n))^2}\sqrt{\sum_{i=1}^{N}(y(n))^2}} \tag{5-13}$$

式中：ρ_{xy} 表示信号 $x(n)$ 和 $y(n)$ 的相关系数，取值范围为 $[-1,\ 1]$，$\rho_{xy}=1$ 表示信号完全相关，$\rho_{xy}=-1$ 表示信号完全负相关，$\rho_{xy}=0$ 表示信号互相独立[5]。

图 5-7 为 $y_1=\sin(4\pi ft)$、$y_2=0.5\sin(4\pi ft)$ 和 $y_3=\sin(2\pi ft)$ 三个信号的波形比较，其中 f 为 50Hz。在图 5-7 所示阴影部分 $T/4$（$T=0.02$s）的数据窗中，因为 y_1 和 y_2 只有幅值上的差异而波形形状及相位完全相同，所以计算得到信号 y_1 和 y_2 之间的相关系数为 1；而信号 y_1 和 y_3 之间的相关系数为 0.8315，原因是信号 y_1 的频率为信号 y_3 的 2 倍而导致波形上有较大差异。因此，利用相关函数可以衡量两个信号之间波形的相似度而不受幅值差异的影响[6]。

在电力系统微机保护中，来自互感器二次侧的电压、电流信号经过采样，均可看作

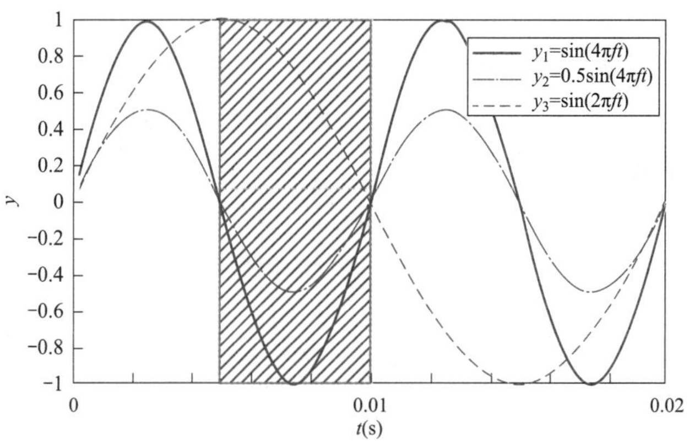

图 5-7 相关系数计算测试信号

是一个个的离散信号，因此可以利用相关函数分析两个信号或者一个信号与其经过延迟之后的信号的相关性，并以此作为保护方案的依据[7]。

波形相关技术在电力变压器、输电线路保护中均得以应用[8,9]。以变压器保护为例，波形相关主要用于对励磁涌流与故障电流进行区分，主要原因是：变压器饱和产生的励磁涌流，其波形具有谐波含量大、存在间断角等特征，而铁心工作于线性区的正常运行以及变压器内部故障状态下，差流基本为标准正弦波形，差流特征会因为铁心饱和与否而存在明显的差异。当前基于波形特征的变压器保护，不论是对差流波形与标准正弦波进行相似度比较[10]，还是衡量差流波形正弦度[11]，抑或通过比较某一特定时间窗下波形自相关程度[12]，都利用了上述差异特征。然而，MCSR 与变压器最大的不同点在于：MCSR 在正常运行状态下，其 p、q 心柱将会周期性地重复进入饱和、退出饱和、再进入饱和的过程，即对 MCSR 来说，正常运行、匝间故障和预励磁合闸场景下，铁心都会进入饱和区，因此无法直接将变压器保护中波形相关方法用于 MCSR 合闸过程的判别，需要结合不同工况下电流波形特征差异另辟蹊径。

5.3.2 不同工况下分相控制绕组电流的波形特征分析

三相 MCSR 控制侧的电气主接线图如图 5-8 所示。i_{kA}、i_{kB} 和 i_{kC} 分别为三相控制

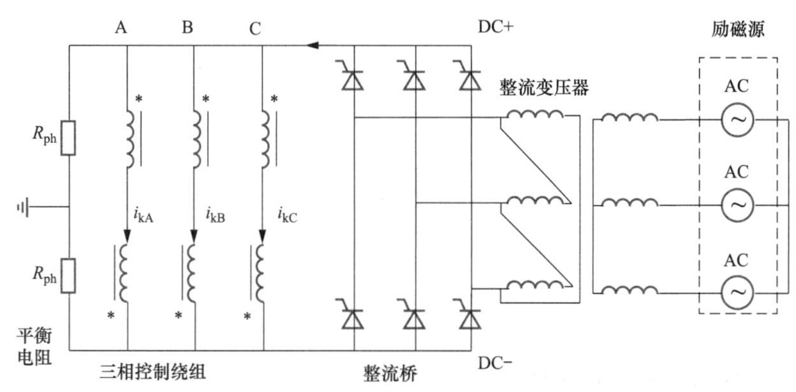

图 5-8 三相 MCSR 控制侧的电气主接线图

绕组的电流；R_{ph} 为平衡电阻，与三相控制绕组并联，作用为钳制直流母线电位。下面分别在正常运行、控制绕组及网侧绕组匝间故障、预励磁合闸等不同工况下针对分相控制绕组电流的波形特征展开研究，以探求合闸防误动的方法。

5.3.2.1 **正常运行**

根据第 2 章的分析可知，MCSR 正常运行时每相控制绕组电流 i_{kA}、i_{kB} 和 i_{kC} 中除直流分量外只含有偶次谐波分量。MCSR 在 70%额定容量下正常运行时的三相控制绕组电流波形如图 5-9（a）所示，$i'_{kA}(t)$ 为将 A 相控制绕组电流 $i_{kA}(t)$ 延迟 $T/2$ 后的波形，即 $i'_{kA}(t)=i_{kA}(t-T/2)$。正常运行时，控制绕组电流的主要含量为二次谐波，在工频下的半个周期（0.01s）为二次谐波分量的一个周期，因此可推断，$i'_{kA}(t)$ 与 $i_{kA}(t)$ 波形将完全重合。从图 5-9（b）可以看出，控制绕组电流延迟 0.01s 前后的电流波形完全重合，与理论推断一致。

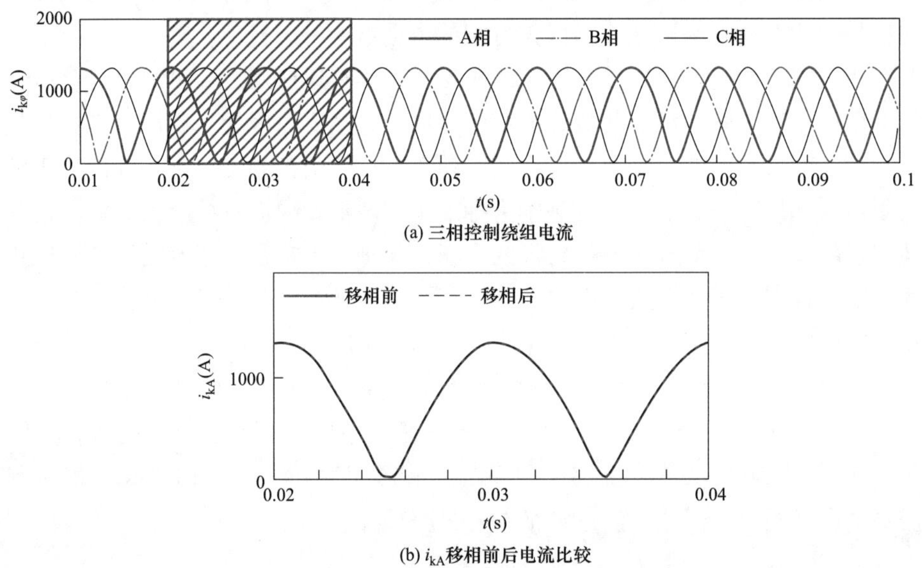

(a) 三相控制绕组电流

(b) i_{kA}移相前后电流比较

图 5-9 70%额定容量下正常运行的仿真波形

上述移相半周波前后波形重合的结论同样适用于 B、C 相控制绕组电流。将 B、C 相控制绕组电流也分别延迟 $T/2$，得到 $i'_{kB}(t)=i_{kB}(t-T/2)$，$i'_{kC}(t)=i_{kC}(t-T/2)$，分相控制绕组电流的波形自相关系数计算式如式（5-14）所示，其中 φ 表示 A、B、C 相，N 为一个工频周期内的采样点数。

$$\rho_{k\varphi}=\frac{\sum_{n=1}^{N} i_{k\varphi}(n) i'_{k\varphi}(n)}{\sqrt{\sum_{i=1}^{N}[i_{k\varphi}(n)]^2}\sqrt{\sum_{i=1}^{N}[i'_{k\varphi}(n)]^2}} \tag{5-14}$$

计算图 5-9 所示采样点数为 N 的数据窗中的波形相关系数结果为 $\rho_{kA}=\rho_{kB}=\rho_{kC}=1$。

5.3.2.2 **控制绕组匝间故障**

控制绕组发生匝间故障时，故障相控制绕组 $N_{pk}\neq N_{qk}$，根据式（5-7）可知铁心中的交流磁通在 p、q 心柱上的控制绕组中引起的感应电动势不再平衡，产生了以基波为主的不平衡电动势，故障相控制绕组电流中除含有直流和偶次谐波分量外，还含有占比较大的基波故障分量。由于三相 MCSR 由三个互相独立的单相 MCSR 组成，相与相之间受电磁干扰的影响较小，故可认为只有电量联系。根据控制绕组接线方式可知，非故障相在故障发生后将分流得到一部分故障电流，但是由于整流桥及整流变压器回路阻抗极小，所以非故障分流得到的故障电流极小，与总故障电流相比几乎可以忽略不计。因此，控制绕组发生匝间故障后，故障相控制绕组电流中产生的基波分量会导致其移相 0.01s 前后的电流波形产生较大差异，而非故障相控制绕组电流仍以直流和二次谐波分量为主，其移相 0.01s 前后的电流波形差异较小。

MCSR 在 70%额定容量下 A 相控制绕组发生 10%匝间故障的三相控制绕组电流波形如图 5-10（a）所示，将 A 相控制绕组电流 $i_{\mathrm{kA}}(t)$ 延迟 $T/2$ 后，$i_{\mathrm{kA}}(t-T/2)$ 与 $i_{\mathrm{kA}}(t)$ 比较，虽幅值有所差异，但波形形状相似，如图 5-10（b）所示。将非故障相 B、C 相控制绕组电流延迟半个周期并与原波形进行比较，对主要含量为二次谐波的 B、C 相控制绕组电流来说，非故障相控制绕组电流延迟 0.01s 前后的电流波形将完全重合，如图 5-10（c）所示。计算图 5-10 所示采样点数为 N 的数据窗中的波形相关系数，结果为 $\rho_{\mathrm{kA}}=0.92$，$\rho_{\mathrm{kB}}=\rho_{\mathrm{kC}}=1$。

上述仿真结果表明，故障相与非故障相的波形相关系数差异较小，究其原因，是利用式（5-14）计算得到的波形相关系数只计及移相前后波形的相位差异而没有反映幅值差异。为进一步增大故障、非故障的区分边界，定义归一化移相差流因子 $\zeta_{\mathrm{k}\varphi}$，即

$$\zeta_{\mathrm{k}\varphi}=\frac{\max_{n=1}^{N}|i_{\mathrm{kd}\varphi}|}{\overline{i_{\mathrm{k}\varphi}}}=\frac{\max_{n=1}^{N}|i_{\mathrm{k}\varphi}(n)-i'_{\mathrm{k}\varphi}(n)|}{\frac{1}{N}\sum_{n=1}^{N}i_{\mathrm{k}\varphi}(n)} \tag{5-15}$$

式中：φ 表示 A、B、C 相；N 为一个基波周期内的采样点数。

式（5-15）中分母表示一个周期内控制绕组电流的平均值，分子表示一个周期内移相前后控制绕组电流差 $i_{\mathrm{kd}\varphi}$ 的最大值。显然，非故障相由于移相前后电流变化差异较小，其移相差流远小于故障相的移相差流，从而非故障相控制绕组电流归一化差流因子小于故障相。定义计及幅值差异的改进波形相关系数 $r_{\mathrm{k}\varphi}$ 为

$$r_{\mathrm{k}\varphi}=\rho_{\mathrm{k}\varphi}/\zeta_{\mathrm{k}\varphi} \tag{5-16}$$

在图 5-10 所示故障场景下，计算得到各相控制绕组电流的改进波形相关系数为 $r_{\mathrm{kA}}=2.48$，$r_{\mathrm{kB}}=78.55$，$r_{\mathrm{kC}}=81.77$。

5.3.2.3　网侧绕组匝间故障

根据 5.2.1.2 对网侧绕组匝间故障的分析，可以推断匝间故障发生在网侧绕组时，分相控制绕组电流波形与图 5-10 所示的故障发生在控制绕组时的波形类似，因此不再展示，即故障相电流与其延迟半个周期的电流波形形态近似相同，幅值有所差异，而非故障相电流与其延迟半周期的电流波形形态几乎完全相同。MCSR 在 70%额定容量下 A 相网侧绕组发生 10%匝间故障的波形相关系数结果为 $\rho_{\mathrm{kA}}=0.97$，$\rho_{\mathrm{kB}}=\rho_{\mathrm{kC}}=1$。相应

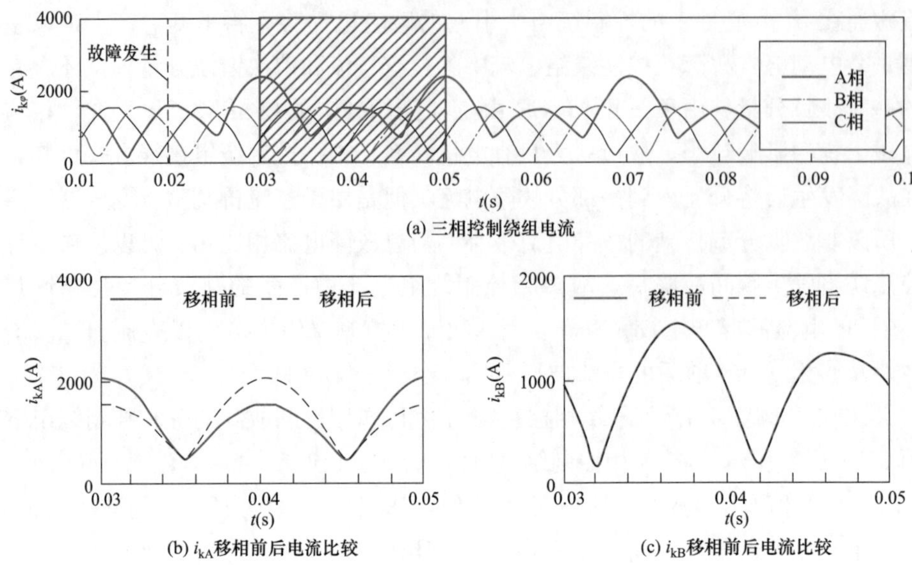

图 5-10　70%额定容量下 A 相控制绕组发生 10%匝间故障的仿真波形

的计及幅值差异的改进波形相关系数结果为 $r_{kA}=1.53$，$r_{kB}=75.92$，$r_{kC}=76.98$。综上可知，故障相的改进波形自相关系数远小于非故障相的。

5.3.2.4　预励磁合闸

根据 5.1 的分析，预励磁合闸瞬间，由于铁心磁通不能突变，在非周期分量的影响下，铁心工作点由 P、Q 两点分别偏移至 P'、Q'，p、q 心柱的磁感应强度不满足半波对称关系，即 $B_p(t)\neq -B_q(t+T/2)$，利用傅里叶级数分解得到的各次谐波幅值 $B_{pn}\neq B_{qn}$，根据式（5-7）可知，控制绕组电流中不仅有直流分量和偶次谐波分量，还有大量的基波分量和奇次谐波分量。显然，在预励磁合闸场景下，基于总控电流基波分量的匝间保护将发生误动。对于三相 MCSR 而言，由于合闸角各差 120°，合闸瞬间三相 p、q 心柱工作点的偏移程度将会产生差异，至少两相控制绕组电流会产生基波分量，在合闸瞬间与其延迟基波下半周期之间的波形差异较大[1]。

图 5-11（a）所示为 MCSR 带 20%预励磁合闸时三相控制绕组电流波形，合闸角度为 0°，图 5-11（b）、(c)、(d) 为控制绕组分相电流 i_{kA}、i_{kB}、i_{kC} 分别延迟 0.01s 后的波形与原波形的比较。可以看出，三相控制绕组电流相邻半周期之间的波形具有较大的差异，分相控制绕组电流的自相关系数分别为 $\rho_{kA}=0.37$，$\rho_{kB}=0.51$，$\rho_{kC}=0.58$。计及移相前后幅值差异，得到各相控制绕组电流的改进波形相关系数为 $r_{kA}=0.21$，$r_{kB}=0.38$，$r_{kC}=0.42$。对比可知，在计及幅值差异后，进一步缩小了移相前后电流波形的相关系数，有利于与故障状态区分。

图 5-12 所示为当 MCSR 带 20%预励磁在合闸角为 30°时合闸的仿真结果，图 5-12（a）为三相控制绕组电流波形，图 5-12（b）、(c)、(d) 为分相控制绕组电流 i_{kA}、i_{kB}、i_{kC} 分别延迟 0.01s 与原波形的比较。可以看出，B 相控制绕组电流在合闸后，延迟半周期前后的波形形态比较相似，而 A、C 相差异度较大，分相控制绕组电流的自相关系

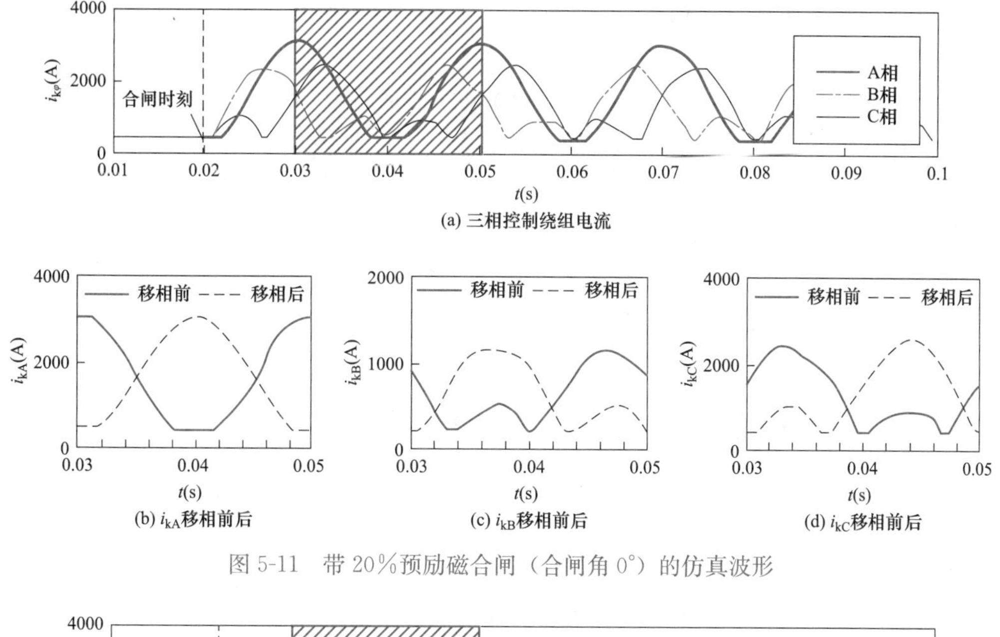

(a) 三相控制绕组电流

(b) i_{kA}移相前后　(c) i_{kB}移相前后　(d) i_{kC}移相前后

图 5-11　带 20％预励磁合闸（合闸角 0°）的仿真波形

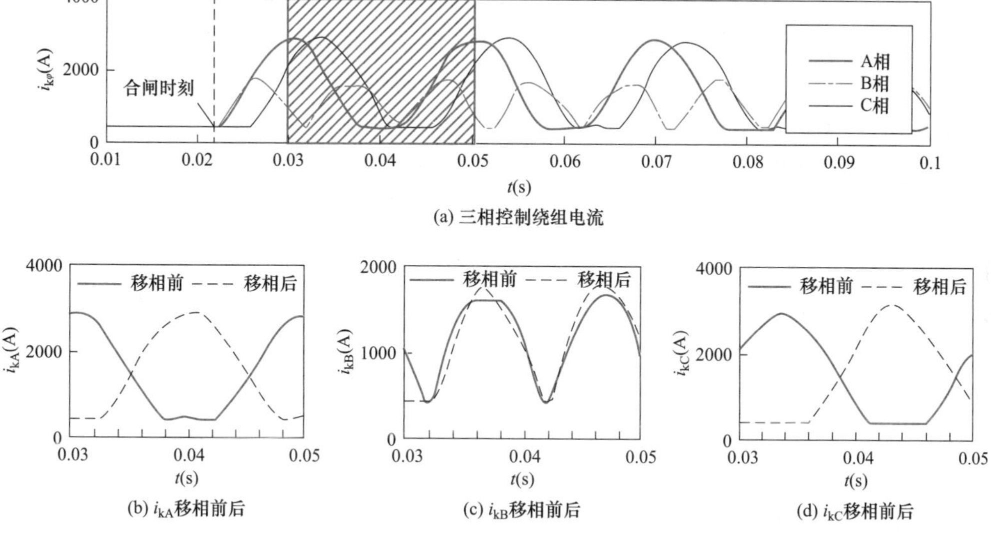

(a) 三相控制绕组电流

(b) i_{kA}移相前后　(c) i_{kB}移相前后　(d) i_{kC}移相前后

图 5-12　带 20％预励磁合闸（合闸角 30°）的仿真波形

数分别为 $\rho_{kA}=0.35$，$\rho_{kB}=0.93$，$\rho_{kC}=0.36$。计及移相前后幅值差异，得到各相控制绕组电流的波形相关系数为 $r_{kA}=0.20$，$r_{kB}=3.21$，$r_{kC}=0.20$，至少有两相电流波形差异较大，改进波形相关系数较小，与匝间故障状态下的非故障相差别较大。

综上所述，MCSR 在预励磁合闸时，与其他工况下的分相控制绕组电流波形相比具有较大的差异度，具体可表述为：

（1）正常运行时，三相控制绕组电流移相前后之间的波形均可完全重合，波形自相关系数均为 1。

（2）当某相控制绕组或网侧绕组发生匝间故障后，未计及移相前后幅值差异时，故障相控制绕组电流移相前后波形形态相同，自相关系数接近 1；非故障相控制绕组电流移相前后波形几乎重合，自相关系数为 1；计及移相前后幅值差异后，故障相波形相关系数进一步减小，而非故障相波形相关系数增大，远大于 1。

（3）当 MCSR 预励磁合闸时，至少有两相控制绕组电流中有较大的基波分量，从而导致这两相电流移相前后的波形形态差异较大。未计及移相前后幅值差异，波形相关系数小于 1；而计及移相前后幅值差异后，波形相关系数进一步减小，且至少有两相波形相关系数较小。

因此，可以利用计及移相前后幅值差异的改进波形相关系数构成合闸防误动方案，当保护计算得到有两相及以上的波形相关系数小于门槛值时，判为合闸暂态过程，从而防止基于总控电流基波分量的匝间保护误动。

5.3.3 基于波形自相关的合闸防误动方案

根据总控电流在匝间故障后有基波分量产生的故障特征，提出了基于总控电流基波分量的保护方案，当总控电流基波分量大于整定值时，判断匝间故障发生。然而在 MCSR 预励磁合闸时，由于 p、q 心柱磁场不对称，总控电流中将产生较大的基波分量，从而导致基于总控电流基波分量的匝间保护无法区分合闸与匝间故障状态。虽然可以通过调整总控电流基波分量整定值来躲过预励磁合闸暂态过程，但是将不可避免地降低保护方案的灵敏性。根据 5.3.2 中对不同工况下波形特征的分析，发现预励磁合闸时分相控制绕组电流的特征为至少有两相波形自相关系数极小，因此，提出基于波形自相关的合闸防误动辅助判据，与基于总控电流基波分量的匝间保护判据相配合，设置波形自相关系数门槛值为 r_{set}，当检测到基于总控电流基波分量的保护启动后，分别计算启动时间点前后 0.01s（即基波下的半个周期）分相控制绕组电流 i_{kA}、i_{kB}、i_{kC} 与其延迟半周期波形之间的改进自相关系数 r_{kA}、r_{kB}、r_{kC}，若有两相及以上自相关系数小于门槛值 r_{set}，则认为是合闸暂态过程，将基于总控电流基波分量的匝间保护闭锁。基于总控电流基波分量的匝间保护判据及闭锁判据分别为

$$I_{t(1)} > K_{rel} I_{t,unb(max)} = I_{t(1),set} \tag{5-17}$$

$$Num = \text{count}(r_{k\varphi} < r_{set}) \geqslant 2 \tag{5-18}$$

式中：K_{rel} 为可靠系数；$I_{t,unb(max)}$ 为正常运行条件下总控电流中可能产生的最大基波不平衡分量；$I_{t(1),set}$ 为基于总控电流基波分量保护判据的整定值；φ 表示 A、B、C 相，Num 表示 r_{kA}、r_{kB}、r_{kC} 中小于门槛值 r_{set} 的个数；count 为计数函数。

基于波形自相关的合闸防误动方案流程图如图 5-13 所示。

需要指出的是，该判据是在基于总控电流基波分量的匝间保护幅值越限启动后才进行判别的，总控电流基波分量的提取至少需要半个周期，因此启动时间前半个周期的波形可以拿来作为判据的依据。

5.3.4 仿真验证

为了验证基于波形自相关的合闸防误动方案的正确性，对 MCSR 在正常运行和不同容量、不同位置、不同程度的匝间故障以及不同预励磁水平下以不同合闸角合闸的仿

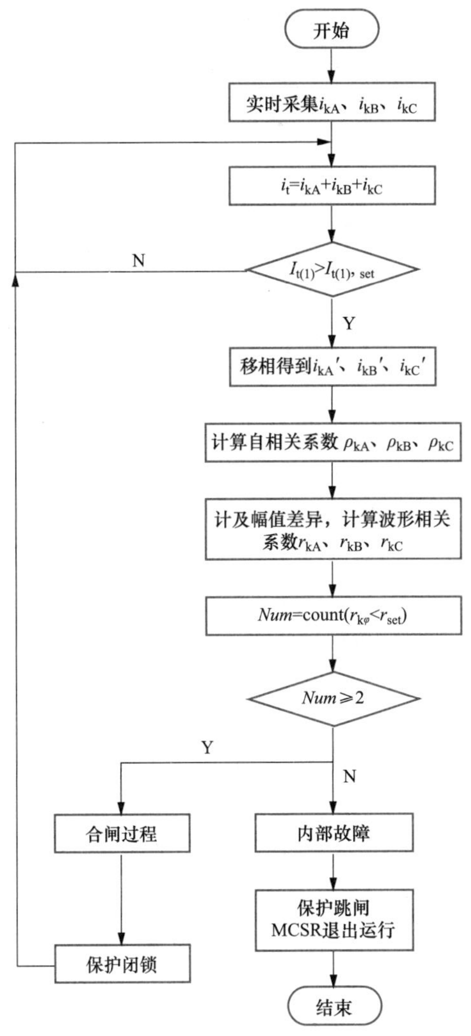

图 5-13　基于波形自相关的合闸防误动方案流程图

真结果，如表 5-2 所示。

同 5.2 类似，将总控电流基波分量门槛值 $I_{t(1),set}$ 设为 15A。根据式（5-12）得到的相关系数，当波形移相前后完全重合时，其值理论上为无穷大；若移相前后波形差异增大，则其数值减小，差异越大，数值越小。根据 5.3.2 的分析，故障及非故障场景下 r_{set} 存在明显差异，这里取 $r_{set}=5$。

从表 5-2 可以看出，正常运行条件下基于总控电流基波分量的保护不会误启动；匝间故障发生时，总控电流基波分量增大，基于总控电流基波分量的保护方案启动，故障相控制绕组电流相关系数随故障程度的增大而减小，即故障越严重，故障相电流波形移相前后差异越大，而非故障相控制绕组电流相关系数远大于 5；当 MCSR 预励磁合闸时，总控电流基波分量显著增加（如表中标注 a 的字体所示），可能导致基于总控电流基波分量的保护发生误动，通过引入归一化移相差流因子，构成改进相关系数，计及移相前后的波形幅值差异，进一步减小了波形相关系数，并可与故障工况下的改进波形相

表 5-2　　　　合闸防误动方案仿真结果

运行条件	容量水平		总控电流基波分量有效值(kA)	改进相关系数			相关系数			保护动作结果
				r_{kA}	r_{kB}	r_{kC}	ρ_{kA}	ρ_{kB}	ρ_{kC}	
正常运行	40%		0.0015	—	—	—	1	1	1	—
	70%		0.0002	—	—	—	1	1	1	—
5%控制绕组匝间	40%		0.12	2.28	70.94	69.25	0.93	1.00	1.00	√
	70%		0.11	3.54	167.14	174.41	0.97	1.00	1.00	√
	90%		0.11	3.72	192.91	207.16	0.98	1.00	1.00	√
10%控制绕组匝间	40%		0.24	1.31	32.33	31.64	0.83	1.00	1.00	√
	70%		0.22	2.48	78.55	81.77	0.92	1.00	1.00	√
	90%		0.21	3.08	88.96	92.47	0.94	1.00	1.00	√
5%网侧绕组匝间	40%		0.22	1.56	82.14	79.03	0.97	1.00	1.00	√
	70%		0.21	2.70	151.91	154.13	0.99	1.00	1.00	√
	90%		0.21	3.25	204.99	204.11	0.99	1.00	1.00	√
10%网侧绕组匝间	40%		0.43	0.94	44.69	43.10	0.91	1.00	1.00	√
	70%		0.42	1.53	75.92	76.98	0.97	1.00	1.00	√
	90%		0.42	1.82	102.82	103.23	0.98	1.00	1.00	√
预励磁合闸(不同预励磁水平和合闸角度)	10%	0°	2.17[a]	0.17	0.31	0.36	0.32	0.46	0.53	×
		30°	2.21[a]	0.15	3.30	0.15	0.29	0.91	0.30	×
		60°	2.17[a]	0.28	0.41	0.17	0.41	0.60	0.32	×
		90°	2.26[a]	3.14	0.11	0.09	0.95	0.46	0.44	×
	20%	0°	2.17[a]	0.21	0.38	0.42	0.37	0.51	0.58	×
		30°	2.21[a]	0.20	3.21	0.20	0.35	0.93	0.36	×
		60°	2.16[a]	0.35	0.47	0.21	0.48	0.65	0.38	×
		90°	2.25[a]	3.35	0.20	0.20	0.99	0.37	0.37	×

注　√表示动作，×表示未动作。

a　表示预励磁合闸场景下满足保护判据。

关系数明确区分。同时又注意到，合闸时至少有两相控制绕组电流改进波形自相关系数小于门槛值，利用该特征构成闭锁判据，进一步提高了预励磁合闸闭锁的可靠性，与理论分析一致。

5.4　两种合闸防误动判据的性能对比

MCSR的匝间保护及合闸防误动方案应满足“可靠性、选择性、速动性、灵敏性”基本要求。根据以上分析，基于分相控制绕组电流与总控电流基波分量比值的合闸防误动方案与基于控制绕组电流波形自相关的合闸防误动方案相较，二者原理类似，且仿真结果显示两种方案对于合闸过程中的匝间保护误动均能起到有效的防御作用，因此二者的可靠性、选择性并无差异。在速动性角度，两种保护方案均需故障发生一个周波后才能获得最准确的信息，因此速动性方面亦无差异。而灵敏性方面，由于门槛值整定的方法不同，因此两种方案的灵敏性会有所差别。定义两种合闸防误动方案的灵敏性分别为 K_{sen1} 和 K_{sen2}，即

$$K_{sen1}=\min\left(\frac{I_{k\varphi(1)}/I_{zk(1)}}{1-a},\frac{1+a}{I_{k\varphi(1)}/I_{zk(1)}}\right) \tag{5-19}$$

$$K_{sen2}=\frac{r_{k\varphi}}{r_{set}} \tag{5-20}$$

式（5-19）中：$I_{k\varphi(1)}$ 为控制绕组三相电流基波分量。由于基于频域特征的保护动作区为区间（$1-a$，$1+a$），因此取动作值与区间下界（$1-a$）比值和区间上界（$1+a$）与动作值比值中的较小值作为该保护方案的灵敏性衡量。由于防误动判据中，满足 $r_{k\varphi}\leqslant r_{set}$ 的相数大于等于 2 时，保护将被闭锁，也就是说只要任意一相满足 $r_{k\varphi}>r_{set}$，匝间保护将动作。因此，基于波形自相关的保护闭锁方案的灵敏性定义如式（5-20）所示，$r_{k\varphi}$ 为三相控制绕组电流中满足 $r_{k\varphi}>r_{set}$ 且最小的自相关系数。

在未考虑复杂工况下适应性的情况下，基于总控电流基波分量的匝间保护可检测到 2%匝间故障，为证明保护改进后保护灵敏性未受影响，且方便对比两种防误动方案的灵敏性，本节对 MCSR 发生 2%匝间故障进行了仿真，并根据式（5-19）及式（5-20），计算了两种方案的灵敏性，仿真结果见表 5-3。由表 5-3 可见，两种方案在 2%匝间故障场景下均不会误闭锁。两种保护方案的灵敏性在表 5-3 中已用阴影标出，可知在同一场景下，基于控制绕组电流波形自相关的合闸防误动方案灵敏性较高。

表 5-3　MCSR 发生 2%匝间故障的仿真结果及两种方案的灵敏性对比

故障绕组	运行容量	$I_{ka(1)}/I_{zk(1)}$	$I_{kb(1)}/I_{zk(1)}$	$I_{kc(1)}/I_{zk(1)}$	K_{sen1}	r_{kA}	r_{kB}	r_{kC}	K_{sen2}
网侧绕组	70%	1.034	0.003	0.005	1.063	6.060	375.250	381.367	1.212
	110%	1.036	0.003	0.004	1.062	5.338	415.600	533.057	1.068
控制绕组	70%	1.002	0.029	0.030	1.092	10.268	485.835	511.137	2.054
	110%	1.070	0.028	0.027	1.028	10.072	336.640	389.071	2.014
补偿绕组	70%	1.027	0.009	0.014	1.071	6.519	170.586	178.567	1.304
	110%	1.051	0.025	0.025	1.046	5.661	263.858	275.474	1.132

综上，本章所提的两种保护方案本质类似，因此保护的可靠性、选择性、速动性方面并无差别，但是基于控制绕组电流波形自相关的合闸防误动方案灵敏性较高。

5.5　小　　结

MCSR 预励磁合闸时，总控电流基波分量在合闸瞬间将明显增大，会导致基于总控电流基波分量的控制绕组匝间保护发生误动。在明确合闸过程导致匝间保护误动的本质原因后，本章分别从频域和时域的角度提出了基于控制绕组电流基波分量和控制绕组电流波形自相关的合闸防误动策略。一方面，在深入研究内部故障时总控电流基波分量的

产生机理时发现，总控电流基波分量的产生与故障相控制绕组电流直接相关，因此引入三相控制绕组电流基波分量，融合总控电流基波分量大小以及各相控制绕组电流基波分量与总控电流基波分量的比值，构成基于总控电流基波分量的 MCSR 保护改进方案。另一方面，本章在对不同工况下分相控制绕组电流波形特征研究的基础上，发现匝间故障和合闸暂态过程中的控制绕组电流波形特征具有较大的差异性，考虑到相关函数能有效进行波形自相关相似度的识别，提出了基于控制绕组电流波形自相关的合闸防误动方案。MATLAB/Simulink 仿真结果及物理模型试验的结果表明所提出的合闸防误动判据能够快速、正确地区分 MCSR 合闸和内部故障暂态过程，可防止基于总控电流基波分量的保护在合闸期间发生误动，为解决 MCSR 合闸防误动的实际工程难题提供了简单有效的方案。

参考文献

[1] 郑涛，刘校销．基于控制绕组电流基频分量的磁控式并联电抗器匝间保护新原理［J］. 电网技术，2019，43（8）：3016-3024.

[2] 赵彦杰．新型磁控式并联电抗器仿真建模及保护策略研究［D］. 北京：华北电力大学，2015.

[3] ZHENG Tao，ZHAO Yanjie，JIN Ying，et al. Design and analysis on the turn-to-turn fault protection scheme for the control winding of a magnetically controlled shunt reactor［J］. IEEE Transactions on Power Delivery，2015，30（2）：967-975.

[4] 邱天爽，郭莹．信号处理与数据分析［M］. 北京：清华大学出版社，2015：254-561.

[5] 刘宝生，闫莉萍，周东华．几种经典相似性度量的比较研究［J］. 计算机应用研究，2006（11）：1-3.

[6] 孔飞，张保会，王艳婷．基于行波波形相关性分析的直流输电线路纵联保护方案［J］. 电力系统自动化，2014，38（20）：108-114.

[7] WENG Hanli，WANG Sheng，LIN Xiangning，et al. A novel criterion applicable to transformer differential protection based on waveform sinusoidal similarity identification［J］. International Journal of Electrical Power & Energy Systems. 2019，105：305 - 314.

[8] 马静，王增平，徐岩．用相关函数原理识别变压器励磁涌流和短路电流的新方法［J］. 电网技术，2005，29（6）：78-81.

[9] 陈乐，薄志谦，林湘宁，等．基于波形相似度比较的线路快速纵联保护研究［J］. 中国电机工程学报，2017，37（17）：5018-5027，5221.

[10] 翁汉琍，刘华，林湘宁，等．基于 Hausdorff 距离算法的变压器差动保护新判据［J］. 中国电机工程学报，2018，38（2）：475-483，678.

[11] 和敬涵，李静正，姚斌，等．基于波形正弦度特征的变压器励磁涌流判别算法［J］. 中国电机工程学报，2007，27（4）：54-59.

[12] 李贵存，刘万顺，滕林，等．基于波形相关性分析的变压器励磁涌流识别新算法［J］. 电力系统自动化，2001，25（17）：25-28.

第6章

MCSR 容量大范围调节暂态特性及其对匝间保护的影响与对策

MCSR 本体绕组连接方式复杂，匝间故障发生概率较高且难以识别，一旦发生故障，不仅会威胁本体的安全稳定运行，更有可能影响所连接电网的无功平衡和电压稳定，因此，对 MCSR 匝间保护的性能要求较高[1-6]。针对匝间故障，一般采用零、负序功率方向保护方案，电流分量均取自网侧绕组近中性点电流互感器[7,8]。当控制绕组发生匝间故障时，三相角接的补偿绕组分流了大部分零序电流，导致零序功率方向灵敏度不足。为解决零、负序功率方向保护灵敏度不足这一问题，文献［9］提出了一种基于总控电流基波分量的匝间保护，能灵敏地动作于控制绕组匝间故障。然而，已有相关研究注意到，MCSR 预励磁合闸过程中，每相分裂的左、右心柱磁场会产生较大的不平衡，从而导致总控电流基波分量产生，引起总控电流基波分量匝间保护误动。文献［10］提出通过提高定值来躲过合闸等暂态过程影响，但将削弱总控电流基波分量匝间保护的灵敏度。文献［11］通过引入分相控制绕组电流基波分量与总控电流基波分量构成比值，构建总控电流基波分量匝间保护辅助判据，防止合闸引起的匝间保护误动；文献［12］通过计算控制绕组电流波形的自相关系数识别 MCSR 的合闸过程，这两种方案既能保证匝间保护的灵敏度，又可躲过合闸暂态过程的影响。

MCSR 容量大范围调节与预励磁合闸有相似之处，也可能引起每相 MCSR 两心柱间磁场的不平衡，从而导致总控电流基波分量匝间保护误动。然而，如上所述，容量大范围调节暂态特性尚不明确，已有总控电流基波分量匝间保护方案并未考虑容量调节暂态过程的影响。本章以 750kV MCSR 为研究对象，重点分析容量调节暂态过程对总控电流基波分量匝间保护的影响，并提出了基于三相控制绕组电流基波分量差异度的容量调节识别判据；最后，仿真结果及动模试验验证了容量调节暂态特性及所提保护方案的正确性。

6.1 MCSR 稳态特性分析

MCSR 正常工作时，在直流励磁和交流励磁的共同作用下，p、q 心柱将会周期性

地进入、退出饱和区。忽略网侧电压波形畸变以及整流产生脉动电压的影响，铁心的磁感应强度为

$$B=B_{\mathrm{m}}\sin(\omega t)+B_{\mathrm{dc}} \tag{6-1}$$

忽略磁滞效应以及磁畴各向异性的影响，将 MCSR 的铁心磁化曲线简化为双折线模型，如图 6-1 中 B-H 曲线的折线所示，模型的数学表征为

$$B=\begin{cases}B_{\mathrm{s}}\operatorname{sgn}(H), & |H|=0\\ \mu_0 H+B_{\mathrm{s}}\operatorname{sgn}(H), & |H|>0\end{cases} \tag{6-2}$$

式中：sgn 为符号函数；μ_0 为真空磁导率，铁心在饱和区的磁导率近似于真空磁导率，H/m；B_{s} 为铁心饱和点处的磁感应强度，T；H 为磁场强度，A/m。

当直流励磁为 0 时，磁感应强度应在 $-B_{\mathrm{m}}\sim B_{\mathrm{m}}$ 之间变化。为提高直流励磁调节容量的效果，当只有交流励磁时，心柱磁感应强度峰值刚好到达饱和点处，因此假设 $B_{\mathrm{m}}=B_{\mathrm{s}}$。将一周期内铁心进入饱和区的角度定义为磁饱和度 β（$\beta\in[0,\ 2\pi]$），正常运行场景下，p、q 心柱饱和度相等，即 $\beta=\beta_{\mathrm{p}}=\beta_{\mathrm{q}}$，根据图 6-1 中椭圆虚线标记的计算方式，可得到磁饱和度 β 的表达式为

$$\beta=2\arccos\frac{B_{\mathrm{s}}-B_{\mathrm{dc}}}{B_{\mathrm{m}}} \tag{6-3}$$

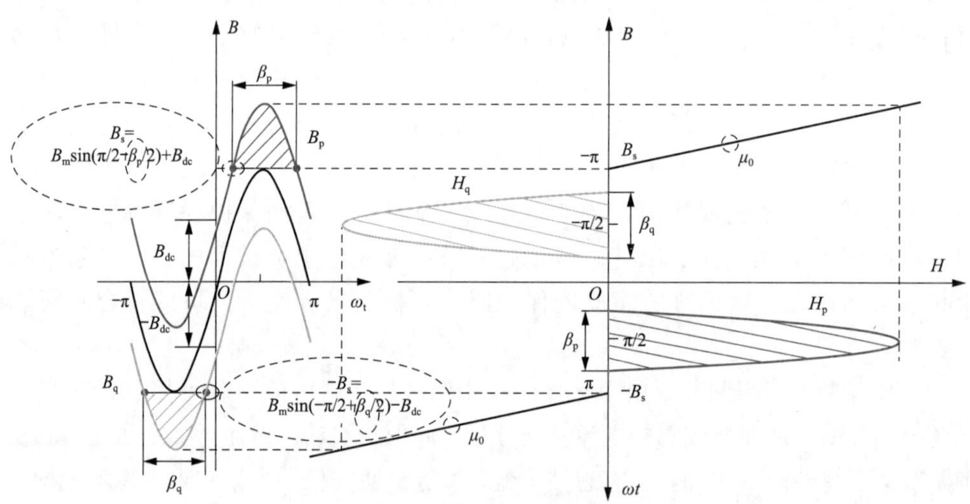

图 6-1　铁心 B-H 曲线及磁饱和度计算

联立式（6-1）～式（6-3），得到在［$-\pi$，π］区间内，p、q 心柱的磁场强度分别为

$$H_{\mathrm{p}}(\omega t)=\begin{cases}0, & \text{其他}\\ \dfrac{B_{\mathrm{m}}\left[\sin(\omega t)-\cos\dfrac{\beta_{\mathrm{p}}}{2}\right]}{\mu_0}, & \dfrac{\pi-\beta_{\mathrm{p}}}{2}<\omega t<\dfrac{\pi+\beta_{\mathrm{p}}}{2}\end{cases} \tag{6-4}$$

$$H_q(\omega t)=\begin{cases}0, & \text{其他}\\ \dfrac{B_m\left[\sin(\omega t)+\cos\dfrac{\beta_q}{2}\right]}{\mu_0}, & \dfrac{-\pi-\beta_q}{2}<\omega t<\dfrac{-\pi+\beta_q}{2}\end{cases} \tag{6-5}$$

规定网侧绕组电流 i_w 满足右手螺旋定则的 p、q 心柱磁场强度的方向为正方向。在正常运行时，补偿绕组只起到滤波的作用，为简化分析，忽略补偿绕组电流。根据安培环路定理可得到 p、q 心柱磁场强度与网侧绕组电流 i_w、控制绕组电流 i_k 的关系如式（6-6）所示，其中 l 为 p、q 心柱的磁路长度。

$$\begin{cases}H_p(\omega t)l=N_w i_w(\omega t)+N_k i_k(\omega t)\\ H_q(\omega t)l=N_w i_w(\omega t)-N_k i_k(\omega t)\end{cases} \tag{6-6}$$

求解式（6-6）所示的一元二次方程组，并将式（6-4）和式（6-5）代入，可得到控制绕组电流在 $[-\pi,\ \pi]$ 区间内的表达式，即

$$\begin{aligned}i_k(\omega t)&=\frac{l}{N_k}\frac{H_p(\omega t)-H_q(\omega t)}{2}\\ &=\frac{l}{2N_k}\begin{cases}0, & \text{其他}\\ \dfrac{B_m[\sin(\omega t)-\cos\beta_p/2]}{\mu_0}, & \dfrac{\pi-\beta_p}{2}<\omega t<\dfrac{\pi+\beta_p}{2}\\ -\dfrac{B_m[\sin(\omega t)+\cos\beta_q/2]}{\mu_0}, & \dfrac{-\pi-\beta_q}{2}<\omega t<\dfrac{-\pi+\beta_q}{2}\end{cases}\end{aligned} \tag{6-7}$$

将式（6-7）利用傅里叶级数展开，可以得到控制绕组电流基波分量幅值，如式（6-8）所示。根据式（6-8），正常稳态运行条件下，p、q 心柱磁饱和度相等，因此控制绕组电流基波分量幅值为 0。

$$I_{k(1)}=\frac{l}{2N_k}\frac{B_m}{\mu_0\pi}[(\beta_p-\beta_q)-(\sin\beta_p-\sin\beta_q)] \tag{6-8}$$

对于三相 MCSR，其每一相的稳态特性均与单相 MCSR 相同，三相控制绕组电流基波分量幅值为

$$I_{k\varphi(1)}=\frac{l}{2N_k}\frac{B_m}{\mu_0\pi}[(\beta_{p\varphi}-\beta_{q\varphi})-(\sin\beta_{p\varphi}-\sin\beta_{q\varphi})] \tag{6-9}$$

式中：φ 代表 A、B、C 三相。

6.2　MCSR 容量大范围调节过程理论及仿真分析

6.2.1　MCSR 容量大范围调节暂态特性

MCSR 的容量调节通过改变控制绕组励磁系统整流桥的晶闸管触发角实现，触发角变化引起控制电压 u_k 改变，导致心柱中的直流磁场发生变化，进而使心柱磁饱和度改

变，最终达到 MCSR 容量调节的目标[13]。假设调容前 MCSR 的控制电压为 u_{k1}，则调容命令发出后，控制电压变为 u_{k2}，变化量为 $\Delta u_k = u_{k2} - u_{k1}$。控制侧回路调容过程中的动态方程可写作

$$(L_k + L_{m\varphi})\frac{di_{k\varphi}}{dt} + R_k i_{k\varphi} = u_{k2} \tag{6-10}$$

式中：R_k、L_k 为每相控制绕组等效电阻及等效漏电感，三相控制绕组等效电阻及漏电感近似相等；$L_{m\varphi}$ 为每相铁心的等效励磁电感；$i_{k\varphi}$ 为每相控制绕组电流。

t_0 为容量调节开始时刻，调容瞬间，控制绕组电流为 $i_{k\varphi}(t_0) = u_{k1}/R_k$，因此可得到调容过程中控制绕组电流变化为

$$i_{k\varphi}(t) = e^{-\frac{R_k}{L_{eq\varphi}}(t-t_0)}\frac{u_{k1}}{R_k} + \frac{u_{k2}}{R_k}\left[1 - e^{-\frac{R_k}{L_{eq}}(t-t_0)}\right] \tag{6-11}$$

其中，回路等效电感为 $L_{eq\varphi} = L_k + L_{m\varphi}$。

由于 MCSR 控制侧两分支绕组连接方式为反极性串联，由直流励磁产生的每相 p、q 心柱直流磁感应强度 $B_{pdc\varphi}$、$B_{qdc\varphi}$ 大小相等、极性相反，如式（6-12）所示。由此可见，p、q 心柱工作点在调容过程中将以相同的变化规律缓慢向目标工作点偏移，但始终关于原点对称。

$$\begin{cases} B_{pdc\varphi} = \mu_p N_k i_{k\varphi}(t) \\ B_{qdc\varphi} = \mu_q N_k i_{k\varphi}(t) \end{cases} \tag{6-12}$$

对于同一相 MCSR 的 p、q 心柱来说，虽然直流励磁下工作点始终对称，但是叠加交流励磁后，同一周期内进入饱和区的时间相差 $T/2$，那么 p、q 心柱的磁饱和度势必会产生一定的差异。根据式（6-8），同相两心柱间磁饱和度的差异将导致控制绕组电流基波分量升高，并且工作点偏移的速度越快，两心柱的磁饱和度差异越大，控制绕组电流基波分量越高。

根据式（6-3）可得磁饱和度 β 的变化率与控制绕组电流的变化率之间的关系，即

$$\frac{d\beta}{dt} = \frac{2\mu_0 N_k}{\sqrt{B_m^2 - (B_s - B_{dc})^2}}\frac{\Delta u_k}{R_k}e^{-\frac{R_k}{L_{eq}}(t-t_0)} \tag{6-13}$$

其中，为便于表示，忽略每相两心柱磁饱和度变化率的下标 p、q 及 φ。

根据式（6-13）可以得出，容量调节暂态过程中，铁心磁饱和度的变化率与控制电压变化量 Δu_k 成正比。对于不同的容量调节过程，在初始容量相同的条件下，目标容量与初始容量差距越大，Δu_k 越大，在调容初始时刻铁心磁饱和度变化率越大，导致两心柱磁饱和度差异越大，控制绕组电流基波分量越高。随着容量调节过程的进行，当前容量与目标容量越来越接近，磁饱和度变化率逐渐减小，控制绕组电流基波分量逐渐减小。总控电流为三相控制绕组电流之和，因此容量调节过程中总控电流也有基波分量产生，其变化规律与每相控制绕组电流基波分量相同。

6.2.2　容量大范围调节暂态过程仿真分析

利用五段磁路分解方法[14,15]，基于西北电网 750kV MCSR 实际参数，已在 MATLAB/Simulink 平台搭建了三相 MCSR 仿真模型，模型示意图及参数均在 2.3 中进行了介绍。

目前，已投运的 750kV MCSR 的容量调节响应速度为：总控电流由 1000A（25％额定容量对应的总控电流）升至 4000A（100％额定容量对应的总控电流）时，响应时间为 1.79～1.89s[16]。以 25％额定容量至 100％额定容量的容量调节过程为例分析容量大范围调节的暂态过程，图 6-2 为仿真模型在该调节过程中输出无功功率的变化，调容在 60s 开始，容量调节响应时间为 1.7～1.8s，与实际工程接近。

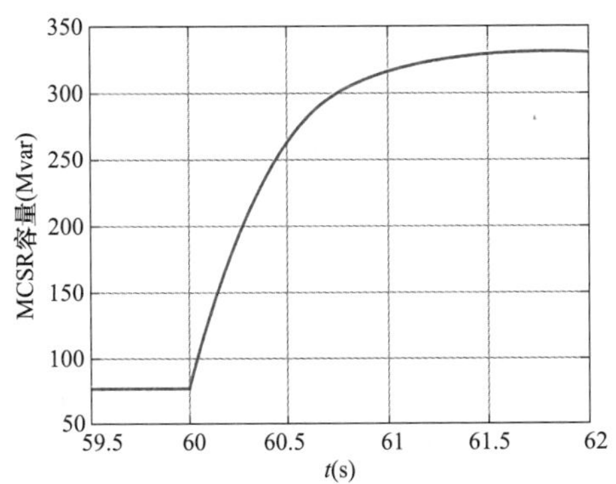

图 6-2　MCSR 在 25％～100％额定容量调节过程中输出无功功率变化

p、q 心柱的等效励磁电流为在两心柱中建立磁场所需的电流，其幅值可反映心柱的饱和程度及差异。根据文献［17］中 MCSR p、q 心柱的等效励磁电流计算式，可利用网侧、控制、补偿绕组电流计算每相两心柱的等效励磁电流。图 6-3 为 25％～100％额定容量调节过程中 p、q 心柱的等效励磁电流及其放大图。容量调节暂态过程中，同一周期内（60.22～60.24s），p、q 心柱与三相铁心的励磁电流幅值不同，磁饱和度有所差异，而到达稳态后（63.00～63.02s），p、q 心柱间及三相之间的差异均消失。

图 6-4 和图 6-5 分别为 25％～100％额定容量调节过程初始阶段总控电流和控制绕组电流及其基波分量幅值，其中基波分量幅值由全波傅里叶算法得到。由图 6-4（a）可以看出，在升高容量过程中，总控电流逐渐增大。由图 6-4（b）可以看出，调容初始阶段，总控电流基波分量幅值升高，随着调容的进行逐渐减小，最大可达到 25.54A。由图 6-5（a）可以看出，升高容量时，控制绕组电流增大且脉动幅度增大。分相控制绕组电流基波分量幅值受幅值变化的交流分量影响，将会产生波动，通过求解其滑动窗口平均值，即可消除波动的影响，如图 6-5（b）～（d）中实线所示。控制绕组电流基波分量平均值在调容开始后立即增大，随后逐渐减小，且三相控制绕组电流基波分量幅值的滑动窗口平均值近似相等。

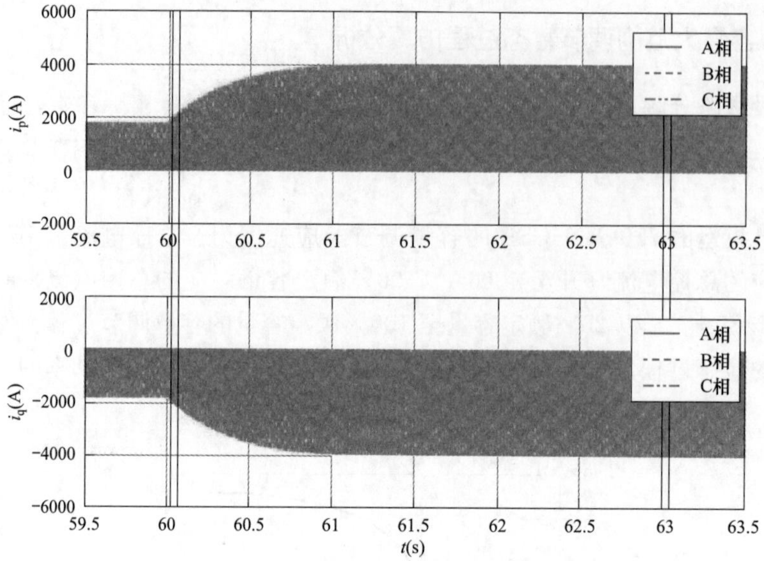

(a) p、q心柱的等效励磁电流

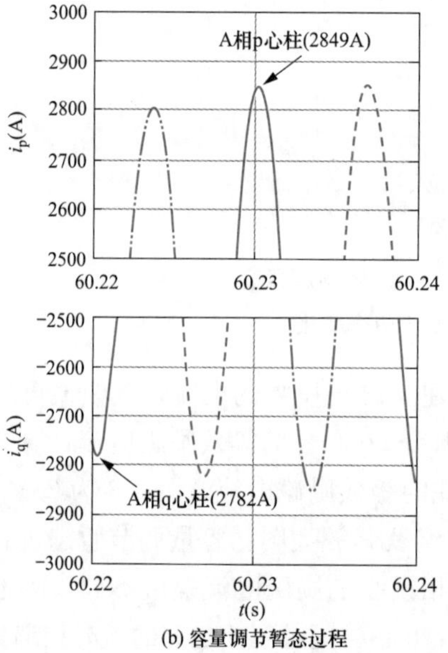

(b) 容量调节暂态过程

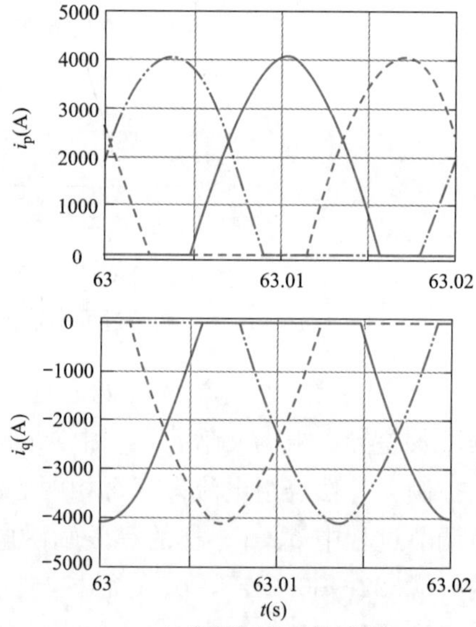

(c) 调容结束后的稳态阶段

图 6-3　25%～100%额定容量调节过程中 p、q 心柱的等效励磁电流及其放大图

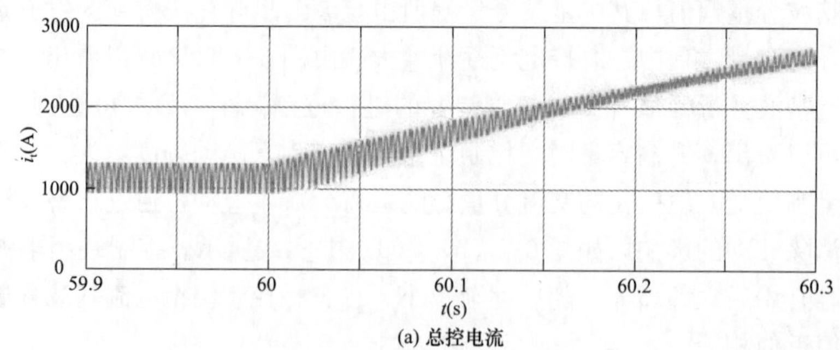

(a) 总控电流

图 6-4　25%～100%额定容量调节过程初始阶段总控电流及其基波分量幅值（一）

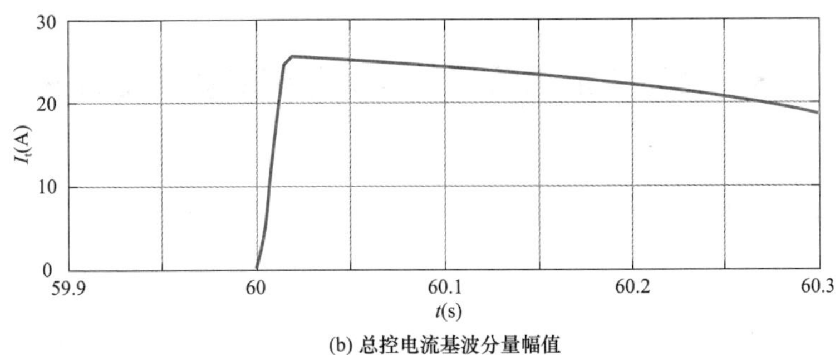

(b) 总控电流基波分量幅值

图 6-4　25%～100%额定容量调节过程初始阶段总控电流及其基波分量幅值（二）

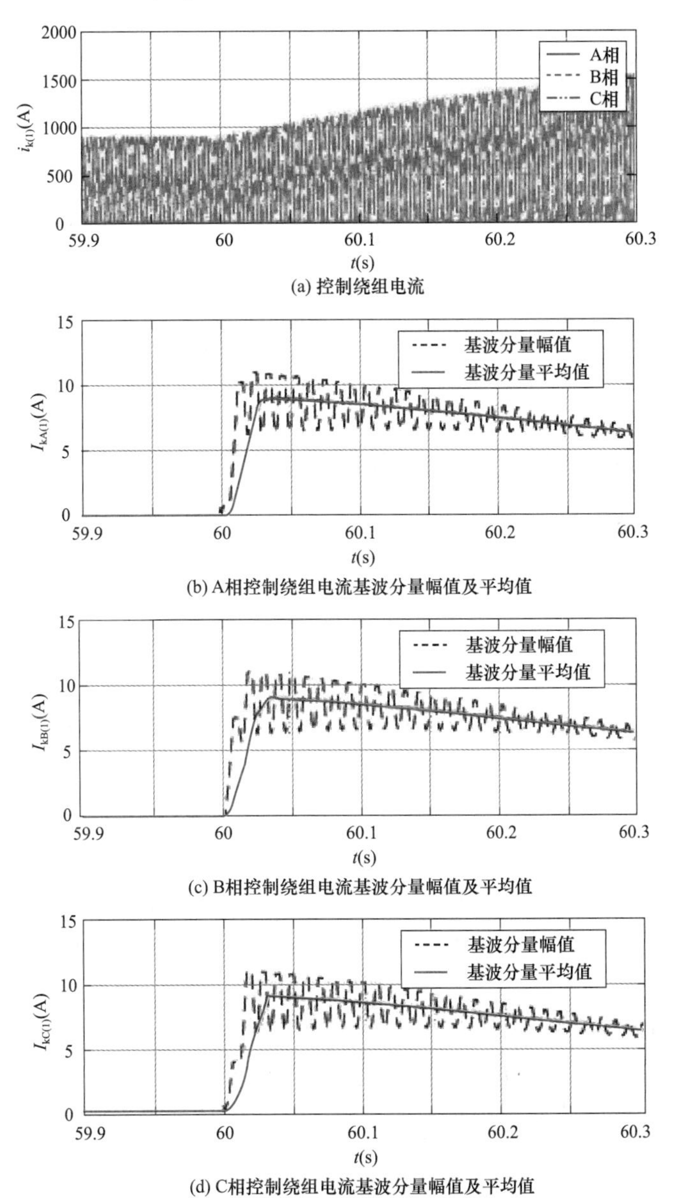

(a) 控制绕组电流

(b) A相控制绕组电流基波分量幅值及平均值

(c) B相控制绕组电流基波分量幅值及平均值

(d) C相控制绕组电流基波分量幅值及平均值

图 6-5　25%～100%额定容量调节过程初始阶段控制绕组电流及其基波分量幅值

6.3 容量大范围调节对匝间保护的影响及对策

6.3.1 容量调节对匝间保护的影响

由 6.2 的分析可知，在调容暂态过程中，心柱间磁饱和度的差异将导致总控电流基波分量幅值增大。本节重点分析 MCSR 容量调节对总控电流基波分量匝间保护方案的影响，并提出解决措施。

由于 MCSR 的特殊性，其配置的电流差动主保护一般为绕组差动保护，利用网侧绕组首、末端 TA 所测量得到的电流，不反映绕组匝间故障。文献［9］提出了基于总控电流基波分量的控制绕组匝间保护方案，在判断总控电流基波分量大于整定值后，立即发出跳闸指令，将 MCSR 退出运行。为验证容量调节对总控电流基波分量匝间保护的影响，对不同容量调节过程进行仿真。

选取 15A 为基于总控电流基波分量的匝间保护的整定值。容量调节过程中，心柱间磁饱和度的差异将导致三相控制绕组电流及总控电流基波分量幅值增大，若超过 15A，则有可能导致总控电流基波分量匝间保护误动。根据 6.2 的理论分析，当初始容量和目标容量不同时，总控电流基波分量以及每相控制绕组电流基波分量平均值将不同，为验证上述分析的正确性，并衡量不同容量调节过程对总控电流基波分量匝间保护的影响，进行了多组 MCSR 容量调节过程的仿真测试，仿真结果如表 6-1 所示，其中 $I_{t(1)}$ 为总控电流基波分量幅值，$\overline{I_{kA(1)}}$、$\overline{I_{kB(1)}}$、$\overline{I_{kC(1)}}$ 为分相控制绕组电流基波分量幅值的滑动窗口平均值，表格中数值均为上述分量在调容后产生的最大值。

由表 6-1 可知，相同起始容量下，起始容量与目标容量的差异越大，直流分量在容量调节起始阶段的变化率就越大，心柱之间的不平衡度就越大，总控电流及分相控制绕组电流的基波分量就越大，基于总控电流基波分量的匝间保护发生误动的概率就越高。若采取提高整定值的方式躲过容量调节的影响，则势必造成总控电流基波分量匝间保护在弱故障下灵敏性降低，甚至有可能导致小匝比匝间故障时保护拒动。此外，根据 6.2 的分析，总控电流基波分量将随着容量调节过程的持续而逐渐衰减，但是由于衰减速度较慢，若利用设置延时的手段躲过容量调节对匝间保护的影响，则势必对保护速动性不利。此外，匝间故障发展速度较快，较长的延时将会影响设备安全，因此需从其他角度出发使匝间保护躲过容量调节的影响，例如增加辅助判据，改进总控电流基波分量匝间保护，使其具有识别容量调节过程的功能。根据理论分析及表 6-1 所示的仿真结果，三相控制绕组电流基波分量平均值近似相等，与 MCSR 预励磁合闸以及匝间故障场景下的情况不同，针对总控电流基波分量匝间保护方案的改进可根据该特点制定。

表 6-1　　不同容量调节过程的仿真结果

容量调节过程（起始容量～目标容量）	总控电流及分相控制绕组电流基波分量幅值及平均值（A）				总控电流基波分量保护动作情况（√或×）
	$I_{t(1)}$	$\overline{I_{kA(1)}}$	$\overline{I_{kB(1)}}$	$\overline{I_{kC(1)}}$	
10%～100%	25.07[a]	9.22	9.22	9.23	√
100%～10%	47.56[a]	15.66	15.62	15.67	√
25%～100%	25.54[a]	8.97	8.98	8.97	√
100%～25%	41.80[a]	13.77	13.73	13.78	√
70%～100%	17.10[a]	5.63	5.62	5.61	√
100%～70%	20.75[a]	6.85	6.83	6.84	√
10%～70%	13.99	5.19	5.18	5.18	×
70%～10%	21.90[a]	7.22	7.21	7.22	√
25%～70%	12.79	4.521	4.52	4.52	×
70%～25%	17.18[a]	5.66	5.66	5.66	√

注　√表示动作，×表示未动作。

[a]表示容量调节过程中保护误动作。

6.3.2　容量调节识别判据

根据 6.3.1 的分析，容量调节过程中控制绕组电流及总控电流的基波分量幅值增大，可能引起总控电流基波分量匝间保护误动。而在调容过程中，三相控制绕组电流基波分量平均值近似相等，为准确识别容量调节状态，可通过衡量控制绕组电流基波分量三相差异度 F_{div}，构建式（6-14）所示的容量调节识别判据，区分 MCSR 的容量调节过程和其他工况。

$$F_{div}=\frac{|\overline{I_{kA(1)}}-\overline{I_{kB(1)}}|+|\overline{I_{kA(1)}}-\overline{I_{kC(1)}}|+|\overline{I_{kB(1)}}-\overline{I_{kC(1)}}|}{\max[\overline{I_{kA(1)}},\overline{I_{kB(1)}},\overline{I_{kC(1)}}]}\leqslant F_{div,set} \tag{6-14}$$

式中：$\overline{I_{kA(1)}}$，$\overline{I_{kB(1)}}$，$\overline{I_{kC(1)}}$ 为利用全波傅里叶算法计算得到三相控制绕组电流基波分量的幅值后，为避免计算结果波动的影响，进一步求取的滑动窗口平均值；max$[\overline{I_{kA(1)}}$，$\overline{I_{kB(1)}}$，$\overline{I_{kC(1)}}]$ 表示$\overline{I_{kA(1)}}$，$\overline{I_{kB(1)}}$，$\overline{I_{kC(1)}}$ 中的最大值。

式（6-14）中，分子表征三相之间的差异，分母的作用为将差异度标准化，使得差异度门槛值的整定不受模型额定参数的影响。各个工况下 F_{div} 的取值范围分析如下：

（1）匝间故障发生时，故障相控制绕组电流有基波分量产生，而非故障相分流得到的基波分量几乎可以忽略，因此 $F_{div}\approx 2$；

（2）容量调节过程中，三相 p、q 心柱的磁饱和度差距不大，因此三相控制绕组电流基波分量极为接近，$F_{div}\approx 0$；

（3）预励磁合闸时，至少两相控制绕组电流中产生基波分量，差异度取值分散性较大，但都远大于 0。

由此可见，为区分容量调节工况以及其他工况，考虑三相系统不平衡或设备制造误差，将门槛值 $F_{div,set}$ 设置为 0.1。考虑容量调节影响后的改进匝间保护方案流程图如图 6-6 所示。

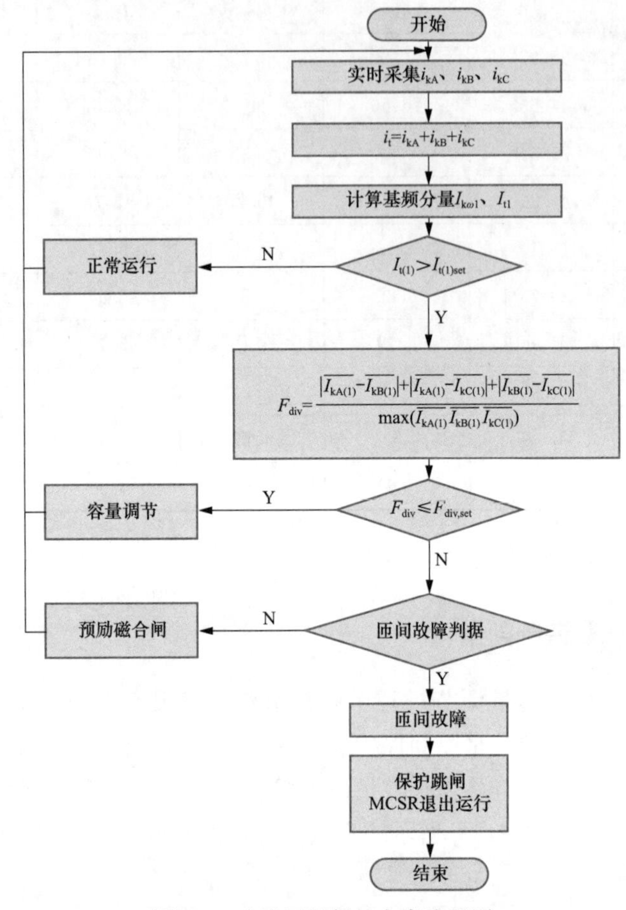

图 6-6　改进匝间保护方案流程图

考虑容量调节暂态过程识别的改进匝间保护方案具体流程如下：根据采样值实时计算总控电流基波分量幅值及分相控制绕组电流基波分量滑动窗口平均值，若总控电流基波分量幅值大于整定值，则进一步计算三相控制绕组电流基波分量差异度；若差异度小于整定值，则认为是容量调节过程，保护返回；若不满足公式（6-14）的调容识别判据，则根据文献［9］提出的匝间故障识别方案，进一步区分匝间故障与预励磁合闸工况，若满足匝间故障判据，则保护跳闸，MCSR 退出运行，否则返回采样步骤。

6.4　仿真及试验验证

6.4.1　数字仿真验证

表 6-2 为不同容量阶跃调节，分别在 70％、100％额定容量运行下 A 相网侧、控制绕组发生 5％、10％匝间故障，以及不同合闸角度下 10％预励磁合闸的三相控制绕组基

波分量差异度。由表 6-2 可以得到，容量调节场景下差异度接近于 0；匝间故障场景下，差异度在 2 附近；预励磁合闸场景下，三相差异度明显大于 0。可见，利用容量调节识别判据可以准确识别出 MCSR 的容量调节过程。

表 6-2　　容量调节及匝间故障下三相控制绕组基波分量差异度

运行场景		三相控制绕组基波分量差异度 F_{div}
容量阶跃调节	10%～100%	0.002
	100%～10%	0.007
	25%～100%	0.003
	100%～25%	0.007
	70%～100%	0.009
	100%～70%	0.005
	10%～70%	0.003
	70%～10%	0.003
	25%～70%	0.002
	70%～25%	0.002
70%额定容量运行下匝间故障	5%网侧	2.000
	5%控制	1.930
	10%网侧	1.996
	10%控制	1.932
100%额定容量运行下匝间故障	5%网侧	1.993
	5%控制	1.993
	10%网侧	1.945
	10%控制	1.960
10%预励磁合闸	0°合闸	0.812
	30°合闸	2.015
	60°合闸	1.319
	90°合闸	1.961

6.4.2　物理模型试验验证

电压等级为 1.5kV 的 MCSR 物理模型参数如表 6-3 所示。本节基于物理模型试验结果主要验证了 MCSR 在 100%额定容量运行下 B 相控制绕组发生 40%匝间故障、MCSR 在 10%～100%额定容量调节过程和 100%预励磁合闸三种场景下所提方案的有效性。由于本文所提方案主要关注各个工况下的三相控制绕组电流及总控电流，因此这里只具体分析控制绕组电流及总控电流波形。

表 6-3　　电压等级为 1.5kV 的 MCSR 物理模型参数

参数	数值
额定容量（kvar）	1.52
一次绕组额定电压（V）	1.5
一次绕组额定电流（A）	0.585
控制绕组额定电压（V）	134/1.732
控制绕组额定电流（A）	3.28
每相每柱直流电阻（Ω）	0.94
补偿绕组额定电压（V）	76
补偿绕组额定电流（A）	20
网-控短路阻抗百分比（%）	77.5
控-补短路阻抗百分比（%）	34.5
网-补短路阻抗百分比（%）	23

由于参数不同，1.5kV MCSR 控制绕组额定电流仅为 3.28A，总控电流额定值为 9.84A，而 750kV 控制绕组电流及总控电流额定值分别为 1314、3942A，因此总控电流基波分量匝间保护的整定值不同，按照等比例缩减，1.5kV MCSR 总控电流基波分量匝间保护方案门槛值应设定为 0.0374A。由于 F_{div} 在计算过程中进行了标准化，因此 1.5kV MCSR 三相控制绕组电流基波分量差异度门槛值依然设定为 0.1。

上述三种场景下的总控电流及控制绕组电流录波图如图 6-7 所示，将录波结果进行快速傅里叶变换（fast fourier transform，FFT）分析，得到各个场景下的谐波分析结果，如图 6-8～图 6-10 所示，图中基波分量用斜线阴影标出。可以得出：

（1）匝间故障场景下，故障后总控电流基波分量为 2.683A，B 相（故障相）控制绕组电流基波分量为 2.071A，A、C 相（非故障相）控制绕组电流基波分量分别为 0.07335、0.07164A，三相控制绕组电流基波分量差异度为 $F_{div}\approx 1.9292>0.1$，在 2 附近；

（2）容量调节过程中，总控电流基波分量最大值为 0.4534A，A、B、C 相控制绕组电流基波分量分别为 0.1521、0.1525、0.154A，可以得到该场景下三相控制绕组电流基波分量差异度为 $F_{div}\approx 0.0247<0.1$，在 0 附近；

（3）预励磁合闸时，总控电流基波分量最大值为 1.466A，A、B、C 相控制绕组电流基波分量分别为 0.2558、0.4888、0.2638A，可以得到该场景下三相控制绕组电流基波分量差异度为 $F_{div}\approx 0.9533>0.1$。

由物理模型试验结果可以得到，容量调节过程中，总控电流基波分量增大，将会使得总控电流基波分量匝间保护误动，然而三相控制绕组电流基波分量近似相等，差异度小于门槛值 0.1，因此可以通过图 6-6 所示的保护方案流程识别出容量调节过程，避免保护误动，提高了总控电流基波分量匝间保护在容量调节过程中的可靠性。

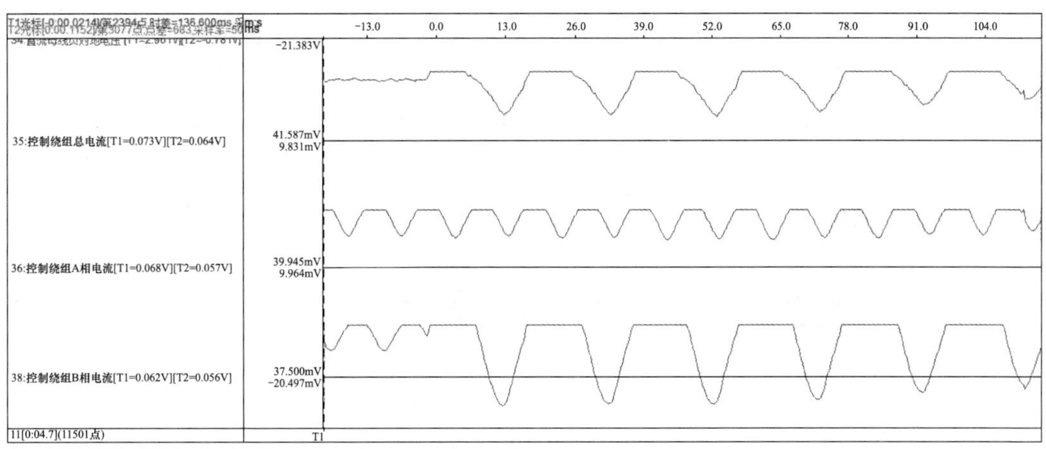

(a) MCSR在100%额定容量运行下B相控制绕组发生40%匝间故障

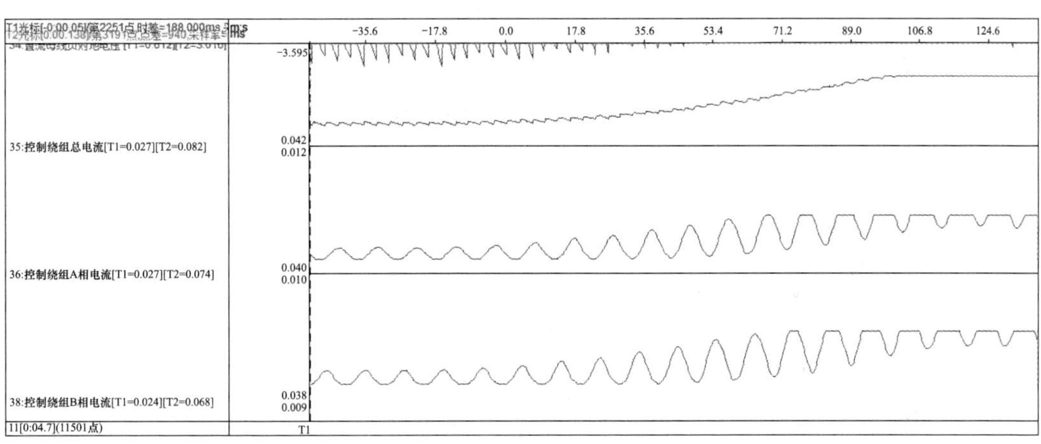

(b) MCSR在10%~100%额定容量的调节过程

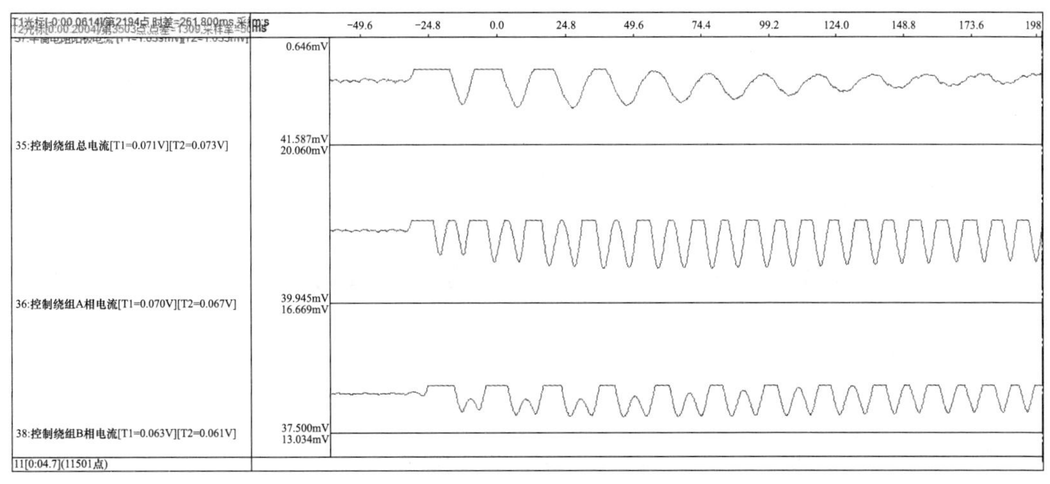

(c) 100%预励磁合闸

图 6-7　总控电流及控制绕组电流试验录波图

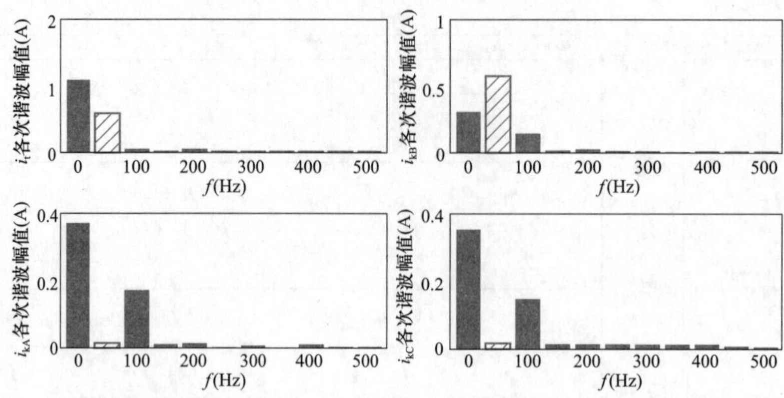

图 6-8　MCSR 100%额定容量下 B 相控制绕组 40%匝间故障总控电流及控制绕组电流谐波分析

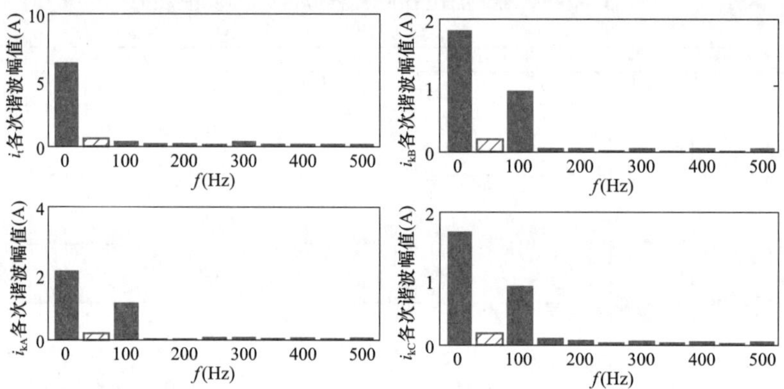

图 6-9　MCSR 10%～100%额定容量调节过程总控电流及控制绕组电流谐波分析

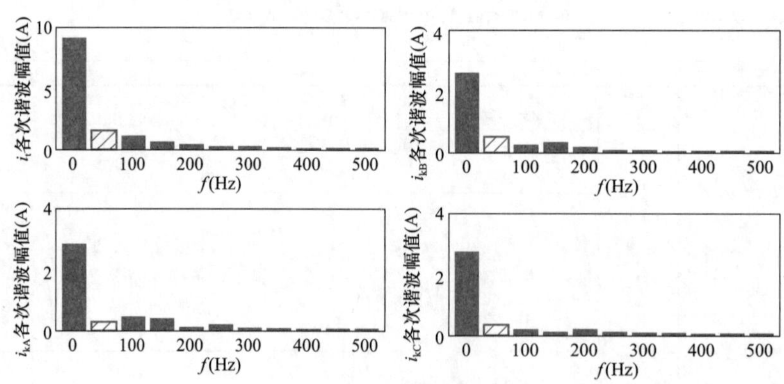

图 6-10　100%预励磁合闸总控电流及控制绕组电流谐波分析

6.5 小　　结

本章围绕超/特高压 MCSR 的容量调节暂态特性及对本体保护的影响展开研究。首先对 MCSR 正常运行的稳态特性进行分析，引入磁饱和度概念，并得出控制绕组电流表达式。在此基础上，对 MCSR 调容暂态过程进行分析，得出以下结论：

（1）容量调节过程中，同相两心柱进入饱和区的时间具有一定的分散性，导致暂态过程中心柱间的磁饱和度产生差异。调容暂态过程结束后，MCSR 过渡到另一个稳态，心柱间的磁饱和度差异消失，恢复平衡。

（2）调容暂态过程中，同相 p、q 心柱间的磁饱和度差异使得控制绕组电流及总控电流产生基波分量，从而可能导致总控电流基波分量匝间保护误动。根据调容过程中，三相控制绕组电流基波分量有效值近似相等，而在匝间故障、预励磁合闸场景下，三相控制绕组电流基波分量有明显差异的特征，构建了基于三相控制绕组电流基波分量差异度的 MCSR 容量大范围调节识别判据，有效解决了总控电流基波分量匝间保护在容量调节过程中误动的问题。

参考文献

[1] 宋晗，邹亮，张秀群，等．基于空间磁场分布的干式空心电抗器匝间短路检测方法［J］．电工技术学报，2019，34（S1）：105-117.

[2] 郑涛，赵彦杰．超/特高压可控并联电抗器关键技术综述［J］．电力系统自动化，2014，38（7）：127-135.

[3] ZHENG Tao，ZHAO Yanjie. Microprocessor-based protection scheme for high-voltage magnetically controlled shunt reactors［C］//In 12th IET Int. Conference Development Power System Protection. Copenhagen，Denmark，2014.

[4] 陈锋，王嘉玮，吴梦晗，等．基于 RBF 神经网络的干式空心电抗器涡流损耗计算［J］．电工技术学报，2018，33（11）：2545-2553.

[5] ZHENG Tao，LIU Xiaoxiao，HUANG Ting. Novel Protection Scheme against Turn-to-turn Fault of Magnetically Controlled Shunt Reactor Based on Equivalent Leakage Inductance［J］. International Journal of Electrical Power & Energy Systems，2019，112：442-451.

[6] ZHENG Tao，LIU Xiaoxiao，WEI Junqi，et al. Protection scheme for turn-to-turn faults of magnetically controlled shunt reactor based on waveform similarity comparison［J］. Electric Power System Research，2019，177：105980.

[7] 刘校销，郑涛，黄婷．基于等效漏电感参数辨识的磁控式并联电抗器匝间故障保护方案［J］．电工技术学报，2020，35（1）：134-145.

[8] 郑涛，赵彦杰，金颖．特高压磁控式并联电抗器保护配置方案及其性能分析［J］．电网技术，2014，38（5）：1396-1401.

[9] 郑涛，赵彦杰，金颖，等．磁控式并联电抗器控制绕组匝间故障分析及保护方案［J］．电力系统自动化，2014，38（10）：95-99.

[10] ZHENG Tao，ZHAO Yanjie，JIN Ying，et al. Design and analysis on the turn-to-turn fault protection scheme for the control winding of a magnetically controlled shunt reactor［J］. IEEE Trans on Power Delivery，2015，30（2）：967-975.

[11] 郑涛，刘校销．基于控制绕组电流基频分量的磁控式并联电抗器匝间保护新原理［J］．电网技术，2019，43（8）：3016-3024.

[12] 郑涛，刘校销．基于波形自相关的磁控式并联电抗器合闸防误动方案［J］．电力系统自动化，

2019，43（24）：156-164.

[13] 蔡宣三，高越农．可控电抗器原理、设计与应用［M］．北京：中国水利水电出版社，2008：37-44.

[14] 邓占锋，王轩，周飞，等．超高压磁控式并联电抗器仿真建模方法［J］．中国电机工程学报，2008，28（36）：108-113.

[15] 娄宝磊，李晓明．基于双饱和变压器模型的磁控电抗器仿真新方法［J］．高压电器，2017，53（4）：191-196.

[16] 郑彬，印永华，班连庚，等．新疆与西北主网联网第二通道工程系统调试［J］．电网技术，2014，38（4）：980-987.

[17] ZHENG Tao，LIU Xiaoxiao，WEI Junqi. A novel protection scheme against turn-to-turn fault of MCSR based on equivalent magnetizing inductance［J］．International Journal of Electrical Power & Energy Systems，2020，117：105629.

第7章

MCSR励磁系统故障分析及对匝间保护的影响与对策

MCSR励磁系统承担着为MCSR提供直流励磁和调节容量的重要任务，其安全稳定运行是MCSR本体正常工作的前提。励磁系统发生故障将直接导致MCSR容量迅速下降，从而对电力系统的无功平衡和电压稳定造成较大威胁。现有研究针对MCSR匝间故障提出了基于直流母线电流基波分量的匝间保护新方案[1]，但该方案未充分考虑励磁系统故障的影响，存在匝间保护误动的风险。当励磁系统故障时，MCSR需及时切换至备用励磁系统以确保MCSR正常运行不退出，但切换之前直流母线电流中将出现较大的基波分量，这使得MCSR本体所配备的匝间保护也有误动的可能，因此励磁系统的故障有可能引起匝间保护误动而导致MCSR退出运行。因此亟须研究励磁系统的故障特性以准确区分MCSR内部匝间故障和励磁系统故障。

本章主要研究MCSR励磁系统的短路故障，通过分析励磁系统故障的暂态过程，重点关注故障时流入MCSR控制绕组的故障特征量，从而揭示励磁系统故障对MCSR匝间保护的影响。具体故障位置如图7-1所示，其中包括换流器阀短路故障（k1）、换流器直流侧单极接地故障（k2）、换流器直流侧极间短路故障（k3）、换流器交流侧相间短路故障（k4）。

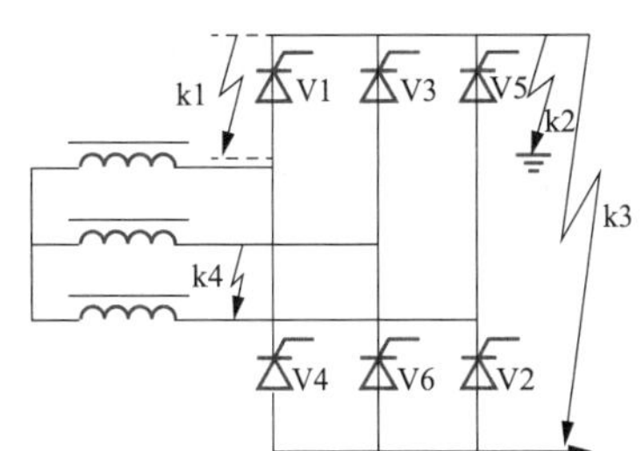

图7-1 励磁系统主接线短路故障位置示意图

7.1 励磁系统故障分析

7.1.1 换流器阀短路故障

由于晶闸管内部或者外部绝缘破损导致晶闸管发生阀短路故障，故障发生后晶闸管将被双向导通，该故障是整流桥较为严重的故障之一[2]，具体故障位置如图7-1中k1所示。三相六脉动换流器中存在6个晶闸管，每个晶闸管均有两种状态，即正向导通状态和反向阻断状态，因此当阀短路故障发生后，换流器整体将存在12个故障状态。实际上，每个晶闸管的阀短路故障暂态过程具有相似性和周期性，仅选取其中一种故障情况进行分析即可。当阀 V1 和 V2 导通换相至阀 V2 和 V3 后，阀 V1 立刻发生阀短路故障情况，即呈现双向导通性。此时如图 7-2 所示，取电源相电动势 e_a 和 e_b 自然换相点作为 $\omega t=0°$时刻进行分析。

当 $0°<\omega t<\alpha$ 时，整流桥正常运行，阀 V1 和阀 V2 正常导通，尚未发生故障，此时的直流母线电流等于阀 V1 和 V2 的电流，即

$$i_1=i_2=I_d \tag{7-1}$$

式中：i_1 和 i_2 分别为阀 V1 和阀 V2 的电流，A；I_d 为直流母线电流，A。

当 $\alpha<\omega t<90°$时，阀 V3 得到触发脉冲，阀 V1 先于阀 V3 进行换相，换相过程中发生 A、B 相间短路故障，此时的等效电路如图 7-3 所示。

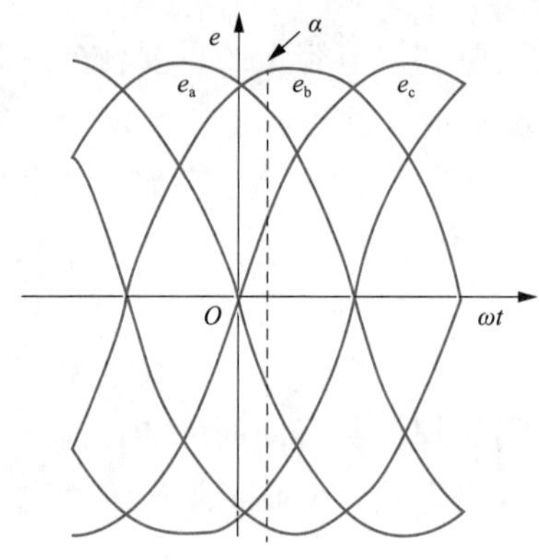

图 7-2 交流侧电源电动势波形图

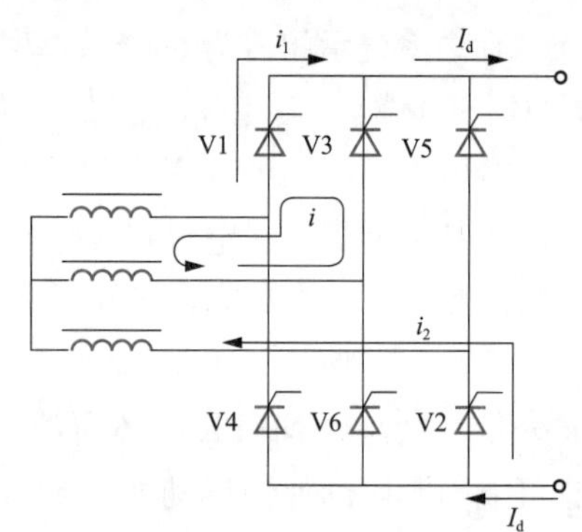

图 7-3 $\alpha<\omega t<90°$时的等效电路

A、B 相的短路电流 i 为

$$2L_\gamma \frac{\mathrm{d}i}{\mathrm{d}x}=\sqrt{2}E\sin(\omega t) \tag{7-2}$$

$$i=\frac{\sqrt{2}E}{2L_\gamma}\int_\alpha^{\omega t}\sin(\omega t)\mathrm{d}t=\frac{\sqrt{2}E}{2\omega L_\gamma}[\cos\alpha-\cos(\omega t)]=I_{s2}[\cos\alpha-\cos(\omega t)] \tag{7-3}$$

式中：L_γ 为交流侧各相等效电感，H；E 为交流侧相电动势有效值，V；I_{s2} 为两相短路时短路电流峰值，A。

假设阀 V1 和阀 V3 换相完成的瞬间，阀 V1 发生阀短路故障，此时 $\omega t=\alpha+\gamma$，A、B 相间短路故障仍然存在，由式（7-3）可知，此时短路电流流向开始反向。当 $\omega t=60°$时，虽然阀 V4 已接收到触发脉冲，但是阀 V4 由于承受反向电压而无法导通，需等待至 $\omega t=90°$才可实现导通。

当 $90°<\omega t<90°+\gamma'$时，阀 V2 向阀 V4 换相，阀 V2 尚未完全关断，阀 V4 正在开始导通，此时阀 V1、阀 V2、阀 V3 和阀 V4 均处于导通状态，其等效电路如图 7-4 所示。其中，阀 V1、阀 V2、阀 V3 的同时导通将会使交流侧出现三相短路状态；阀 V1 和阀 V4 的同时导通将会使直流母线短接，其输出的直流电压也将降低至 0。

当 $90°+\gamma'<\omega t<120°+\alpha$ 时，阀 V2 和阀 V4 结束换相，阀 V2 完全关断，其等效电路如图 7-5 所示，交流侧的故障状态为 A、B 相间短路。

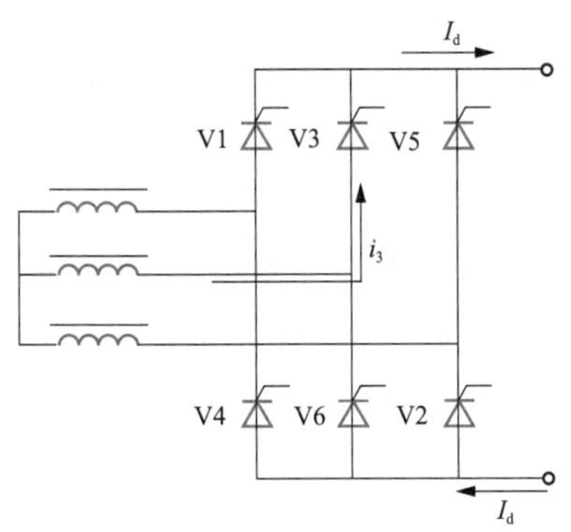

图 7-4　$90°<\omega t<90°+\gamma'$时的等效电路图

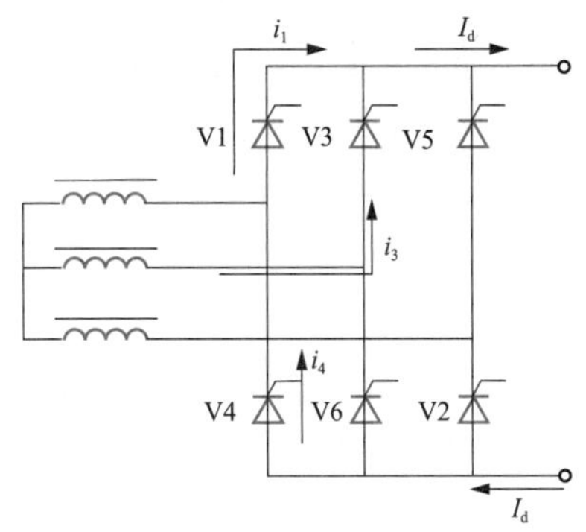

图 7-5　$90°+\gamma'<\omega t<120°+\alpha$ 时的等效电路图

当 $120°+\gamma'<\omega t<180°+\alpha+\gamma''$时，其等效电路如图 7-6 所示，阀 V5 承受正向电压且被脉冲正常触发，阀 V3 向阀 V5 换相，此时交流侧经过阀 V1、阀 V3、阀 V5 三相短路，直流母线被短接。

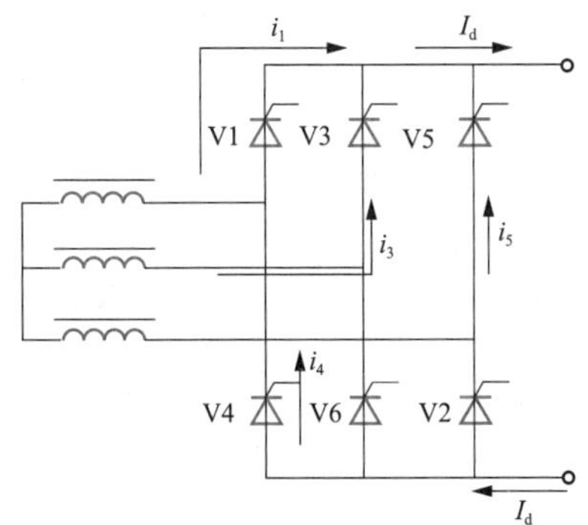

图 7-6　$120°+\gamma'<\omega t<180°+\alpha+\gamma''$时的等效电路图

由于阀 V1 和阀 V3 一直处于短路状态，因此其短路电流较大。此时阀 V3 中的电流[2] 可表示为

$$\begin{aligned} i_3=&I_{s2}[\cos\alpha+\cos(90°+\gamma')-\cos(120°+\alpha)]-\\ &I_{s3}[\cos(\omega t+30°)+0.5+\cos(120°+\gamma')-\cos(150°+\alpha)] \end{aligned} \tag{7-4}$$

流过阀 V3 的故障电流较大，将直接导致阀 V3 和阀 V5 换相过程超过 90°，所以当阀 V6 的脉冲到来时，阀 V3 和阀 V5 依然未完成换相，阀 V6 承受反向电压而无法导通，此时导通的晶闸管为阀 V1、阀 V3、阀 V4 和阀 V5，交流侧将呈现出三相短路状态。当电流 i_3 过零后，阀 V6 开始导通。由式（7-4）可知，假设 $\alpha=0°$和 $\gamma'=0°$，则流过阀 V3 的电流 i_3 将达到最大值，即

$$i_{3\max}=I_{s2}[1+0+0.5]-I_{s3}[-0.5-0.5+0.866]=0.952\frac{E}{\omega L_\gamma}=1.432I_{s3} \tag{7-5}$$

求解式（7-5）可得，电流 i_3 过零时刻为 $\omega t=265.7°$。在 $\omega t=265.7°$之后，阀 V6 将承受正向电压而立即导通，其等效电路如图 7-7（a）所示，A、C 两相相间短路，阀 V4 关断后直流侧不再短路。

当阀 V2 的触发脉冲到来时，阀 V2 承受反向电压无法立刻导通，只有当 $u_b>(u_a+u_c)/2$ 时，阀 V6 才会开始向阀 V2 换相，此时交流侧将发生三相短路，相应的等效电路如图 7-7（b）所示。

当 $\omega t=330°$ 时，阀 V6 向阀 V2 换相，阀 V6 关断之后，交流侧由三相短路转变为 A、C 两相相间短路，阀 V2 和阀 V5 导通，将直接导致直流母线短接。

当 $\omega t=360°$ 时，阀 V3 的触发脉冲到来，且阀 V3 承受正向电压，阀 V3 导通，交流侧由两相相间短路再次转变为三相短路。

之后的故障发展过程将持续性地重复上述过程。

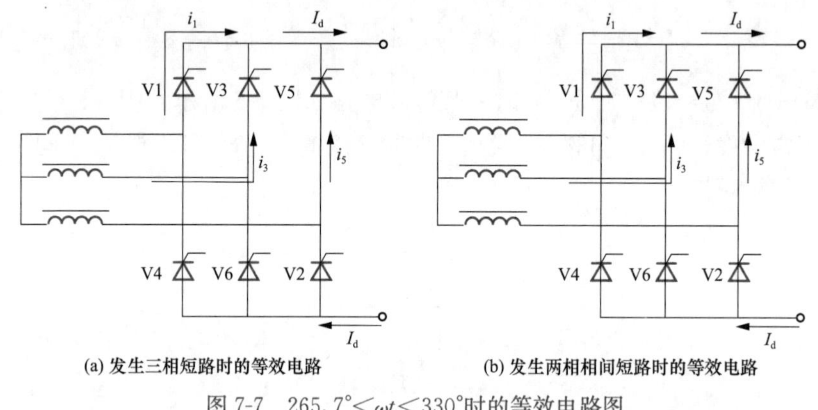

图 7-7　$265.7°<\omega t<330°$ 时的等效电路图

综上所述，阀短路故障期间交流侧两相相间短路和三相短路状态交替切换，在此过程中还将间歇性地伴随直流母线短接。故障整体的发展过程呈周期性往复，将导致直流母线电流和电压骤降，同时极间电压中还将存在振荡分量，其振荡频率接近工频。

图 7-8 为阀短路故障直流母线极间电压和电流的仿真结果。可见，直流母线电压下降后呈频率为 50Hz 的周期性振荡，由于控制绕组电感较大，直流电流衰减时间常数较大，呈缓慢下降趋势。

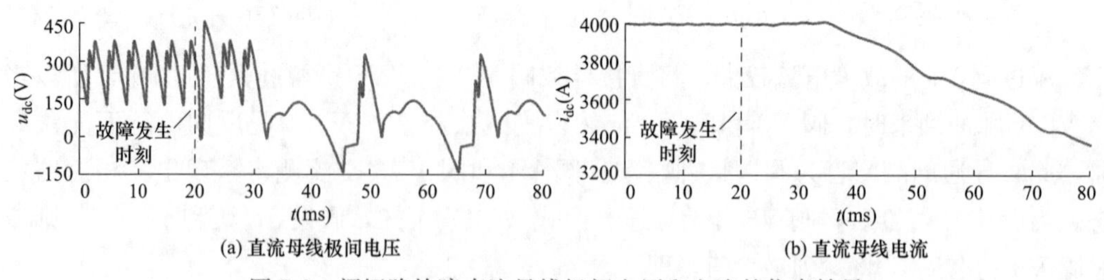

图 7-8　阀短路故障直流母线极间电压和电流的仿真结果

7.1.2　换流器直流侧极间短路故障

发生直流母线出口短路故障时各晶闸管仍然能够保持单向导通，具体故障位置如图 7-1 中 k3 所示。可知，当直流母线短接后，励磁系统和 MCSR 控制绕组将被切分为两个回路。首先，分析励磁系统回路中的故障特性，假设阀 V1 向阀 V3 换相完成后直流母线发生了短接故障，且触发角 $\alpha=0°$。

当 $0°<\omega t<60°$时，在 $\omega t=0°$时直流母线被短接，整流桥下桥臂各有一个晶闸管（阀 V2 和阀 V3）导通，交流侧 B、C 两相相间短路，则有

$$i_1=i_3=\frac{\sqrt{2}E}{2\omega L_\gamma}[0.5-\cos(\omega t+60°)]=I_{s2}[0.5-\cos(\omega t+60°)] \tag{7-6}$$

在 $\omega t=60°$时，阀 V4 触发脉冲到来，阀 V2 向阀 V4 换相，此时阀 V2、阀 V3 和阀 V4 均为导通状态，交流侧呈现三相短路，则有

$$i_2=\frac{\sqrt{2}E}{\sqrt{3}\omega L_\gamma}\cos(\omega t-90°)=I_{s3}\cos(\omega t-90°) \tag{7-7}$$

$$i_3=\frac{\sqrt{2}E}{\sqrt{3}\omega L_\gamma}[0.866-\cos(\omega t+30°)]=I_{s3}[0.866-\cos(\omega t+30°)] \tag{7-8}$$

$$i_4=\frac{\sqrt{2}E}{\sqrt{3}\omega L_\gamma}[0.866+\cos(\omega t+150°)]=I_{s3}[0.866+\cos(\omega t+150°)] \tag{7-9}$$

在 $\omega t=120°$时，阀 V5 触发脉冲到来，由于直流母线短接，此时阀 V5 承受反向电压而无法正常导通。

由式（7-7）可知，当 $\omega t=180°$时，电流 $i_2=0$，此时阀 V5 才能导通，虽然阀 V6 的触发脉冲已经到来，但阀 V6 仍然承受反向电压而无法导通，因此交流侧呈三相短路。

由式（7-8）可知，当 $\omega t=300°$时，电流 $i_3=0$，阀 V3 承受反向电压而关断，交流侧由三相短路转变为两相相间短路，此时则有

$$i_4=i_5=\frac{\sqrt{2}E}{2\omega L_\gamma}[0.5+\cos(\omega t-240°)]=I_{s2}[0.5+\cos(\omega t-240°)] \tag{7-10}$$

当 $\omega t=360°$时，阀 V3 的触发脉冲到来，整流桥阀 V2 和阀 V3 导通，从而重复与 $\omega t=0°$时类似的 B、C 两相相间短路状态。

之后，对直流母线出口短路故障时的 MCSR 控制绕组回路故障特性进行分析。直流母线被短接后，控制绕组电感上的电流不能突变，因此控制绕组电感与直流母线短接点形成回路续流，该回路中的电感值远大于其电阻值，衰减时间常数较大，直流母线电流会缓慢下降。

综上所述，发生直流母线出口短路故障后，对于直流侧，直流母线极间电压降低至 0；对于交流侧，在非换相期间交流侧所发生的两相相间短路在换相期间则相当于三相短路。相应地，图 7-9 给出了交流侧直流母线出口短路故障的仿真结果，其中，故障后直流母线极间电压立即降低至 0，但由于控制绕组电感的续流作用，直流母线极间电压最终维持在−140V 左右，同时，直流母线电流衰减时间常数较大，在故障发生后呈现缓慢下降的趋势。

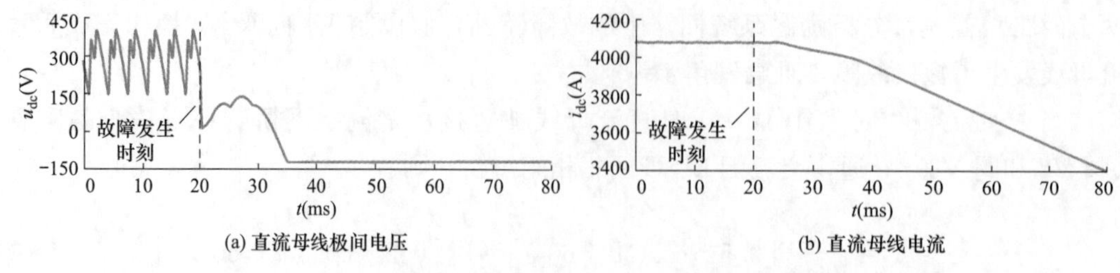

图 7-9 交流侧直流母线出口短路故障的仿真结果

7.1.3 换流器直流侧单极接地故障

直流母线对地短路后（具体故障位置如图 7-1 中 k2 所示），故障极母线对地电压降低至 0，而非故障极母线对地电压升高至正常运行时的 2 倍。由于该接地点与控制绕组端部接地点为同一电势点，因此故障特征相一致，其详细分析过程见 4.5。

7.1.4 换流器交流侧相间短路故障

7.1.4.1 交流侧相间故障

与阀短路故障类似，交流侧相间短路故障具有相似的故障机理与复杂的周期特性，其具体故障位置如图 7-1 中 k4 所示。电压和电流的正序、负序和零序分量及高次谐波将伴随交流侧相间短路故障而产生，而且这些故障特征量将通过 6 脉动整流桥传递至直流母线，进而影响 MCSR 相关保护的可靠性和灵敏性。以下将分析交流侧相间短路故障特征并相应介绍交流侧故障特征通过整流桥时的传递特性。

以交流侧相间故障为例，假设在阀 V1 和阀 V2 导通时，整流桥和整流变压器连接线处的 A、C 相发生相间短路，此时直流母线被短路，直流电压和电流会迅速下降。

阀 V3 的脉冲到来后，阀 V1 向阀 V3 换相完成，直流母线短接消失，正极直流母线电压上升。

阀 V4 的脉冲到来后，阀 V2 向阀 V4 换相完成，故障特征与前一阶段保持一致。

阀 V5 的脉冲到来后需要等待 $(u_a+u_c)/2>u_b$ 后才能导通，此时阀 V4、阀 V5 导通，直流母线被短接。

阀 V6 的脉冲到来后，阀 V4 先于阀 V6 完成换相，直流母线短接消失，正极直流母线电压上升。

阀 V1 在脉冲到来时正常换相，故障特征与前一阶段保持一致。

阀 V2 的脉冲到来后需要等待 $u_b>(u_a+u_c)/2$ 后才能导通，直流母线被短路。至此，一个完整电源周期的故障发展过程结束，后续的故障发展会周期性往复上述过程。据此可总结出交流侧相间短路故障的发展规律：直流母线电压和电流会随电源周期呈周期性变化，在一个工频周期内，直流母线会出现两次短接状态，因此直流母线上会相应出现二倍频故障分量。

图 7-10 所示为整流桥交流侧发生 A、C 相间短路故障的仿真结果。其中，如

图 7-10（a）所示，故障后直流母线极间电压呈周期性振荡，振荡频率为 100Hz；如图 7-10（b）所示，故障后直流母线电流缓慢下降。

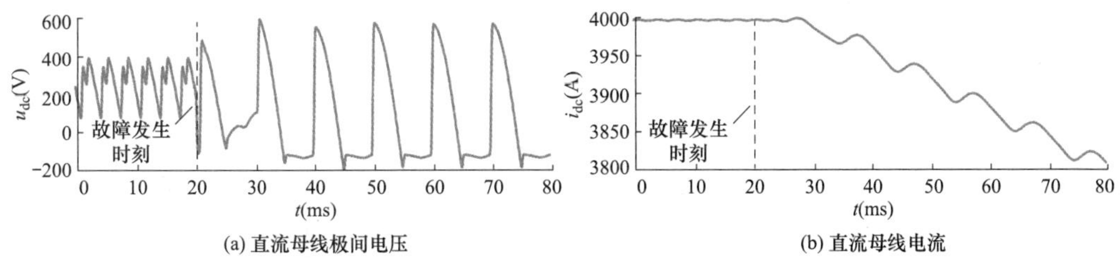

图 7-10　整流桥交流侧相间故障的仿真结果

7.1.4.2　**交流故障特征在换流器的传递特性**

文献［2］和文献［3］利用傅里叶分解对交流侧电压和电流进行变换，推导出交流系统不对称时的直流电压特性，并据此得出交流侧与直流侧之间序分量和谐波分量的对应关系。以下简要推导交流故障特征在换流器的传递特性。

首先，利用开关函数法将换流器模型进行线性化分析，其输入输出关系为

$$\begin{gathered}U_{dc}=U_{a}S_{ua}+U_{b}S_{ub}+U_{c}S_{uc}\\ i_{a}=i_{dc}S_{ia}\\ i_{b}=i_{dc}S_{ib}\\ i_{c}=i_{dc}S_{ic}\end{gathered} \tag{7-11}$$

式中：S_{ua}、S_{ub}、S_{uc} 分别为各相电压的开关函数；S_{ia}、S_{ib}、S_{ic} 分别为各相电流的开关函数。

将换流器母线交流电压用对称分量表示如下：

$$\begin{cases}u_{a}=\sum\limits_{s=-1,0,1}\sum\limits_{m=1}^{\infty}U_{sm}\cos(\omega_{m}t+\alpha_{sm})\\ u_{b}=\sum\limits_{s=-1,0,1}\sum\limits_{m=1}^{\infty}U_{sm}\cos\left(\omega_{m}t+\alpha_{sm}-\dfrac{2s\pi}{3}\right)\\ u_{c}=\sum\limits_{s=-1,0,1}\sum\limits_{m=1}^{\infty}U_{sm}\cos\left(\omega_{m}t+\alpha_{sm}+\dfrac{2s\pi}{3}\right)\end{cases} \tag{7-12}$$

式中：$s=1$、0、-1 分别表示正序、零序、负序；m 为谐波次数。

式（7-11）与式（7-12）相结合并经过换流器开关函数的变换后，再进行傅里叶分解，即可得到以对称分量表示的直流母线电压为

$$\begin{aligned}U_{d}=\sum_{s=-1}^{1}\sum_{m=1}^{\infty}\sum_{k=1}^{\infty}\frac{A_{nu}U_{sm}}{2}\Big\{&\left[1+2\cos\frac{2(k+s)\pi}{3}\right]\cos[(\omega_{m}+k\omega)t+\alpha_{sm}]\\ &+\left[1+2\cos\frac{2(k-s)\pi}{3}\right]\cos[(\omega_{m}-k\omega)t+\alpha_{sm}]\Big\}\end{aligned} \tag{7-13}$$

式中：A_{nu} 为直流电压 U_{d} 的振幅，V。

同理可得受正序和负序交流电压影响下的直流母线电压为

$$U_{\mathrm{d}}^{+}=\sum_{m=1}^{\infty}\sum_{k=0}^{\infty}\frac{3U_m^{+}}{2}\{A_{(6k-1)\mathrm{u}}\cos\{[\omega_m+(6k-1)\omega]t+\alpha_m^{+}\} \\ +A_{(6k+1)\mathrm{u}}\cos\{[\omega_m-(6k+1)\omega]t+\alpha_m^{+}\}\} \tag{7-14}$$

$$U_{\mathrm{d}}^{-}=\sum_{m=1}^{\infty}\sum_{k=0}^{\infty}\frac{3U_m^{-}}{2}\{A_{(6k+1)\mathrm{u}}\cos\{[\omega_m+(6k+1)\omega]t+\alpha_m^{-}\} \\ +A_{(6k-1)\mathrm{u}}\cos\{[\omega_m-(6k-1)\omega]t+\alpha_m^{-}\}\} \tag{7-15}$$

结合式（7-14）和式（7-15）可得经过换流器变换后交流侧谐波分量和直流侧谐波分量次数的对应关系，具体对应关系如表 7-1 所示。以负序分量为例，受交流侧不对称扰动的影响，交流侧电压产生的负序分量经过整流桥后，将向直流母线传递与之呈线性对应关系的二次谐波分量。

表 7-1　　交流侧谐波分量与直流侧谐波分量次数的对应关系

交流侧谐波分量（次数）	−1	2	−2	3	−3	4	−4
直流侧谐波分量（次数）	2	1	3	2	4	3	5

7.2　励磁系统故障对匝间保护的影响分析及解决策略

7.2.1　励磁系统故障对匝间保护的影响分析

根据 7.1 的分析，整流桥阀短路故障时，直流母线电压、电流会产生频率为 50Hz 的工频振荡分量；交流侧不平衡故障时，交流侧的二次谐波分量经过换流器的传递，会在直流母线侧产生相应的基波分量；MCSR 单个分支控制绕组匝间故障时，故障相分支控制绕组的有效匝数不再相等，从而在控制绕组上产生不平衡电动势，并导致直流母线电流中出现基波分量。基于上述故障特征，文献［1］利用直流母线电流基波分量构成匝间保护，当基波分量大于整定值时，MCSR 将退出运行。基波分量整定值需躲过稳态运行时最大不平衡基波电流，计及网侧绕组电压不平衡、控制绕组的电压和阻抗不平衡等因素的影响，其具体整定值可以设定为 15～20A。本章从对保护最不利的情况出发，将基波分量整定值设定为 15A。

图 7-11 所示为阀短路故障、直流母线出口短路、交流侧相间故障和匝间故障时的直流母线电流基波分量的仿真结果。可以明显看出当上述故障发生时直流母线电流的基波分量均大于整定值 15A，MCSR 控制绕组匝间保护存在误动风险。

为了防止基于基波电流分量的匝间保护误动，势必要提高整定值，但却会使保护灵敏性降低，控制绕组发生轻微匝间故障时保护可能拒动。若设置延时动作整流励磁系统保护，则势必影响保护的速动性。为了解决上述问题，亟须对现有匝间保护方案进行改进，因此本章提出了一种基于二次谐波衰减速度的匝间保护防误动策略。

7.2.2　基于二次谐波衰减速度的匝间保护防误动策略

励磁系统故障可分为两种类型：其一为阀短路故障，它改变了晶闸管正常换相顺序

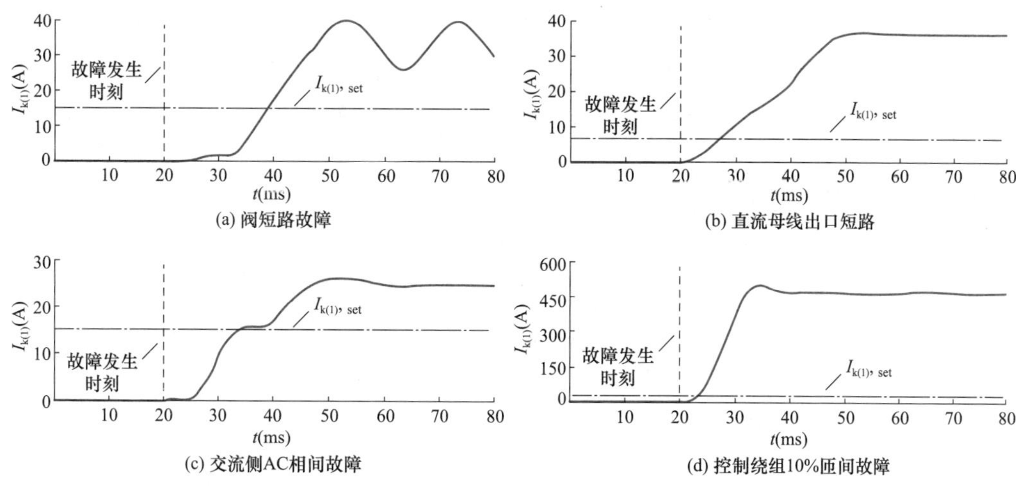

图 7-11　不同故障下的直流母线电流基波分量的仿真结果

并使直流母线周期性短接，进而在直流母线电流中出现基波分量；其二为交流侧相间短路故障，它产生的故障特征量经整流桥侵入直流母线，在直流母线上产生基波分量。励磁系统这两种故障类型所产生的二次谐波分量均具有周期性，二次谐波分量的衰减速度慢甚至不衰减。而当 MCSR 发生匝间故障时，直流母线电流中的二次谐波分量为故障初期受非周期分量影响而产生的，这种二次谐波分量在故障后半周波达到最大值，并在故障后一周波迅速衰减接近于 0，衰减程度大且速度较快。因此可以利用励磁系统故障和网侧与控制绕组匝间故障在直流母线上产生的二次谐波衰减速度来进行不同种类故障的判别。

励磁系统故障和匝间故障发生时，直流母线电流二次谐波分量的仿真结果如图 7-12 所示。

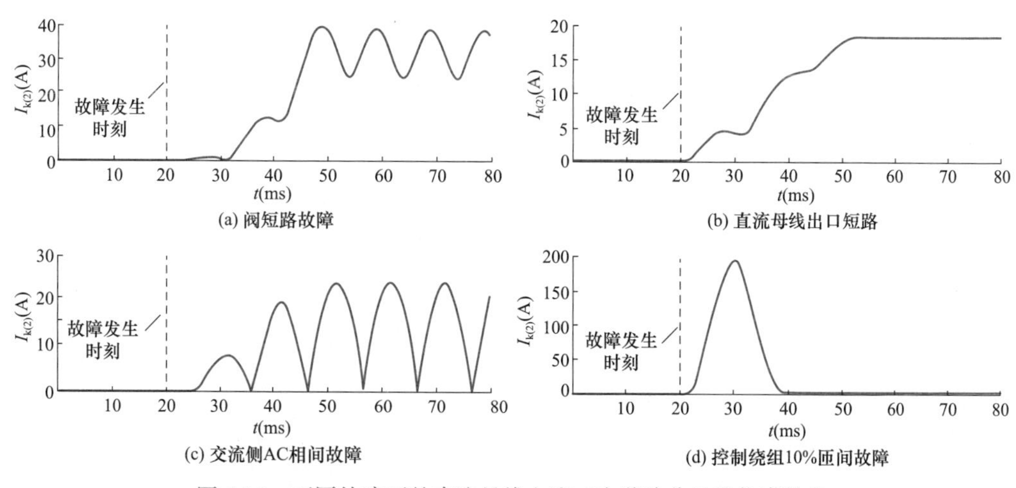

图 7-12　不同故障下的直流母线电流二次谐波分量的仿真结果

基于二次谐波衰减速度的匝间保护防误动策略实现过程如下：

（1）首先利用全波傅里叶算法计算出直流母线电流基波分量幅值，如果满足匝间保

护判据 $I_{d(1)} \geqslant k_{rel} I_{d(1),set}$，则开始判别发生的是匝间故障还是励磁系统故障；

（2）数据窗长度为一个周期，从故障时间点开始计算数据窗内二次谐波分量幅值的平均值，计作 A_N，其中下标 N 为数据窗编号，每次向后移动一个周期重复计算 A_{N+1}；

（3）匝间保护辅助的判据为

$$A_N - A_{N+1} \geqslant k_{rel} A_N \tag{7-16}$$

式中：k_{rel} 为可靠系数，取 0.7～0.8。

式（7-16）的意义在于识别直流母线电流二次谐波的衰减速度。若直流母线电流二次谐波分量在一个周期内衰减量大于前一周期的 70%～80%，则判别故障为匝间故障；若辅助判据不满足，则闭锁匝间保护。

7.2.3 仿真验证

对 MCSR 励磁系统故障、网侧绕组匝间故障和控制绕组匝间故障进行仿真，并计算故障后直流母线电流二次谐波分量的平均值 A_N 和 A_{N+1}。所得结果列于表 7-2，本次仿真取式（7-16）所示可靠系数 k_{rel} 为 0.8。

表 7-2 中，若 $(A_N - A_{N+1})/A_N$ 大于可靠系数 0.8，则判断为匝间故障。可知，当 MCSR 励磁系统发生阀短路故障、交流侧相间短路故障时，$(A_N - A_{N+1})/A_N$ 的值均小于 0.8，匝间保护能够正确闭锁；而当 MCSR 发生匝间故障时，$(A_N - A_{N+1})/A_N$ 的值为 0.94～0.98，高于可靠系数 0.8，保护可以正确动作。以上数据说明了基于二次谐波衰减速度的匝间保护防误动策略能够有效区分励磁系统故障和匝间故障。该策略原理简单，易于实现，有效解决了匝间保护误动的问题。

表 7-2　不同运行工况下的二次谐波辅助判据及匝间保护动作情况

运行工况名称		A_N	A_{N+1}	$(A_N - A_{N+1})/A_N$	匝间保护动作情况
阀短路故障		2.3131	16.0824	−5.9527	闭锁
直流母线出口短路		10.5113	32.8329	−2.1236	闭锁
交流侧 A、C 相间故障		4.5659	14.4956	−2.1748	闭锁
交流侧 A 相接地故障		0.3442	0.2572	0.2528	闭锁
预励磁合闸		106.1584	190.6014	−0.7954	闭锁
稳态运行		0.2875	0.2875	0	闭锁
控制绕组	5%匝间故障	39.7984	2.2573	0.9433	动作
	10%匝间故障	82.8245	2.4610	0.9703	动作
	20%匝间故障	178.4647	3.0244	0.9831	动作
网侧绕组	5%匝间故障	99.4758	4.1941	0.9578	动作
	10%匝间故障	191.6329	7.4504	0.9611	动作
	20%匝间故障	357.0650	12.4787	0.9650	动作

7.3 小　　结

本章针对匝间保护易受励磁系统故障影响而误动的问题，详细分析了整流桥阀短路故障、直流母线出口短路、交流侧相间短路故障等励磁系统常见故障下直流母线中产生基波分量的机理。将产生基波分量的故障分为两种，第一种故障为阀短路故障，其故障过程中会改变晶闸管导通时序并周期性地短接直流母线，从而导致母线中基波振荡分量的出现；第二种故障为整流桥交流侧相间短路故障，该故障产生的二次谐波分量经过 6 脉动换流器的传变后会转换为正序基波分量而入侵直流母线。

若匝间保护的基波分量整定值偏低，则励磁系统故障产生的基波分量有可能导致匝间保护误动。为解决这一问题，本章首先经过上述故障机理分析得出匝间故障和励磁系统故障所产生的二次谐波衰减速度具有差异性，即匝间故障产生的二次谐波分量在故障后半周波达到最大值，而故障后一周波迅速衰减至较小的值，衰减程度大且速度快；而励磁系统故障则会产生稳定且呈周期性的二次谐波。基于这一故障特性差异，提出了基于二次谐波衰减速度的匝间保护防误动策略，仅需利用故障后两个周波的二次谐波幅值平均值，利用简单运算即可识别励磁系统故障，有效地解决了匝间保护在励磁系统故障时误动的问题，并通过大量仿真结果验证了该策略的有效性。

参考文献

[1] 郑涛，赵彦杰，金颖，等．磁控式并联电抗器控制绕组匝间故障分析及保护方案［J］．电力系统自动化，2014，38（10）：95-99.

[2] 蔡泽祥，李晓华．直流输电系统故障暂态和继电保护动态行为［M］．北京：科学出版社，2020：34-35.

[3] 曹雯佳．高压直流输电谐波传递特性的研究［D］．北京：华北电力大学，2014.

第 8 章

MCSR 匝间保护新原理

针对 MCSR 匝间故障，如果故障后继电保护不能快速可靠地动作，则故障可能进一步发展，不仅对 MCSR 本体安全造成威胁，还可能影响其所连接系统的安全稳定运行，因此，对其匝间保护提出更高的要求。根据上文分析，当前 MCSR 的匝间保护存在保护灵敏性低、合闸场景及容量大范围调节场景可能误动的问题。第 5 章与第 6 章分别针对合闸及容量调节两种复杂工况对基于总控电流基波分量匝间保护的适应性进行了分析，并从提出防误动策略的角度对该保护进行了改进，有效提高了基于总控电流基波分量的匝间保护在复杂工况下的适应性。为解决匝间保护现存问题，另一种可行的方案是提出一种与现有保护原理全然不同的保护新原理。本章从 MCSR 故障后的本质变化特征——磁场变化特征入手，提出了基于等效励磁电感参数及等效漏电感参数的保护新原理，有效提高了保护的灵敏性及其在复杂工况下的适应性。

8.1 基于等效励磁电感的匝间保护新原理

本节提出了一种 MCSR 匝间保护方法，首先根据 MCSR 的 T 形等效电路，推导了 MCSR p、q 心柱励磁电感的计算公式；然后，采集 MCSR 各绕组的电流和电压，根据等效励磁电感的计算公式计算每相 MCSR p、q 心柱的等效励磁电感及其平均值；最后，确定每相 p、q 心柱等效励磁电感的不平衡度，根据等效励磁电感参数不平衡度以及平均值，检测 MCSR 的匝间故障。

8.1.1 MCSR 等效励磁电感计算的难点

纵联电流差动保护作为变压器的电量主保护，只引入了变压器的电流量来反映变压器的运行工况，然而变压器作为非线性时变系统，电压与电流并不是线性相关，只利用电流量，很难全面描述变压器的运行状况。因此，国内外学者认为在引入电流量的同时引入电压量，对识别励磁涌流和内部故障有重要的意义。已有学者提出一种基于瞬时等效励磁电感（equivalent magnetizing inductance，EMI）的变压器保护方案，在电力变压器的内部故障和正常运行状态中，铁心处于非饱和状态，励磁电流较小，由此得到的等效励磁电感数值较大。而在空载合闸瞬间，由于铁心磁通不能突变，铁心磁通中将产生一个非周期分量，在该非周期磁通分量的影响下，铁心会在饱和与非饱和状态交替变化，直到非周期分量衰减至零，这将导致等效励磁电感急剧变化[1]。因此，可以根据等效励磁电感的数值大小及变化规律来构建基于等效励磁电感的保护方案。

对于常规的双绕组变压器，等效励磁电感的定义是基于变压器的 T 形等效电路得到的，瞬时励磁电感取决于一次侧绕组的电压与变压器差动电流。图 8-1 为双绕组变压器的 T 形等效电路，其中二次侧的绕组电阻、电感参数已换算到一次侧。在正常工作或空载合闸场景下，等效励磁电感是瞬时励磁电感和一次侧绕组漏电感的总和，如图 8-1（a）所示。当有匝间故障发生在二次侧绕组时，该故障绕组可以等效为与等效励磁支路并联，如图 8-1（b）所示。可以看出，故障场景下等效励磁电感由两部分组成，即瞬时励磁电感 L_{m} 和故障绕组漏电感 L_{f} 并联后得到的电感值以及一次侧绕组的漏电感[2-4]。

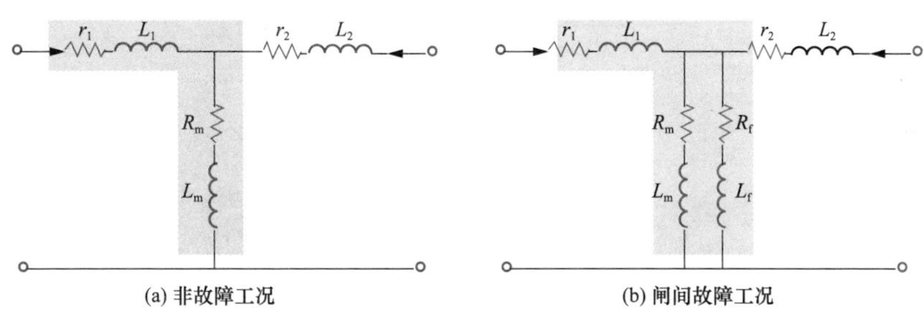

图 8-1　双绕组变压器的 T 形等效电路

考虑到 MCSR 与变压器均为非线性设备，基于等效励磁电感的保护方案同样可以应用于 MCSR。然而，在计算及定义 MCSR 的等效励磁电感时，要考虑其结构及运行原理的特殊性。MCSR 的铁心结构及绕组连接方式与电力变压器有根本性不同：MCSR 的主铁心分裂为 p、q 两心柱，网侧、控制及补偿绕组分别缠绕在两心柱上，其磁路相对于双绕组变压器更为复杂。MCSR 的等效励磁电感计算模型无法通过单个 T 形等效电路反映两心柱的磁饱和情况，因此，需要对 MCSR 的等效电路及等效励磁电感参数计算方法进行分析。

8.1.2　MCSR 等效励磁电感的计算

根据 MCSR 的工作原理，其等效励磁电感计算原理如图 8-2 所示。其中①～⑥为各分支绕组的编号，u_{mn}、r_{mn}、L_{mn}（m＝p，q；n＝w，k，b）分别为网侧（n＝w）、控制侧（n＝k）、补偿侧（n＝b）在 p、q 心柱两端的电压及绕组电阻和漏电感；i_n（n＝w，k，b）分别为流过网侧、控制和补偿绕组的电流；阴影分别代表 p、q 心柱。虚线框中为 p、q 心柱的 T 形等效电路模型，其中 R_{pm}、L_{pm}、R_{qm}、L_{qm} 分别为 p、q 心柱 T 形等效电路模型中励磁支路的等效励磁电阻及励磁电感。

根据如图 8-2 中 p、q 心柱的 T 形等效电路，两心柱控制侧绕组的电压回路方程可分别写作

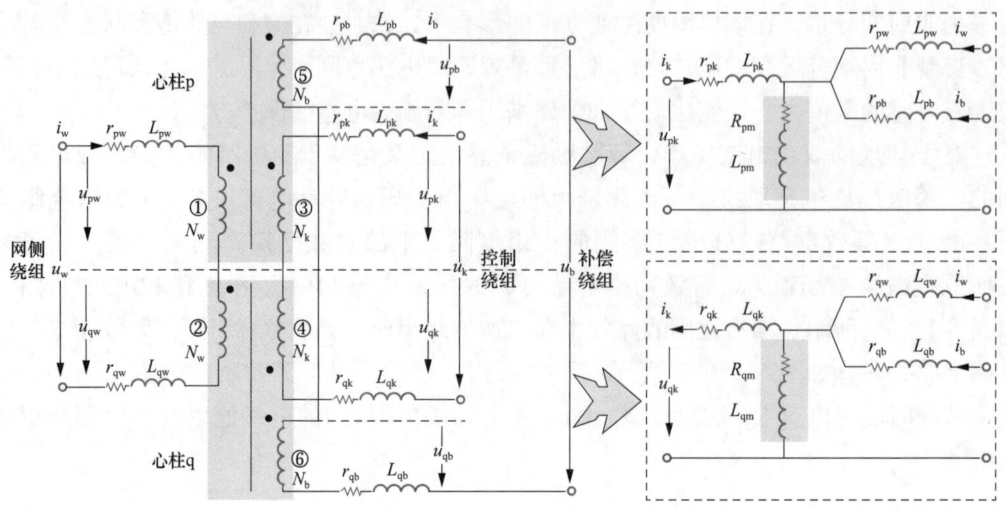

图 8-2　单相 MCSR 等效励磁电感计算原理图

$$u_{pk}=r_{pk}i_{k}+L_{pk}\frac{di_{k}}{dt}+R_{pm}i_{pm}+L_{pm}\frac{di_{pm}}{dt} \tag{8-1}$$

$$u_{qk}=-r_{qk}i_{2k}-L_{qk}\frac{di_{2k}}{dt}+R_{qm}i_{qm}+L_{qm}\frac{di_{qm}}{dt} \tag{8-2}$$

式中：i_{pm}、i_{qm} 分别为 p、q 心柱的等效励磁电流，A，可以通过计算得到，即

$$i_{pm}(k)=i_{w}/k_{21}+i_{k}+i_{b}/k_{23} \tag{8-3}$$

$$i_{qm}(k)=i_{w}/k_{21}-i_{k}+i_{b}/k_{23} \tag{8-4}$$

式中：k_{21}、k_{23} 为控制侧与网侧绕组、控制侧与补偿侧绕组的变比。

在式（8-1）及式（8-2）中，绕组等效漏电感 L_{pk}、L_{qk} 以及绕组电阻 r_{pk}、r_{qk} 可以通过 MCSR 的参数表得到。实际上，由于绕组电阻数值较小，在实际计算中，忽略绕组电阻不会影响等效励磁电感的计算。因此，式（8-1）及式（8-2）可以写作

$$u_{pmk}=R_{pm}i_{pm}+L_{pm}\frac{di_{pm}}{dt} \tag{8-5}$$

$$u_{qmk}=R_{qm}i_{qm}+L_{qm}\frac{di_{qm}}{dt} \tag{8-6}$$

式中：u_{pmk}、u_{qmk} 表示 p、q 心柱等效励磁支路的等效励磁电压，即图 8-2 所示 T 形等效电路中等效励磁支路两端的电压，V。

R_{pm} 可以通过相邻两个采样点的等效电压回路方程计算消去，得到

$$u_{pmk}(k)=R_{pm}i_{pm}(k)+L_{pm}\frac{i_{pm}(k+1)-i_{pm}(k-1)}{2T_{s}} \tag{8-7}$$

$$u_{pmk}(k+1)=R_{pm}i_{pm}(k+1)+L_{pm}\frac{i_{pm}(k+2)-i_{pm}(k)}{2T_{s}} \tag{8-8}$$

将第 k 及第 $k+1$ 采样点的电压、电流值代入式（8-7）、式（8-8），通过计算得到

第 k 点的 p、q 心柱等效励磁电感可表示为式（8-9）和式（8-10），其中 φ 表示 A、B、C 三相。

$$L_{\mathrm{pm}\varphi}(k)=\frac{u_{\mathrm{pmk}\varphi(k)}i_{\mathrm{pm}\varphi(k+1)}-u_{\mathrm{pmk}\varphi(k+1)}i_{\mathrm{pm}\varphi(k)}}{i_{\mathrm{pm}\varphi(k)}^{2}+i_{\mathrm{pm}\varphi(k+1)}^{2}-i_{\mathrm{pm}\varphi(k-1)}i_{\mathrm{pm}\varphi(k+1)}-i_{\mathrm{pm}\varphi(k)}i_{\mathrm{pm}\varphi(k+2)}} \tag{8-9}$$

$$L_{\mathrm{qm}\varphi}(k)=\frac{u_{\mathrm{qmk}\varphi(k)}i_{\mathrm{qm}(k+1)}-u_{\mathrm{qmk}\varphi(k+1)}i_{\mathrm{qm}(k)}}{i_{\mathrm{qm}\varphi(k)}^{2}+i_{\mathrm{qm}\varphi(k+1)}^{2}-i_{\mathrm{qm}\varphi(k-1)}i_{\mathrm{qm}\varphi(k+1)}-i_{\mathrm{qm}\varphi(k)}i_{\mathrm{qm}\varphi(k+2)}} \tag{8-10}$$

MCSR p、q 心柱的等效励磁电感在一周波内的平均值 $\overline{L_{\mathrm{pm}\varphi}}$、$\overline{L_{\mathrm{qm}\varphi}}$ 的计算公式为

$$\begin{cases}\overline{L_{\mathrm{pm}\varphi}}=\dfrac{1}{N}\sum\limits_{n=1}^{N}L_{\mathrm{pm}\varphi}(n)\\[2ex]\overline{L_{\mathrm{qm}\varphi}}=\dfrac{1}{N}\sum\limits_{n=1}^{N}L_{\mathrm{qm}\varphi}(n)\end{cases} \tag{8-11}$$

式中：N 表示一个工频周期内（20ms）的采样点数。

根据本节推导出的等效励磁电感计算公式，将实时得到 MCSR 两心柱的等效励磁电感，下面将具体分析不同工况下等效励磁电感的特征，并以此为依据，构建保护方案。

8.1.3 不同工况下等效励磁电感特征

分析等效励磁电感 L_{pm}、L_{qm} 在不同工况下的特征，是基于等效励磁电感的保护方案的基础。需要区分的场景包括正常运行、预励磁等非故障场景，以及网侧、控制、补偿绕组匝间故障等故障场景。本节通过理论分析和仿真结果，深入分析了无故障场景和故障场景下 L_{pm}、L_{qm} 的变化情况。

8.1.3.1 正常运行

正常运行场景下的 MCSR 的 T 形等效电路如图 8-2 所示，L_{pm}、L_{qm} 可等效为等效励磁支路的等效励磁电感，为了明确其物理意义，L_{pm}、L_{qm} 可以通过式（8-12）和式（8-13）计算得到。

$$L_{\mathrm{pm}}=\frac{\mathrm{d}\psi_{\mathrm{pm}}}{\mathrm{d}i_{\mathrm{pm}}} \tag{8-12}$$

$$L_{\mathrm{qm}}=\frac{\mathrm{d}\psi_{\mathrm{qm}}}{\mathrm{d}i_{\mathrm{qm}}} \tag{8-13}$$

式中：ψ_{pm}、ψ_{qm} 分别为 p、q 心柱的主磁通，Wb。

当心柱处于饱和状态，心柱励磁工作点位于饱和区域时，等效励磁电感数值很小，等效励磁电流很大；当心柱工作在线性区域时，心柱励磁工作点位于线性区域，相应的等效励磁电感数值较大，等效励磁电流极小。在正常运行状态，MCSR 的 p、q 心柱在网侧交流电压的正半周和负半周交替饱和，并且一个周期内，两心柱的饱和时间相等，即 p、q 心柱在一个周期内的饱和状态是对称的。因此，正常运行场景下，L_{pm} 和 L_{qm} 在一个周期内的平均值 $\overline{L_{\mathrm{pm}\varphi}}$、$\overline{L_{\mathrm{qm}\varphi}}$ 相等。

图 8-3 为 MCSR 在 70%额定容量下 A 相 p、q 心柱的等效励磁电流和等效励磁电感，其中（a）、（b）分别为 p 心柱和 q 心柱的等效励磁电流，（c）、（d）分别为 p、q 心柱的等效励磁电感。如图 8-3 所示，励磁电流数值大的部分表示其对应的心柱饱和，励磁电流数值小且接近 0 的部分表示对应心柱处于线性区域。值得注意的是，一个周期内 p、q 心柱的饱和持续时间近似相等。L_{pm} 平均值为 46.24H，L_{qm} 平均值为 46.29H。此外，如果 MCSR 以较高的容量运行，则饱和持续时间将增加，等效励磁电感的平均值将降低。

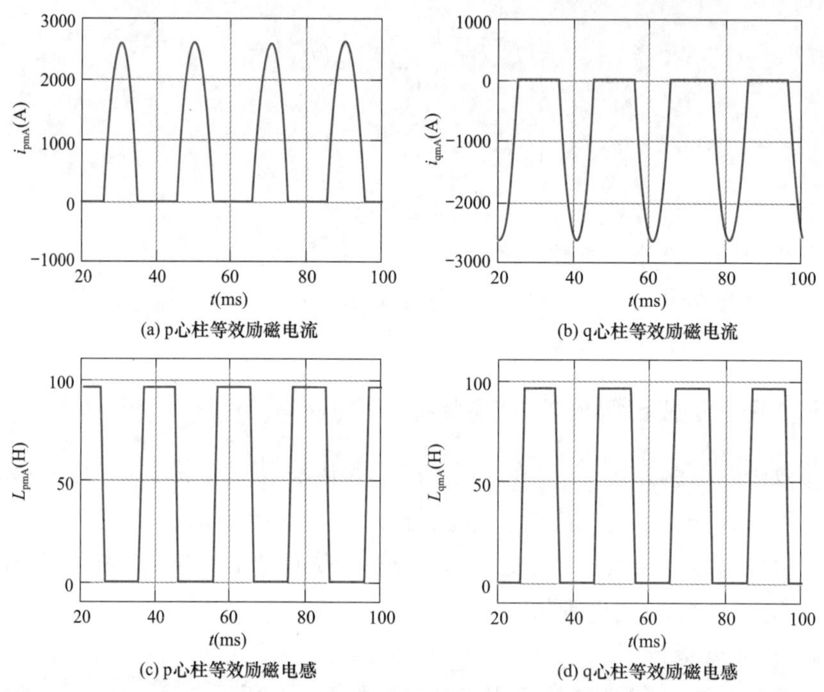

图 8-3　70%额定容量正常运行下 A 相 p、q 心柱的等效励磁电流和等效励磁电感

8.1.3.2　预励磁合闸

当 MCSR 预励磁合闸时，等效励磁电感的定义也可以写作式（8-12）和式（8-13）。根据 5.1 中对合闸过程的分析，假设预励磁使得 p、q 心柱在合闸前分别在 P 点和 Q 点工作，合闸时，由于铁心磁通不能突变，在非周期分量的影响下，p、q 心柱的工作点分别由 P、Q 点转移到 P'、Q'点，进而导致 p、q 心柱的饱和情况不再对称。因此，预励磁合闸场景下，虽然 p、q 心柱仍在饱和区、线性区交替，但是 p、q 心柱的饱和持续时间不再相等，进而使得 L_{pm} 和 L_{qm} 在一个周期内的平均值 $\overline{L_{pm\varphi}}$ 和 $\overline{L_{qm\varphi}}$ 不再相等。

图 8-4 为 MCSR 带预励磁合闸时 A 相 p、q 心柱的等效励磁电流和等效励磁电感，其中（a）、（b）分别为 p、q 心柱的等效励磁电流，（c）、（d）分别为 p、q 心柱的等效励磁电感。如图 8-4 所示，显然，L_{pm} 和 L_{qm} 的变化不满足对称关系，在一个周期内的平均值分别为 26.44H 和 58.77H，这与理论分析一致。

8.1.3.3　匝间故障

假设 p 心柱上 A 相控制绕组发生匝间故障，对应的 T 形等效电路如图 8-5 所示，q

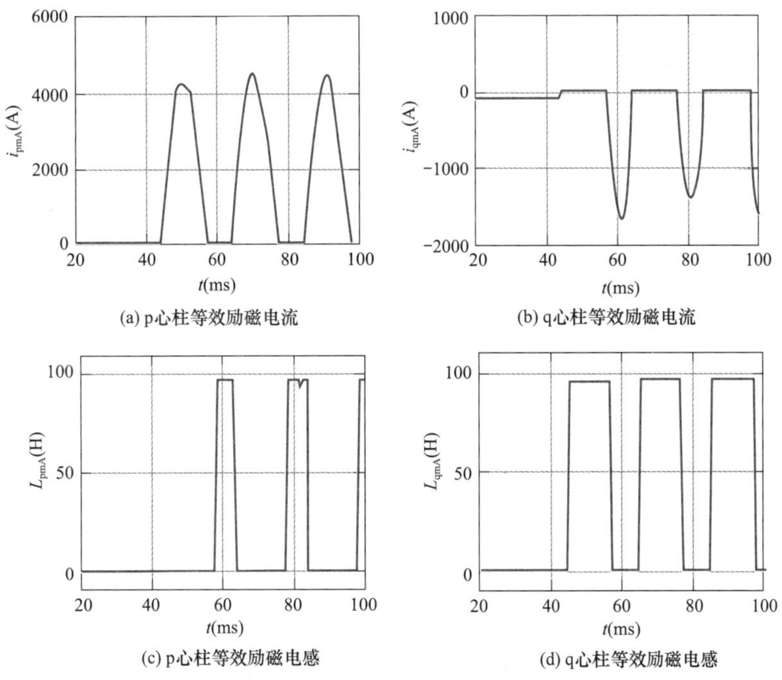

(a) p心柱等效励磁电流　　(b) q心柱等效励磁电流

(c) p心柱等效励磁电感　　(d) q心柱等效励磁电感

图 8-4　预励磁合闸场景下 A 相 p、q 心柱的等效励磁电流和等效励磁电感

心柱的等效电路与正常运行状态下的等效电路相同。在匝间故障场景下，故障绕组可视作与等效励磁支路并联的第四绕组。可以看出，计算得到的 p 心柱等效励磁电感（L_{pm}）等于 p 心柱的励磁电感与控制侧故障绕组漏电感的并联值。漏电感的数值远小于心柱处于线性区计算得到的等效励磁电感。因此，L_{pm} 在故障发生后降低到漏电感水平，而 L_{qm} 与正常状态下相比有规律的变化。

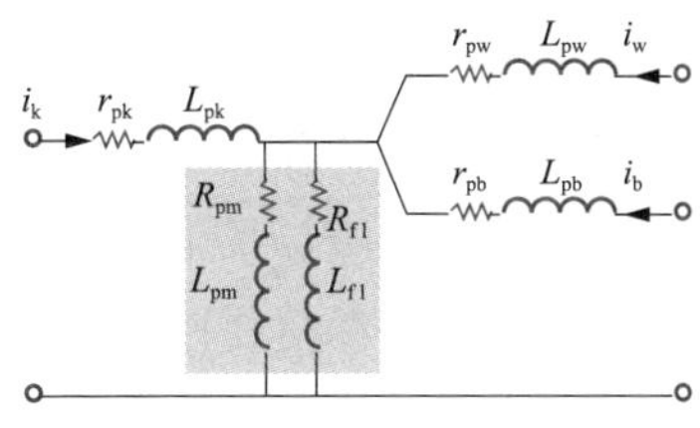

图 8-5　A 相 p 心柱在匝间故障时的 T 形等效电路

图 8-6 为 110%额定容量运行时 p 心柱 A 相控制绕组发生 2%匝间故障时 A 相 p、q 心柱的等效励磁电流和等效励磁电感，故障发生时间为 t=40ms。图 8-6（a）、（b）分别为 p、q 心柱的等效励磁电流，（c）、（d）分别为 p、q 心柱的等效励磁电感。如图 8-6 所示，故障发生后 p 心柱等效励磁电感 L_{pm} 减小，q 心柱等效励磁电感 L_{qm} 的变化与故障前一致。可以进一步得出，故障发生后，故障相 p、q 心柱的等效励磁电感之间存在不平衡现象。

8.1.4　基于等效励磁电感的保护方案

根据以上对各情景下等效励磁电感特征的分析，可以得出以下结论：

（1）正常运行时，p、q 心柱交替进入饱和区和线性区，p、q 心柱的等效励磁电感（即 L_{pm} 和 L_{qm}）在一个周期内周期性地呈现较大值和极小值。此外，由于 p、q 心柱在一个周期内的饱和时间相同，L_{pm} 和 L_{qm} 在一个周期内的平均值也相同；

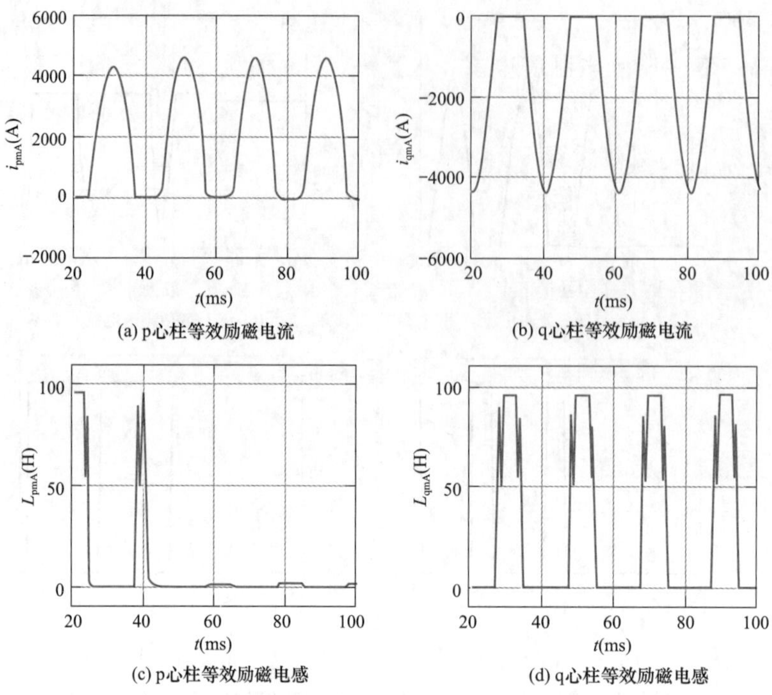

(a) p心柱等效励磁电流　(b) q心柱等效励磁电流

(c) p心柱等效励磁电感　(d) q心柱等效励磁电感

图 8-6　匝间故障场景下 A 相 p、q 心柱的等效励磁电流和等效励磁电感

(2) 当 MCSR 带预励磁合闸时，p、q 心柱在一个周期内在线性区和饱和区之间不规则变化，具有明显的非对称饱和特性，进而一个周期内 L_{pm} 和 L_{qm} 的平均值不同；

(3) 匝间故障场景下，故障心柱的等效励磁电感减小，而非故障心柱的等效励磁电感与正常运行时保持相同。

根据以上分析，利用等效励磁电感不平衡度（unbalanced level of equivalent magnetizing inductance，ULEMI）及等效励磁电感一个周期内的平均值作为保护判据，等效励磁电感不平衡度定义见式（8-14），等效励磁电感一个周期内的平均值可通过式（8-11）计算得到。

$$\sigma_{\_\varphi}=\frac{|\overline{L_{pm\varphi}}-\overline{L_{qm\varphi}}|}{|\overline{L_{pm\varphi}}+\overline{L_{qm\varphi}}|/2}\times 100\% \tag{8-14}$$

具体的保护判据描述如下：如果三相中任意一个 ULEMI 超过阈值（$\sigma_{\varphi}>\sigma_{set}$），并且其中一个 EMI 小于阈值（$L_{pm\varphi}<L_{m,set}$ 或 $L_{qm\varphi}<L_{m,set}$），则认为 MCSR 发生匝间故障。当只有 ULEMI 超过阈值，而不满足某一个 EMI 小于阈值（$L_{pm\varphi}<L_{m,set}$ 或 $L_{qm\varphi}<L_{m,set}$）的条件时，则保护认为 MCSR 处于预励磁通电状态。如果两个条件都不满足，则认定 MCSR 处于正常状态。

为了衡量基于等效励磁电感的匝间保护方案对匝间故障检测的灵敏度，定义灵敏度为

$$K_s=\frac{L_{m,set}}{L_{mf}} \tag{8-15}$$

式中：$L_{m,set}$ 表示等效励磁电感参数的门槛值；L_{mf} 代表故障绕组所在心柱的等效

励磁电感。

考虑到 MCSR 中存在的制造误差，它允许心柱 p 和 q 之间的最大不平衡度为 2%，因此 σ_{set} 设置为 5%。而 $L_{m,set}$ 应确保能够识别短路匝比大于 2%的匝间故障。为确定 $L_{m,set}$ 的值，模拟了不同运行容量下在不同绕组上发生短路匝数比为 2%的匝间故障场景，以 A 相网侧、控制和补偿绕组故障为例，计算出故障绕组所在心柱的 EMI 和灵敏度度，如表 8-1 所示。可以看出，在不同绕组发生短路匝数比为 2%的匝间故障时，故障绕组所在心柱的等效励磁电感均会随着运行容量的增大而减小。在该故障工况下，当 MCSR 以额定容量的 5%运行时，故障绕阻所在心柱的 EMI 值最大，为 0.5318H。为了保证该保护能可靠地检测到短路匝数比大于 2%的匝间故障，整定值 $L_{m,set}$ 应大于 0.5318H，因此设置为 0.639H，以保证检测该类故障的能力。

表 8-1　　MCSR 发生 2%匝间故障的仿真结果

故障绕组	运行容量	故障绕组所在心柱的 EMI（H）	灵敏度
		$\overline{L_{pmA}}$	K_s
网侧绕组	5%	0.2546	2.51
	40%	0.1941	3.29
	70%	0.1551	4.12
	110%	0.12	5.33
控制绕组	5%	0.5318	1.20
	40%	0.4375	1.46
	70%	0.3972	1.61
	110%	0.2976	2.15
补偿绕组	5%	0.2511	2.54
	40%	0.2024	3.16
	70%	0.1953	3.27
	110%	0.1448	4.41

基于等效励磁电感的 MCSR 匝间保护方法的流程示意图如图 8-7 所示。具体流程如下：采集 MCSR 各绕组的电流和电压；计算每相控制绕组电流 p、q 心柱的等效励磁电流；根据 MCSR 的 T 形等效电路，确定等效励磁电感的计算方法；代入等效励磁电感的计算公式，确定每相 MCSR p、q 心柱的等效励磁电感；利用时间长度为 20ms 的滑窗，计算等效励磁电感的平均值以及每相两心柱间的等效励磁电感不平衡度；根据正常运行情况下 MCSR 每相 p、q 心柱完全平衡，而在合闸或故障状态下，p、q 心柱间磁场强度将出现较大的差异，可判断 MCSR 是否处于正常运行状态；根据匝间故障发生后，计算得到的等效励磁电感数值大大降低，而合闸时，等效励磁电感数值较大，可检测出 MCSR 是否发生故障，有效解决了零、负序功率方向对控制绕组匝间保护灵敏度低，以及基于总控电流基波分量的控制绕组匝间保护在预励磁合闸时易误动的问题。

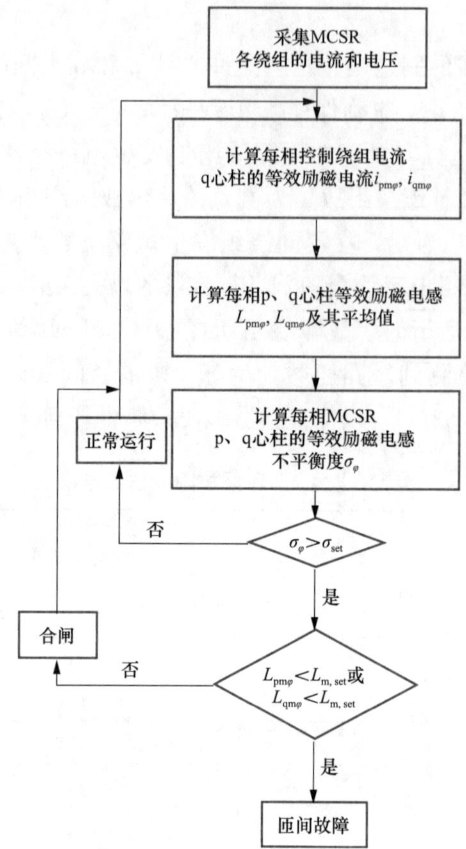

图 8-7　基于等效励磁电感的 MCSR 匝间保护方法的流程示意图

8.1.5　仿真验证

基于搭建的 750kV MCSR 仿真模型，本节分别在匝间故障、预励磁合闸场景下对保护方案进行了验证。图 8-8 为 MCSR 在额定容量运行条件下 p 心柱上网侧绕组发生 5%匝间故障的等效励磁电感计算结果及 p、q 心柱的等效励磁电感不平衡度，其中 $\overline{L_{pmA}}$ 表示对应励磁电感平均值。在 40ms 时发生故障后，A 相的等效励磁电感不平衡度逐渐增大，直至超过门槛值（虚线），故障心柱的平均等效励磁电感（$\overline{L_{pmA}}$）降低到小于 $L_{m,set}$（虚线），说明该保护方案能够可靠地识别故障。对于无故障心柱，等效励磁电感的变化与正常状态下的一致，等效励磁电感不平衡度小于门槛值。

MCSR 带 10%预励磁合闸场景下等效励磁电感及 p、q 心柱的等效励磁电感不平衡度如图 8-9 所示，其合闸角为 30°。在合闸瞬间，p、q 心柱的状态不平衡，导致等效励磁电感不平衡度超过了最大值。但是，任意心柱的等效励磁电感平均值都大于门槛值（$L_{m,set}$）。因此，预励磁场景下该基于等效励磁电感的保护不会发生误动。

为了所提保护方案的正确性，利用仿真软件对不同场景下的等效励磁电感及等效励磁电感不平衡度进行了计算。表 8-2 列出了不同场景的条件，表 8-3 为不同场景下的仿真结果。根据表 8-3 的结果可得出以下结论：

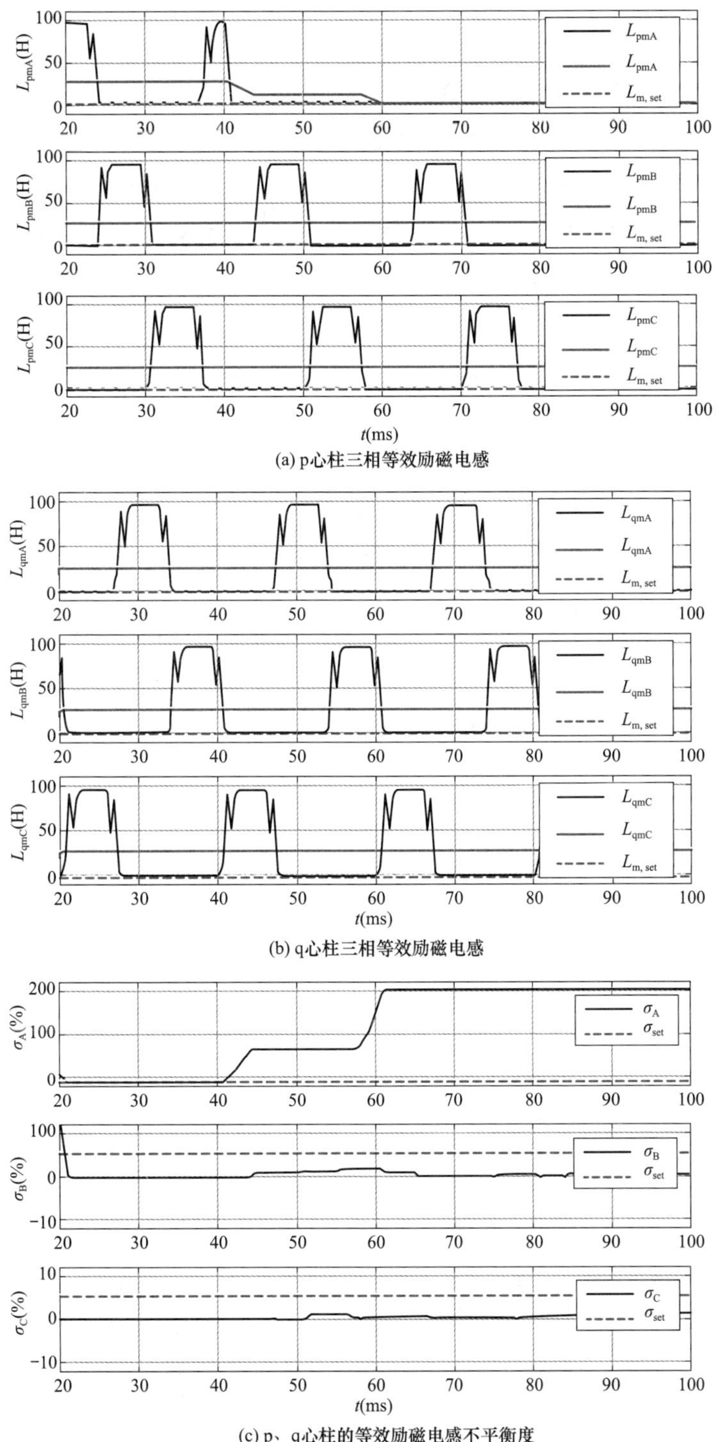

(a) p心柱三相等效励磁电感

(b) q心柱三相等效励磁电感

(c) p、q心柱的等效励磁电感不平衡度

图 8-8　匝间故障场景下等效励磁电感及 p、q 心柱的等效励磁电感不平衡度

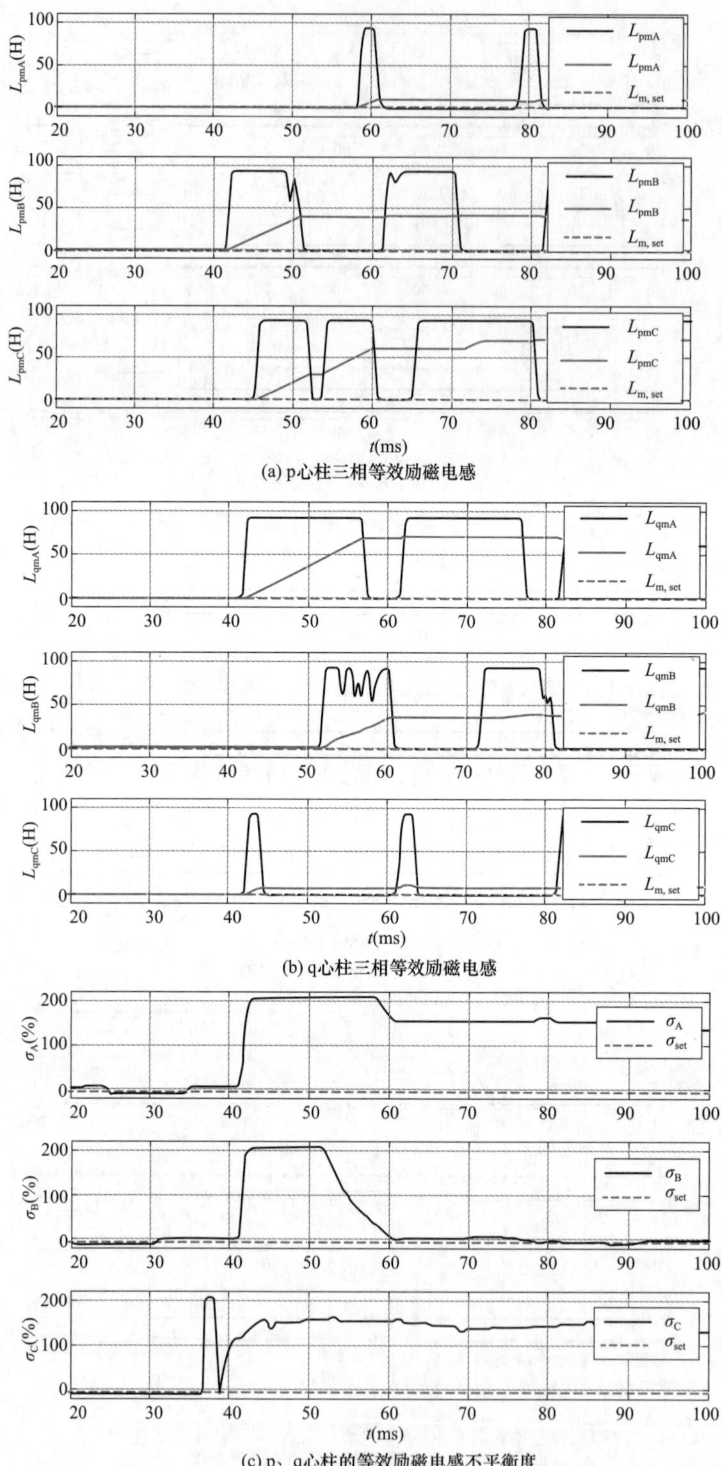

(a) p心柱三相等效励磁电感

(b) q心柱三相等效励磁电感

(c) p、q心柱的等效励磁电感不平衡度

图 8-9　10%预励磁合闸场景下等效励磁电感及 p、q 心柱的等效励磁电感不平衡度

（1）正常运行及容量大范围调节时，三相 p、q 心柱的等效励磁电感不平衡度均接近 0；

（2）当 MCSR 带预励磁合闸时，p、q 心柱的等效励磁电感不平衡度超过阈值，然而，没有等效励磁电感计算值小于 $L_{m,set}$，因此，预励磁合闸不会导致所提方案误动；

（3）当匝间故障发生时，故障相 p、q 心柱的等效励磁电感不平衡度超过阈值，且故障相故障心柱的等效励磁电感计算值小于 $L_{m,set}$，因此，匝间故障场景下保护方案正确动作；

（4）当 MCSR 存在合闸于匝间故障时，该方案能够可靠地检测故障。

表 8-2　　仿真案例编号及条件

场景	故障绕组	容量水平	短路匝比	合闸角	案例编号
A 相匝间故障	p 心柱网侧绕组	110%	2%		1
			5%	—	2
			10%	—	3
		5%	2%		4
			5%	—	5
			10%	—	6
	p 心柱控制绕组	110%	2%		7
			5%	—	8
			10%	—	9
		5%	2%		10
			5%	—	11
			10%	—	12
	p 心柱补偿绕组	110%	2%		13
			5%	—	14
			10%	—	15
		5%	2%		16
			5%	—	17
			10%	—	18
预励磁合闸	—	10%	—	30°	19
	—		—	90°	20
	—	20%	—	30°	21
	—		—	90°	22
合闸于故障	p 心柱网侧绕组	10%	—	30°	23
			—	90°	24
正常运行	—	110%	—	—	25
	—	5%	—	—	26
容量大范围调节	—	10%～100%	—	—	27

表 8-3　　　　不同场景下保护方案动作情况

场景	编号	p 心柱 EMI 均值（H）			q 心柱 EMI 均值（H）			ULEMI（%）			动作情况
		$\overline{L}_{pmA}$	$\overline{L}_{pmB}$	$\overline{L}_{pmC}$	$\overline{L}_{qmA}$	$\overline{L}_{qmB}$	$\overline{L}_{qmC}$	σ_A	σ_B	σ_C	
A 相绕组匝间故障	1	0.12[a]	27.24	27.71	28.56	27.18	27.53	198.33[a]	0.25	0.65	√
	2	0.06[a]	26.92	28.19	30.58	26.96	27.32	199.20[a]	0.16	3.13	√
	3	0.03[a]	27.68	27.71	33.30	27.57	27.85	199.59[a]	0.43	0.54	√
	4	0.25[a]	62.80	63.05	64.07	62.99	63.13	198.42[a]	0.31	0.13	√
	5	0.11[a]	62.76	62.79	65.06	62.99	63.26	199.34[a]	0.38	0.75	√
	6	0.06[a]	62.54	62.77	65.99	63.00	62.88	199.61[a]	0.72	0.17	√
	7	0.30[a]	27.45	27.55	27.36	27.21	27.41	195.70[a]	0.87	0.54	√
	8	0.12[a]	27.27	27.48	25.49	27.51	27.59	198.10[a]	0.89	0.38	√
	9	0.07[a]	26.90	27.35	27.29	27.81	28.15	199.01[a]	3.34	2.88	√
	10	0.53[a]	62.78	62.78	62.76	63.01	63.00	196.64[a]	0.35	0.34	√
	11	0.21[a]	62.76	62.76	62.74	63.22	63.22	198.66[a]	0.73	0.73	√
	12	0.10[a]	62.55	62.54	62.28	63.58	63.58	199.35[a]	1.15	1.65	√
	13	0.15[a]	27.17	27.34	28.27	27.27	27.06	197.96[a]	0.36	1.02	√
	14	0.20[a]	27.10	27.42	28.47	27.17	27.39	197.21[a]	0.28	0.14	√
	15	0.05[a]	27.22	26.95	30.15	26.91	28.41	199.37[a]	1.15	5.30	√
	16	0.25[a]	62.79	62.79	62.73	63.23	63.02	198.41[a]	0.69	0.37	√
	17	0.14[a]	62.54	62.94	63.23	63.50	63.45	199.10[a]	1.51	0.80	√
	18	0.06[a]	62.07	62.11	64.29	64.45	64.17	199.60[a]	3.77	3.27	√
预励磁合闸	19	9.88	40.41	59.71	70.79	35.69	9.34	151.00[a]	12.39[a]	145.88[a]	×
	20	36.14	9.01	70.80	40.34	59.99	9.93	10.97	147.76[a]	150.81[a]	×
	21	7.38	38.13	67.06	69.38	34.80	5.45	161.52[a]	9.16	169.93[a]	×
	22	34.99	5.42	69.46	37.92	67.07	7.77	8.06	170.12[a]	159.76[a]	×
合闸于匝间故障	23	0.03[a]	38.33	67.58	69.91	35.23	7.73	199.81[a]	8.44	158.93[a]	√
	24	0.07[a]	6.60	70.10	37.91	62.67	8.53	199.25[a]	161.91[a]	156.60[a]	√
正常运行	25	27.22	27.16	27.44	27.28	27.37	27.44	0.23	0.77	0.00	×
	26	62.68	62.99	62.99	62.83	62.99	62.99	0.23	0.00	0.00	×
容量调节	27	36.63	36.72	36.93	36.63	36.72	36.93	0.01	0.01	0.00	×

注　√表示动作，×表示未动作。

a　表示数值超过阈值。

8.2　基于等效漏电感辨识的 MCSR 匝间保护新方案

当 MCSR 发生内部故障时，故障相等效漏电感参数变化且与非故障相的等效漏电感参数出现差异；而在正常运行、预励磁合闸、区外故障时，端口电气量仍满足网侧和控制侧（简称网-控）、网侧和补偿侧（简称网-补）电压回路方程，辨识得到的等效漏电感参数与正常运行时相同，三相参数近似相等。因此，可以根据辨识得到的等效漏电感参数变化及三相参数的差异作为保护方案构建的依据。

8.2.1 MCSR 等效漏电感参数辨识模型及其辨识方法

等效漏电感参数的准确辨识是保护方案的基础。本节首先根据 MCSR 的网侧与控制侧、补偿侧等效电路模型，推导得到相应的等效漏电感参数辨识模型。然后通过带遗忘因子的递推最小二乘（recursive least square，RLS）算法，在线辨识出 MCSR 在网-控、网-补两个电压回路中的等效漏电感参数。

8.2.1.1　MCSR 等效漏电感模型

将图 2-1 中所有电气量折算至网侧，对应的等效电路原理图如图 8-10 所示。其中 N_n（n=w，k，b）分别为单心柱上网侧、控制、补偿绕组匝数，①～⑥为各分支绕组的编号，u_{mn}、r_{mn}、L_{mn}（m=p，q；n=w，k，b）分别为网侧（n=w）、控制侧（n=k）、补偿侧（n=b）在 p、q 心柱两端的电压及绕组电阻和漏电感；i_n（n=w，k，b）分别为流过网侧、控制和补偿绕组的电流；阴影分别代表 p、q 心柱。

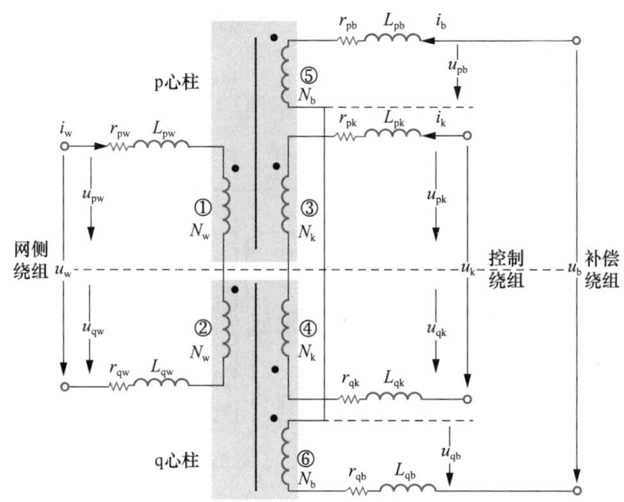

图 8-10　单相 MCSR 等效电路模型

根据图 8-10 分别列写网侧、控制和补偿绕组电压回路方程，如式（8-16）所示。其中，$r_n=r_{pn}+r_{qn}$（n=w，k，b）为各绕组电阻，ψ_i 为交链绕组 i（i=1，2，3，4，5，6）的总磁链。

$$\begin{cases} u_{\mathrm{w}}=u_{\mathrm{pw}}+u_{\mathrm{qw}}=i_{\mathrm{w}}r_{\mathrm{w}}+\dfrac{\mathrm{d}\psi_1}{\mathrm{d}t}+\dfrac{\mathrm{d}\psi_2}{\mathrm{d}t} \\ u_{\mathrm{b}}=u_{\mathrm{pb}}+u_{\mathrm{qb}}=i_{\mathrm{b}}r_{\mathrm{b}}+\dfrac{\mathrm{d}\psi_5}{\mathrm{d}t}+\dfrac{\mathrm{d}\psi_6}{\mathrm{d}t} \\ u_{\mathrm{pk}}=i_{\mathrm{k}}r_{\mathrm{pk}}+\dfrac{\mathrm{d}\psi_3}{\mathrm{d}t} \\ u_{\mathrm{qk}}=i_2r_{\mathrm{qk}}+\dfrac{\mathrm{d}\psi_4}{\mathrm{d}t} \\ u_{\mathrm{k}}=u_{\mathrm{pk}}+u_{\mathrm{qk}} \end{cases} \tag{8-16}$$

ψ_i 的计算式如式（8-17）所示。

$$\begin{cases}\psi_1=\psi_{pm}+\psi_{1L}+\psi_{13}+\psi_{15}-\psi_{12}+\psi_{14}-\psi_{16}\\ \psi_3=\psi_{pm}+\psi_{31}+\psi_{3L}+\psi_{35}-\psi_{32}+\psi_{34}-\psi_{36}\\ \psi_5=\psi_{pm}+\psi_{51}+\psi_{53}+\psi_{5L}-\psi_{52}+\psi_{54}-\psi_{56}\\ \psi_2=\psi_{qm}+\psi_{2L}-\psi_{24}+\psi_{26}-\psi_{21}-\psi_{23}-\psi_{25}\\ \psi_4=\psi_{qm}+\psi_{42}-\psi_{4L}+\psi_{46}-\psi_{41}-\psi_{43}-\psi_{45}\\ \psi_6=\psi_{qm}+\psi_{62}-\psi_{64}+\psi_{6L}-\psi_{61}-\psi_{63}-\psi_{65}\end{cases} \tag{8-17}$$

式中：ψ_{pm} 为绕组 1、3、5 的公共磁链，即 p 心柱的主磁链；ψ_{qm} 为绕组 2、4、6 的公共磁链，即 q 心柱的主磁链；ψ_{iL}（$i=1$，2，…，6）为 ψ_{im} 以外的仅交链绕组 i 的自漏磁链；ψ_{ij}（$i=1$，2，…，6；$j=1$，2，…，6；$i\neq j$）为 ψ_{im} 以外的绕组 i 与绕组 j 交链的互漏磁链。

图 8-11 为交链绕组 1 的总磁链 ψ_1 中各磁链的规定正方向示意图，ψ_{1L} 为仅交链绕组 1 的自漏磁链，ψ_{1j}（$j=2$，3，…，6）为绕组 1 与绕组 j 交链的互漏磁链。ψ_1 的规定正方向应与绕组 1 通过电流的正方向满足右手螺旋定则，由于中间空道内绕组 2、6 的电流方向与绕组 1 相反，因此绕组 2、6 在绕组 1 中感应的磁链 ψ_{12}、ψ_{16} 与绕组 1 规定的磁链正方向相反。具体计算如式（8-17）中第一式所示，其他绕组的磁链规定正方向及计算式以此类推，不再赘述。

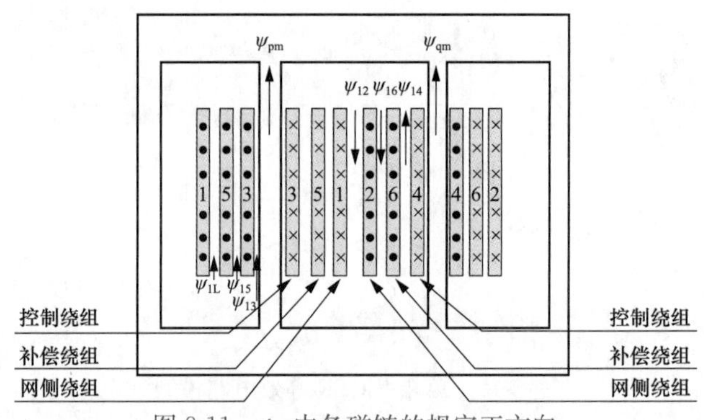

图 8-11　ψ_1 中各磁链的规定正方向

将式（8-17）代入式（8-16），并化为自感、互感形式，可得

$$\begin{cases}u_w=i_w r_w+\dfrac{d\psi_{pm}}{dt}+L_{pw}\dfrac{di_w}{dt}+m_{13}\dfrac{di_k}{dt}+m_{15}\dfrac{di_b}{dt}-m_{12}\dfrac{di_w}{dt}+m_{14}\dfrac{di_k}{dt}-m_{16}\dfrac{di_b}{dt}+\\ \qquad\dfrac{d\psi_{qm}}{dt}+L_{qw}\dfrac{di_w}{dt}-m_{24}\dfrac{di_k}{dt}+m_{26}\dfrac{di_b}{dt}-m_{21}\dfrac{di_w}{dt}-m_{23}\dfrac{di_k}{dt}-m_{25}\dfrac{di_b}{dt}\\ u_b=i_b r_b+\dfrac{d\psi_{pm}}{dt}+m_{51}\dfrac{di_w}{dt}+m_{53}\dfrac{di_k}{dt}+L_{pb}\dfrac{di_b}{dt}-m_{52}\dfrac{di_w}{dt}+m_{54}\dfrac{di_k}{dt}-m_{56}\dfrac{di_b}{dt}+\\ \qquad\dfrac{d\psi_{qm}}{dt}+m_{62}\dfrac{di_w}{dt}-m_{64}\dfrac{di_k}{dt}+L_{qd}\dfrac{di_b}{dt}-m_{61}\dfrac{di_w}{dt}-m_{63}\dfrac{di_k}{dt}-m_{65}\dfrac{di_b}{dt}\\ u_{pk}=i_k r_{pk}+\dfrac{d\psi_{pm}}{dt}+m_{31}\dfrac{di_w}{dt}+L_{pk}\dfrac{di_k}{dt}+m_{35}\dfrac{di_b}{dt}-m_{32}\dfrac{di_w}{dt}+m_{34}\dfrac{di_k}{dt}-m_{36}\dfrac{di_b}{dt}\\ u_{qk}=i_k r_{pk}-\dfrac{d\psi_{qm}}{dt}-m_{42}\dfrac{di_w}{dt}+L_{qk}\dfrac{di_k}{dt}-m_{46}\dfrac{di_b}{dt}+m_{41}\dfrac{di_w}{dt}+m_{43}\dfrac{di_k}{dt}+m_{45}\dfrac{di_b}{dt}\end{cases} \tag{8-18}$$

式中：L_{pi}、L_{qi} 为自漏磁链 ψ_{iL} 对应的自漏电感，即绕组自感；m_{ij} 为互漏磁链 ψ_{ij} 对应的互漏电感。

由于自漏磁通和互漏磁通主要通过空气闭合，因此对应的漏电感参数均为常数，有 $m_{ij}=m_{ji}$ $(i\neq j)$，考虑 MCSR 结构的对称性，有 $m_{14}=m_{23}$，$m_{16}=m_{25}$，$m_{36}=m_{45}$，$m_{13}=m_{24}$，$m_{15}=m_{26}$，$m_{35}=m_{46}$，$L_{p1}=L_{q1}$，$L_{p2}=L_{q2}$，$L_{p3}=L_{q3}$。

将式（8-18）中的网侧绕组电压（u_w）回路方程分别与补偿绕组电压（u_b）回路方程和控制绕组电压（u_{pk}，u_{qk}）回路方程联立，消去 p、q 心柱的主磁链 ψ_{pm}、ψ_{qm}，得到

$$\begin{cases}u_w-u_{pk}+u_{qk}=i_w r_w+(L_w-2m_{31})\dfrac{di_w}{dt}+2(m_{15}-m_{35})\dfrac{di_b}{dt}\\ u_w-u_b=i_w r_w-i_b r_b+(L_w-2m_{51})\dfrac{di_w}{dt}+(2m_{15}-L_b)\dfrac{di_b}{dt}\end{cases} \tag{8-19}$$

式（8-19）中包含 MCSR 网侧、补偿侧绕组电阻 r_w、r_b 及网-控电压回路等效漏电感 L_w-2m_{31}、$2m_{15}-2m_{35}$ 以及网-补电压回路等效漏电感 L_w-2m_{51}、$2m_{15}-L_b$ 共 6 个参数，可以根据电抗器出厂提供的参数降低待辨识参数维数。假设网侧绕组与补偿绕组的电流之和为 i_{dwb}，则 $i_w=i_{dwb}-i_b$，电抗器出厂时提供网侧与补偿侧的短路阻抗 $Z_{kwb}=R_{kwb}+jX_{kwb}$，短路阻抗与绕组电阻、电感的关系可写作

$$\begin{cases}R_{kwb}=r_w+r_b\\ X_{kwb}=X_w+X_b\\ \qquad=\omega(L_w-2m_{51}+L_b-2m_{51})\\ \qquad=\omega(L_w+L_b-4m_{51})\end{cases} \tag{8-20}$$

式（8-19）的网-控电压回路方程不变。将式（8-20）代入式（8-19）的网-补电压回路方程中，得到式（8-21），待辨识参数减少 1 个。

$$u_w-u_b+i_b R_{kwb}+\frac{X_{kwb}}{\omega}\frac{di_b}{dt}=i_{dwb}r_w+(L_w-2m_{51})\frac{di_{dwb}}{dt} \tag{8-21}$$

以上是基于单相 MCSR 的推导分析，考虑超/特高压 MCSR 是由 3 个独立的单相 MCSR 组合而成的，因此，正常运行条件下，每相 MCSR 端口测得的电气量均满足网-控、网-补电压回路方程，适用于三相 MCSR 的等效漏电感参数辨识模型，写作式（8-22）。角标 φ 代表 A、B、C 三相。待辨识参数为 $L_{wk\varphi}=L_{w\varphi}-2m_{31\varphi}$，$M_{wk\varphi}=2m_{15\varphi}-2m_{35\varphi}$，$L_{wb\varphi}=L_w-2m_{51\varphi}$。所需量测量为网侧绕组电压 $u_{w\varphi}$、网侧绕组电流 $i_{w\varphi}$，控制绕组每相 p、q 心柱分支电压 $u_{pk\varphi}$、$u_{qk\varphi}$，补偿绕组电压 $u_{b\varphi}$、补偿绕组电流 $i_{b\varphi}$。

$$\begin{cases}u_{w\varphi}-u_{pk\varphi}+u_{qk\varphi}=i_{w\varphi}r_{w\varphi}+L_{wk\varphi}\dfrac{di_{w\varphi}}{dt}+M_{wk\varphi}\dfrac{di_{k\varphi}}{dt}\\ u_{w\varphi}-u_{b\varphi}+i_{b\varphi}R_{kwb}+\dfrac{X_{kwb}}{\omega}\dfrac{di_{b\varphi}}{dt}=i_{dwb\varphi}r_{w\varphi}+L_{wb\varphi}\dfrac{di_{dwb\varphi}}{dt}\end{cases} \tag{8-22}$$

8.2.1.2 基于递推最小二乘法的参数辨识算法实现

由 8.1.1 的分析可知，准确可靠地辨识等效漏电感参数，是基于参数变化特征构建的保护原理实现的关键[5]。文献［6］采用多个采样点解方程组的方案对漏电感参数进

行计算，但是得到的参数精度较低，而递推最小二乘（RLS）算法可以根据历史数据和当前采样数据，以误差最小的方式估算出一组最优的电阻和等效漏电感值，精度更高，跟随能力更强。

当MCSR发生匝间故障后，其磁场尤其是漏磁场分布发生变化，因此等效漏电感参数也会发生相应的改变。对于非时变参数系统，新、老数据对未知参数值均能提供同样好的信息，因此使用的RLS算法中全部的量测数据具有相同的权重[7]。但是在估计变化参数时（如等效漏电感参数），若新数据和老数据的权重相同，则会引起参数收敛速度慢和误差较大等问题，因此本章采用带遗忘因子的RLS算法，在误差函数中引入一个指数的权项，使老数据的作用随时间增长而呈现衰减，而新数据的作用得到加强[8]。

将式（8-22）写成如式（8-23）所示形式，$\boldsymbol{Y}$ 为等式左边由电压、电流构成的列向量，$\boldsymbol{\Phi}$ 为等式右边由电流构成的矩阵，$\boldsymbol{\theta}$ 为由待辨识的电阻、电感参数构成的列向量，如式（8-23）所示。

$$\boldsymbol{Y}=\boldsymbol{\Phi\theta} \tag{8-23}$$

$$\begin{cases}\boldsymbol{\theta}_{1\varphi}=[r_{\mathrm{w}\varphi}\quad L_{\mathrm{wk}\varphi}\quad M_{\mathrm{wk}\varphi}]^{\mathrm{T}}\\ \boldsymbol{\theta}_{2\varphi}=[r_{\mathrm{w}\varphi}\quad L_{\mathrm{wb}\varphi}]^{\mathrm{T}}\end{cases} \tag{8-24}$$

带遗忘因子的RLS算法递推的步骤如式（8-25）所示。

$$\begin{cases}\boldsymbol{F}(k+1)=\boldsymbol{P}(k)\boldsymbol{\varphi}(k+1)[\lambda+\boldsymbol{\varphi}^{\mathrm{T}}(k+1)\boldsymbol{P}(k)\boldsymbol{\varphi}(k+1)]^{-1}\\ \boldsymbol{\theta}(k+1)=\boldsymbol{\theta}(k)+\boldsymbol{F}(k+1)[y(k)-\boldsymbol{\varphi}^{\mathrm{T}}(k+1)\boldsymbol{\theta}(k)]\\ \boldsymbol{P}(k+1)=\dfrac{1}{\lambda}[\boldsymbol{I}-\boldsymbol{F}(k+1)\boldsymbol{\varphi}^{\mathrm{T}}(k+1)]\boldsymbol{P}(k)\end{cases} \tag{8-25}$$

式中：$\boldsymbol{F}(k+1)$ 为增益矩阵；$\boldsymbol{P}(k+1)$ 为协方差矩阵；$\boldsymbol{\varphi}(k+1)$ 为观测矩阵；λ 为遗忘因子，λ 取值越小，对新参数的加权越重，算法跟踪参数的变化能力越强[9]。

利用RLS算法，基于式（8-21）所示的MCSR等效漏电感参数辨识模型，可得到实时的网-控、网-补电压回路的绕组等效漏电感参数。

8.2.2 等效漏电感参数的匝间保护新方案

8.2.2.1 基于等效漏电感参数变化率的启动判据

由于匝间故障后，等效漏电感参数将会发生明显改变，利用参数变化率能够快速反应于故障，因此将其作为启动判据。$v_{1\varphi}(\overline{L_{12\varphi}})$、$v_{2\varphi}(\overline{L_{13\varphi}})$ 计算公式为

$$\begin{cases}v_{1\varphi}(\overline{L_{\mathrm{wk}\varphi}})=\left|\dfrac{\overline{L_{\mathrm{wk}\varphi}}(k+1)-\overline{L_{\mathrm{wk}\varphi}}(k)}{T_{\mathrm{s}}}\right|\\ v_{2\varphi}(\overline{L_{\mathrm{wb}\varphi}})=\left|\dfrac{\overline{L_{\mathrm{wb}\varphi}}(k+1)-\overline{L_{\mathrm{wb}\varphi}}(k)}{T_{\mathrm{s}}}\right|\end{cases} \tag{8-26}$$

式中：$v_{1\varphi}(\overline{L_{\mathrm{wk}\varphi}})$、$v_{2\varphi}(\overline{L_{\mathrm{wb}\varphi}})$ 为网-控、网-补电压回路等效漏电感参数的变化率；$\overline{L_{\mathrm{wk}\varphi}(k+1)}$、$\overline{L_{\mathrm{wb}\varphi}(k+1)}$ 表示第 k 个滑窗内等效漏电感参数的平均值，H；T_{s} 为采样

周期，s。

故障发生后，故障相等效漏电感参数与稳态运行时差别较大，参数平均值变化率较高，设定变化率门槛值为 $v_{\_set}$，分别计算每相等效漏电感参数平均值的变化率，大于 $v_{\_set}$ 则认为可能有内部故障发生。

8.2.2.2　**基于等效漏电感参数三相差异度的故障识别判据**

为提高匝间保护的可靠性，在满足启动判据后，需进一步判断是否满足故障识别判据。MCSR 某相发生匝间故障时，故障相与非故障相的等效漏电感参数辨识结果不同，相同运行容量下短路匝数比越大，三相等效漏电感之间的差异度越大。因此可利用三相等效漏电感参数之间的差异识别匝间故障，等效漏电感参数的三相差异度计算公式为

$$\begin{cases}\sigma_1=|\overline{L_{\text{wkA}}}-\overline{L_{\text{wkB}}}|+|\overline{L_{\text{wkB}}}-\overline{L_{\text{wkC}}}|+|\overline{L_{\text{wkC}}}-\overline{L_{\text{wkA}}}|\\ \sigma_2=|\overline{L_{\text{wkA}}}-\overline{L_{\text{wkB}}}|+|\overline{L_{\text{wkB}}}-\overline{L_{\text{wkC}}}|+|\overline{L_{\text{wkC}}}-\overline{L_{\text{wkA}}}|\end{cases} \tag{8-27}$$

式中：σ_1、σ_2 分别表征网-控、网-补电压回路等效漏电感参数的三相差异度；$\overline{L_{\text{wk}\varphi}}$、$\overline{L_{\text{wb}\varphi}}$（$\varphi$ 代表 A、B、C 三相）为网-控、网-补电压回路等效漏电感参数的滑窗平均值。

设置差异度门槛值 $\sigma_{\_set}$，保护启动后，计算等效漏电感参数的三相差异度 σ_1 和 σ_2，任意一个大于门槛值，则判断有匝间故障发生，相应的故障识别流程如图 8-12 所示。

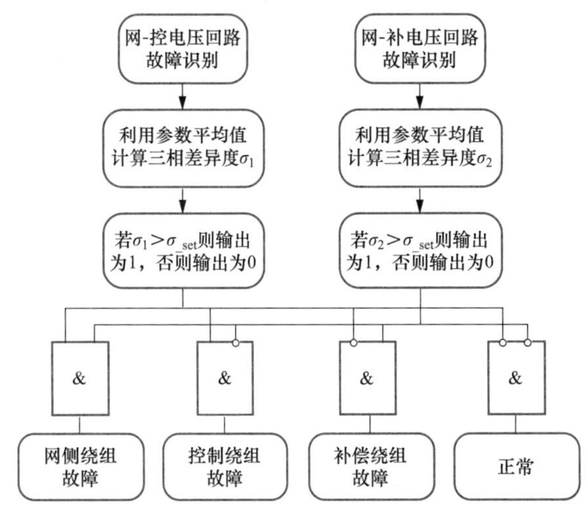

图 8-12　基于 MCSR 三相差异度的故障识别流程

网侧绕组发生匝间故障后，基于网-控电压回路和网-补电压回路方程辨识得到的等效漏电感参数均发生改变，σ_1、σ_2 明显增大并超过整定值，网-控、网-补回路故障识别输出均为 1；控制绕组发生匝间故障后，只有基于网-控电压回路方程辨识得到的漏电感参数发生改变，即只有 σ_1 增大而 σ_2 近似于 0，网-控电压回路故障识别输出为 1，网-补电压回路故障识别输出为 0；补偿绕组发生匝间故障后，只有基于网-补电压回路方程辨识得到的漏电感参数发生改变，即只有 σ_2 增大而 σ_1 近似于 0，网-控电压回路故障识别输出为 0，网-补电压回路故障识别输出为 1；在非故障运行条件下，σ_1、σ_2 均为 0。因此，通过两个故障识别模块的输出可以进一步实现对发生匝间故障的绕组定位。

8.2.2.3 匝间保护整体方案

基于等效漏电感参数辨识的 MCSR 匝间保护流程如图 8-13 所示。实时采集端口电压、电流信号，利用 RLS 算法计算等效漏电感参数，并基于典型的滑窗得到等效漏电感参数在一周波内的平均值[10]。利用等效漏电感平均值的变化率作为保护启动的依据，启动判据动作后，进一步计算等效漏电感参数三相差异度，若满足故障识别判据，则判为匝间故障，发出跳闸指令，将 MCSR 退出运行，否则启动判据返回，继续对等效漏电感参数进行监测。

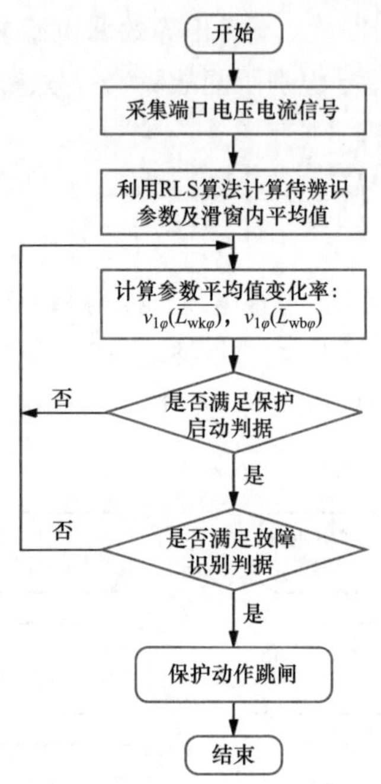

图 8-13 基于等效漏电感参数辨识的 MCSR 匝间保护流程

8.2.3 不同工况下等效漏电感参数辨识结果仿真分析

为验证等效漏电感参数辨识的有效性，分别针对 MCSR 在预励磁合闸、正常运行、网侧绕组匝间故障（k1）、控制绕组匝间故障（k2）以及区外故障（k3）等运行条件下的等效漏电感参数辨识结果进行分析，图 8-14 为故障位置示意图。

8.2.3.1 正常运行

MCSR 正常运行时的等效漏电感参数辨识结果如表 8-4 所示，该结果可作为其他工况下等效漏电感参数辨识算法的初值。

表 8-4　　MCSR 正常运行时的等效漏电感参数辨识结果

辨识模型	参数	数值（H）
网-控电压回路等效漏电感参数辨识模型	$\overline{L_{wk\varphi}}$	0.918
	$\overline{M_{wk\varphi}}$	0
网-补电压回路等效漏电感参数辨识模型	$\overline{L_{wb\varphi}}$	0.918

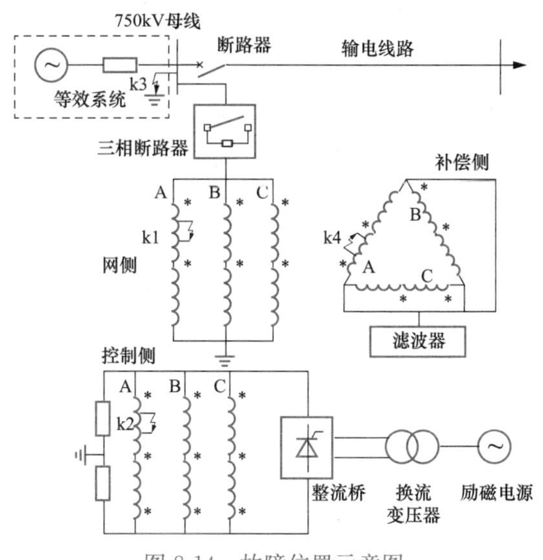

图 8-14　故障位置示意图

8.2.3.2　网侧绕组匝间故障

MCSR 在 90％额定容量运行下，在 20ms 网侧绕组 A 相发生 5％匝间故障（k1）的等效漏电感参数辨识结果如图 8-15 所示。故障发生时，参数辨识结果发生明显变化，20ms 后辨识结果趋于稳定，故障相与非故障相差异明显。

8.2.3.3　控制绕组匝间故障

MCSR 在 90％额定容量运行下，在 20ms 控制绕组 A 相发生 5％匝间故障（k2）的等效漏电感参数辨识结果如图 8-16 所示。故障发生后，网-控电压回路等效漏电感参数辨识结果发生明显变化，20ms 后趋于稳定，故障相与非故障相差异明显，而网-补电压回路等效漏电感参数不变，且三相保持一致。

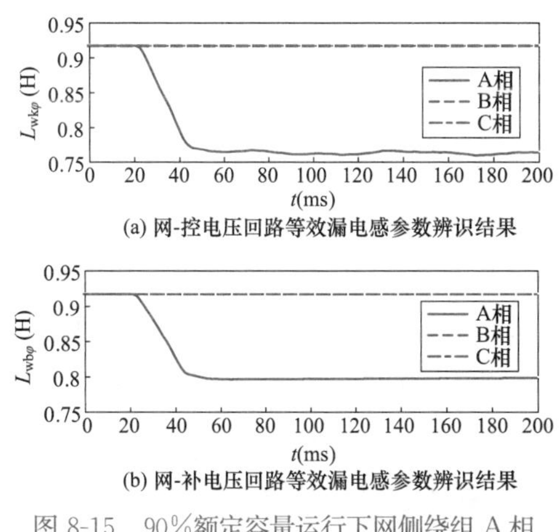

图 8-15　90％额定容量运行下网侧绕组 A 相发生 5％匝间故障等效漏电感参数辨识结果

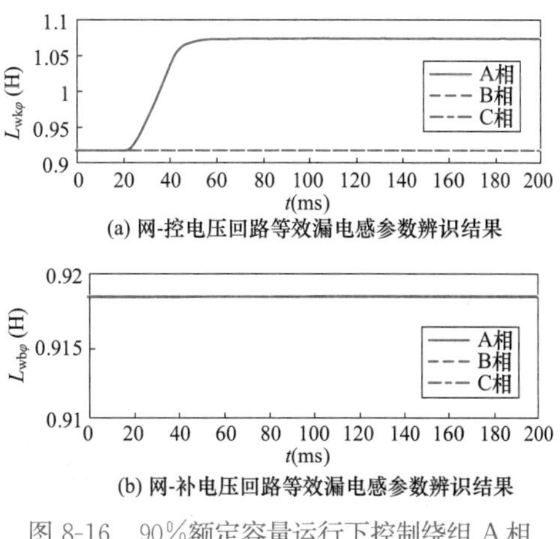

图 8-16　90％额定容量运行下控制绕组 A 相发生 5％匝间故障等效漏电感参数辨识结果

8.2.3.4　区外故障

图 8-17 为 MCSR 运行在 70％额定容量下，20ms 时在母线处发生 A 相接地故障

（k3）时的等效漏电感参数辨识结果，可以看出，区外故障并不会对辨识结果造成影响，故障发生前后参数辨识结果不变，且三相一致。

8.2.3.5 预励磁合闸

MCSR 带 10％额定容量预励磁合闸的等效漏电感参数辨识结果如图 8-18 所示，假定 MCSR 网侧 0ms 进行合闸，可以将电抗器出厂时提供的短路电抗值作为参数辨识算法的初值。

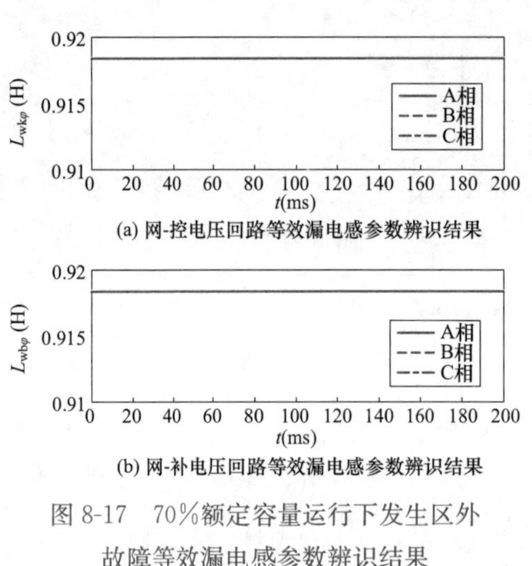

(a) 网-控电压回路等效漏电感参数辨识结果

(b) 网-补电压回路等效漏电感参数辨识结果

图 8-17　70％额定容量运行下发生区外故障等效漏电感参数辨识结果

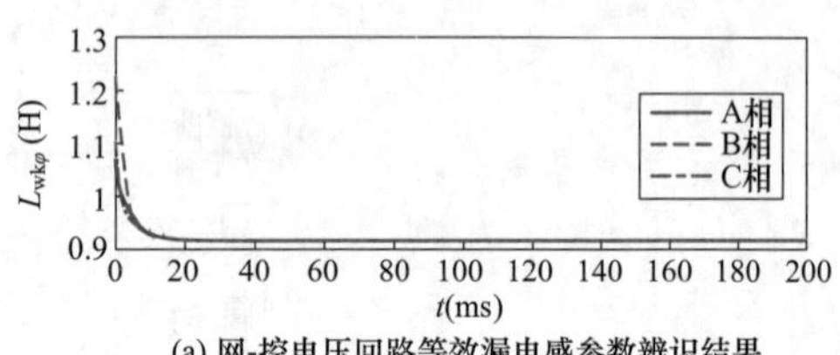

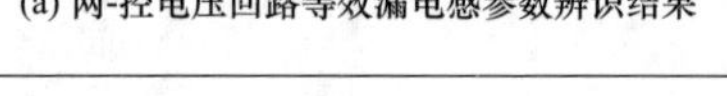
(a) 网-控电压回路等效漏电感参数辨识结果

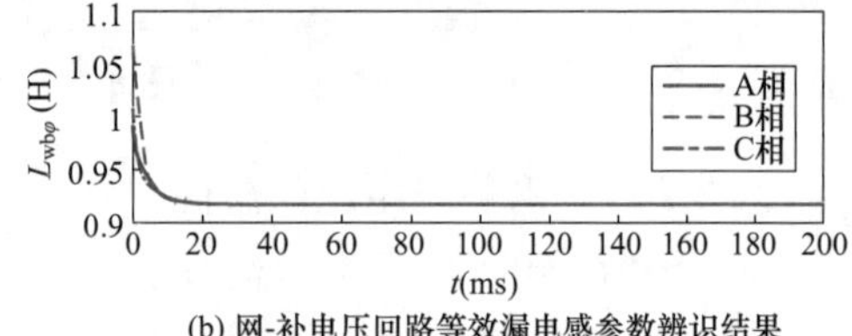

(b) 网-补电压回路等效漏电感参数辨识结果

图 8-18　带 10％额定容量预励磁合闸的等效漏电感参数辨识结果

8.2.3.6 容量大范围调节

根据第 5 章的仿真结果，MCSR 的额定容量从 100％下调至 10％时，对各电气量的影响最大，图 8-19 为容量大范围调节下等效漏电感参数辨识结果。20ms 时开始调节容量。可以看出，容量大范围调节并不会对辨识结果造成影响。

综合上述不同工况下的 MCSR 等效漏电感参数辨识结果，可得到如下结论：

（1）正常运行、区外故障、预励磁合闸及容量大范围调节下，网-控、网-补电压回路的等效漏电感参数辨识结果均为或接近 MCSR 稳态运行下的值，具体如表 8-4 所示，且三相等效漏电感参数辨识结果一致。

（2）网侧绕组发生匝间故障时，网-控、网-补电压回路的故障相等效漏电感参数变化明显，故障相与非故障相差异明显。控制绕组发生匝间故障时，网-控电压回路故障相的等效漏电感参数变化明显，而网-补电压回路的辨识结果不变。

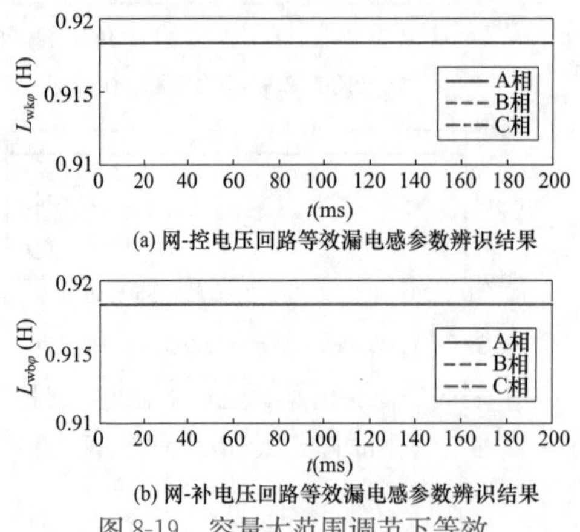

(a) 网-控电压回路等效漏电感参数辨识结果

(b) 网-补电压回路等效漏电感参数辨识结果

图 8-19　容量大范围调节下等效漏电感参数辨识结果

8.2.4 保护方案的仿真验证

为保证 MCSR 发生微弱的匝间故障时保护正确动作，相应的保护启动判据应具有较高的灵敏性。MCSR 的运行容量越高，短路匝数越少，故障特征越微弱。表 8-5 所示为 MCSR 运行在额定容量的 90%和 120%时，在 A 相网侧、控制绕组分别发生 2%、5%短路匝比的匝间故障，得到的 A 相网-控、网-补电压回路漏电感参数变化率。A 相网-控、网-补电压回路等效漏电感参数及其变化率分别用 L_{12A}、L_{13A}、v_{1A}、v_{2A} 表示。根据表 8-5，小匝间故障引起的漏电感参数变化率最小为 1.818H/s，考虑一定裕度，将漏电感参数变化率设置为 1H/s，以保证启动判据的灵敏性。

表 8-5　弱故障下保护启动判据动作情况

运行容量	故障位置及故障程度	$v_{1A}(\overline{L_{wkA}})$ (H/s)	$v_{2A}(\overline{L_{wbA}})$ (H/s)	启动判据动作结果
90%额定容量	网侧绕组 2%匝间故障	3.464	2.468	√
	网侧绕组 5%匝间故障	7.753	6.018	√
	控制绕组 2%匝间故障	3.257	0	√
	控制绕组 5%匝间故障	7.867	0	√
	正常运行	0	0	×
120%额定容量	网侧绕组 2%匝间故障	2.390	1.818	√
	网侧绕组 5%匝间故障	5.562	4.384	√
	控制绕组 2%匝间故障	2.064	0	√
	控制绕组 5%匝间故障	5.03	0	√
	正常运行	0	0	×

注　“√”表示启动判据正常启动，“×”表示未启动。

由表 8-5 可以看出，MCSR 运行在 90%及 120%额定容量下，网侧绕组发生 2%匝间故障时，保护均能可靠启动，而正常运行下，参数变化率接近 0。图 8-20 为网侧绕组匝间故障下的等效漏电感参数变化率，故障发生后，参数变化率立即增大，超过保护启动判据门槛值 v_{set} 时，保护启动。

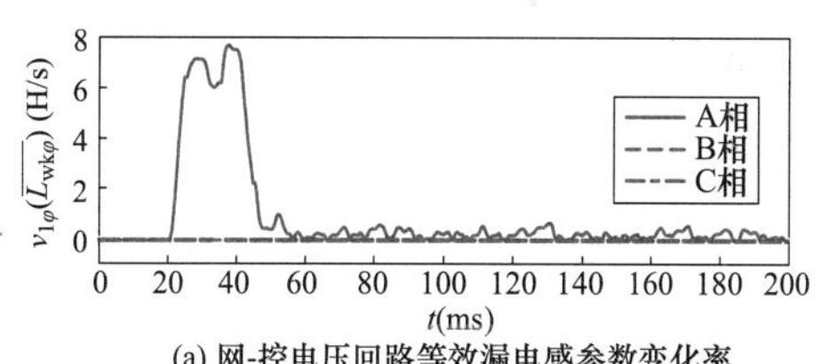

(a) 网-控电压回路等效漏电感参数变化率

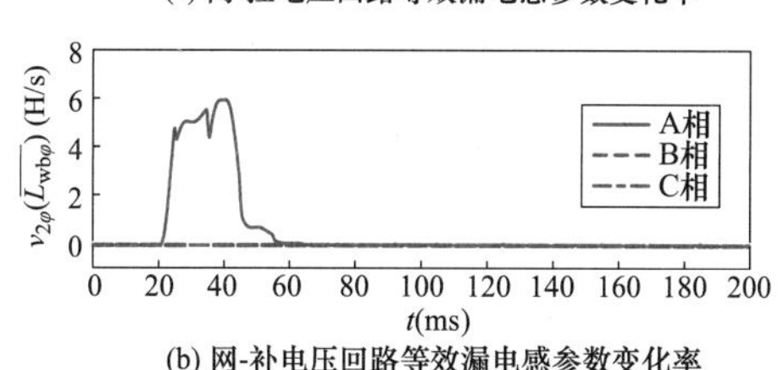

(b) 网-补电压回路等效漏电感参数变化率

图 8-20　网侧绕组匝间故障下的等效漏电感参数变化率

由于制造工艺等原因，三相 MCSR 的参数并不能保证完全相同，按照 IEEE 标准，规定其所能允许的最大不平衡度为 2%。三相漏电感参数在正常运行下的计算值为 0.918H，将其作为衡量不平衡度的参考值，考虑允许的最大不平衡度，当三相漏电感参数分别为参考值的+2%、−2%和 0%时，三相差异度最大，则正常运行条件下等效漏电感参数三相最大差异度为 8%×0.918H=0.073(H)，为躲过正常运行时的最大不平衡度，考虑一定的裕度，将三相漏电感参数三相差异度门槛值设置为 σ_{set}=0.1H。

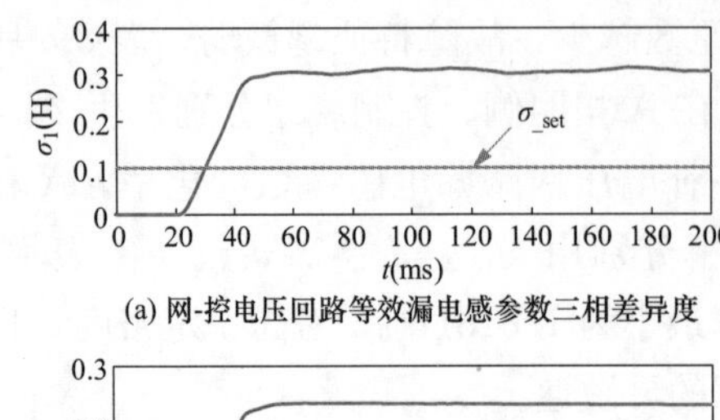

(a) 网-控电压回路等效漏电感参数三相差异度

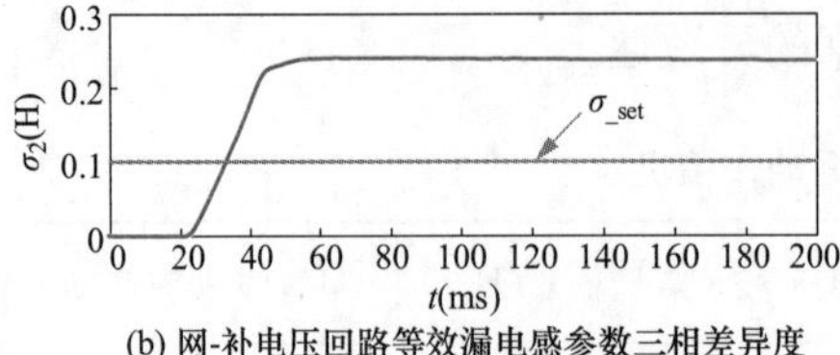

(b) 网-补电压回路等效漏电感参数三相差异度

图 8-21 网侧绕组匝间故障下的等效漏电感参数三相差异度

图 8-21 为网侧绕组匝间故障下的等效漏电感参数三相差异度。故障发生后，三相差异度立即增大，由于网-控、网-补电压回路等效漏电感参数三相差异度 σ_1、σ_2 均大于门槛值，因此判断网侧绕组有内部故障发生。

对于故障识别判据，主要关注预励磁合闸、区外故障等暂态过程下等效漏电感参数是否发生变化导致保护误动；大容量、小匝比匝间故障下，故障相等效漏电感参数与正常相差异度是否越过门槛值，保护是否拒动。表 8-6 为不同工况下故障识别判据的动作情况。

由表 8-6 可知，非故障条件下，网-控、网-补电压回路的等效漏电感参数三相差异度为 0，与内部故障情况下的差异度值差别极大，即使保护误启动，故障判据也不会误判为故障；故障情况下，等效漏电感参数三相差异度的大小随着故障程度的减弱而逐渐降低。对于在较大容量运行时发生 5%匝间故障的工况，故障识别判据仍能正确动作，且有较大裕度。通过故障识别模块的逻辑配合，可以进一步识别出发生匝间故障的绕组，对 MCSR 故障退运后的检修和维护提供了参考，大大提升了其保护的性能。

表 8-6　　不同工况下故障识别判据的动作情况

运行工况	容量水平	网-控回路等效漏电感参数三相差异（H）	网-补回路等效漏电感参数三相差异（H）	故障识别判据动作结果	故障位置判别结果
		σ_1	σ_2		
带预励磁合闸	10%	0	0	×	—
	20%	0	0	×	—
区外 A 相接地	70%	0	0	×	—
网侧绕组 5%匝间故障	40%	0.745	0.344	√	网侧
	70%	0.328	0.299	√	网侧
	90%	0.305	0.233	√	网侧
网侧绕组 10%匝间故障	40%	1.041	0.617	√	网侧
	70%	0.566	0.527	√	网侧
	90%	0.507	0.440	√	网侧
控制绕组 5%匝间故障	40%	0.941	0	√	控制
	70%	0.409	0	√	控制
	90%	0.312	0	√	控制
控制绕组 10%匝间故障	40%	1.600	0	√	控制
	70%	0.780	0	√	控制
	90%	0.601	0	√	控制

续表

运行工况	容量水平	网-控回路等效漏电感参数三相差异（H）	网-补回路等效漏电感参数三相差异（H）	故障识别判据动作结果	故障位置判别结果
		σ_1	σ_2		
补偿绕组 5% 匝间故障	40%	0	0.346	√	补偿
	70%	0	0.286	√	补偿
	90%	0	0.214	√	补偿
补偿绕组 10% 匝间故障	40%	0	0.649	√	补偿
	70%	0	0.510	√	补偿
	90%	0	0.412	√	补偿

注　“√”表示保护动作，“×”表示保护不动作。

此外，需要说明的是，上述均是对匝间故障情况进行的仿真分析，MCSR 发生匝地故障时，故障相等效漏电感参数也会发生较大变化，而非故障相不变，根据该保护方案依然可以准确识别，因此如果匝间故障发展为匝地故障，该保护方案依然有效，限于篇幅不再给出匝地故障的仿真验证。

8.3　小　　结

针对 MCSR 匝间故障识别困难、保护方案灵敏性低且在复杂工况下的适应性弱的问题，本章从 MCSR 故障后的本质变化特征——磁场变化特征入手，提出了基于等效励磁电感及等效漏电感的保护新原理。

利用故障发生后故障绕组所在的基于等效励磁电感的匝间保护方案，采集 MCSR 各绕组的电流和电压；计算每相控制绕组电流 p、q 心柱的等效励磁电流；根据 MCSR 的 T 形等效电路，确定 MCSR p、q 心柱励磁电感的计算公式；根据等效励磁电感的计算公式计算每相 MCSR p、q 心柱的等效励磁电感及其平均值；确定每相 p、q 心柱等效励磁电感的不平衡度；根据等效励磁电感参数不平衡度及平均值，检测 MCSR 的匝间故障。该方法具有对控制绕组匝间故障灵敏度高的特点，而且，不受预励磁合闸的影响。

此外，利用故障发生后故障相的等效漏电感参数变化明显，且故障相与非故障相差异较大的故障特征，构建了基于等效漏电感参数变化率和三相差异度的保护方案。仿真及物理模型试验表明，保护新原理在 MCSR 正常运行、预励磁合闸、容量大范围调节等复杂工况下，不会发生误动；在任一绕组发生匝间故障时，能够快速识别出故障。此外，基于等效漏电感参数的保护方案，还能够实现故障绕组的定位，为 MCSR 的匝间保护及故障定位提供了有效手段。所提匝间保护新原理解决了 MCSR 匝间故障难以识别、保护方案灵敏性低的难题，对实际工程具有重要的参考价值。

参考文献

[1]　ZHENG T, CHEN P L, QI Z, et al. A Novel Algorithm to Avoid the Maloperation of UHV

Voltage-Regulating Transformers [J]. IEEE Transactions on Power Delivery, 2014, 29 (5): 2146-2153.

[2] GE B M, DE Almeida A T , ZHENG Q L, et al. An equivalent instantaneous inductance-based technique for discrimination between inrush current and internal faults in power transformers [J]. IEEE Transactions on Power Delivery, 2005, 20 (4): 2473-2482.

[3] JIN E S, LIU L L, BO Z Q, et al. Application of equivalent instantaneous inductance algorithm to the Y-Δ three-phase transformer [C]//In 2008 IEEE Power and Energy Society General Meeting - Conversion and Delivery of Electrical Energy in the 21st Century. A Klimek Pittsburgh, PA, USA, 2008: 1-6.

[4] BI D Q, WANG X H, LIANG W X, et al. A ratio variation of equivalent instantaneous inductance-based method to identify magnetizing inrush in transformers [C]//Eighth International Conference on Electrical Machines and Systems. Nanjing, China, 2005: 1775-1779.

[5] 潘超，金明权，蔡国伟，等．基于漏感辨识的变压器交直流混合运行保护方法 [J]. 电工技术学报，2018，33 (4)：771-780.

[6] 郑涛，王增平，翁汉琍，等．超/特高压变压器差动保护关键技术与新原理 [M]. 北京：科学出版社，2017：72-80.

[7] 沈善德．电力系统辨识 [M]. 北京：清华大学出版社，1993：79-115.

[8] 赵海森，杜中兰，刘晓芳，等．基于递推最小二乘法与模型参考自适应法的鼠笼式异步电机转子电阻在线辨识方法 [J]. 中国电机工程学报，2014，34 (30)：5386-5394.

[9] 陈涵，刘会金，李大路，等．可变遗忘因子递推最小二乘法对时变参数测量 [J]. 高电压技术，2008，34 (7)：1474-1477.

[10] 赵建文，付周兴．电力系统微机保护 [M]. 北京：机械工业出版社，2016：129-132.

第 9 章

MCSR 系统调试技术

为解决远距离交流外送通道的无功平衡、电压控制及近区大规模风电馈入引起的功率、电压波动频繁等突出问题，我国建成首个由多组新型 FACTS 装置组成的多 FACTS 设备群进行动态无功补偿，其中包括 750kV 级 MCSR、阀控式线路可控并联电抗器（TCSR）以及 360 Mvar 的 66kV 大容量静止无功补偿装置（SVC）[1-2]。并且首次研究制定了涵盖系统级、电磁暂态级的具有多时间尺度特征的 FACTS 设备群协调控制策略[3-4]。其中 750kV MCSR 为世界首台，其采用的三绕组结构及可以靠自励方式调节的特征也与目前国内已投运的 500kV MCSR 存在差异[5-9]；国内首次在线路上装设 TCSR，且电压等级最高、容量最大[10-11]。

系统调试是新疆与西北主网联网第二通道工程投产前的关键环节，需要针对工程实际特点研究解决调试关键技术问题，制定科学可行的调试方案、测试方案，并开展现场试验、测试，对工程一、二次设备及联网系统性能进行全面检验[12]。工程建设期间，国内在以上几种新型 FACTS 装置的实际性能、单体设备系统调试方面经验不足，且未开展 FACTS 设备群协调控制系统调试工作[13]。本章主要介绍新疆与西北主网联网第二通道工程系统调试研究的主要成果及现场试验结果。

9.1 MCSR 工程概况

750kV 级 MCSR 装设在青海鱼卡站的 750kV 母线上，为世界首台首套 750kV 电压等级下的 MCSR。

新疆与西北主网联网第二通道工程西起新疆维吾尔自治区哈密市，途经甘肃省敦煌市，东至青海省格尔木市，涉及 7 站 12 线，线路全长 2 ×1079km，是继 2010 年 10 月投产的新疆与西北主网联网第一通道工程之后在我国广袤的西北地区建设的又一项远距离、大规模联网工程，该工程的基本情况如图 9-1 所示。

新疆与西北主网联网第二通道工程投产后，将使西北 750kV 电网由“长链形”过渡为“双环形”结构，使得西北 750kV 主网架规模加强，提升了新疆电网向西北主网送电的能力，为已经投运的柴达木—拉萨±400kV 直流工程及后续建设的哈密—郑州±800kV 特高压直流工程提供交流网架支撑，保证“疆电外送”大容量直流外送工程安全稳定运行，并将支持新疆维吾尔自治区哈密市东南部风电、海西地区光伏送出，以及解决“十二五”期间青海省电网缺电问题，为地区新能源及经济的发展创造有利条件。

图 9-2 为 750kV 新疆与西北主网联网第二通道工程新建主设备概况示意图。

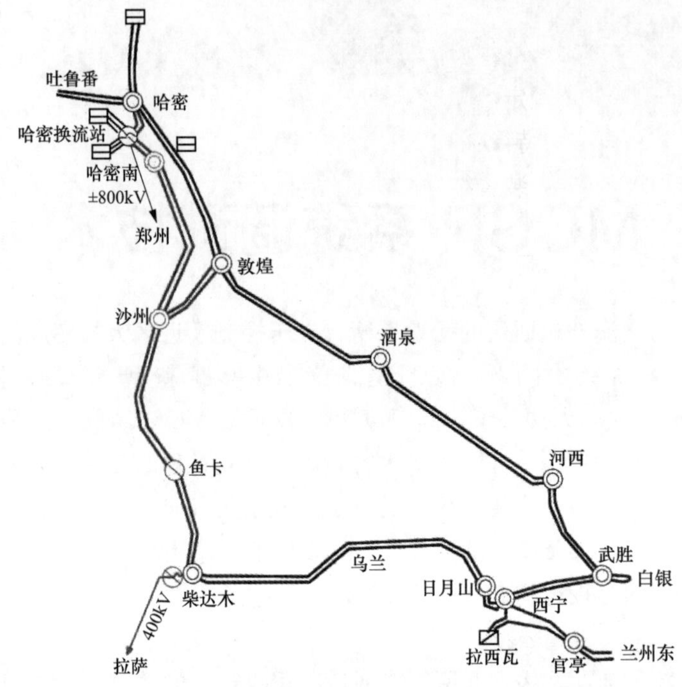

图 9-1　750kV 新疆与西北主网联网第二通道工程概况

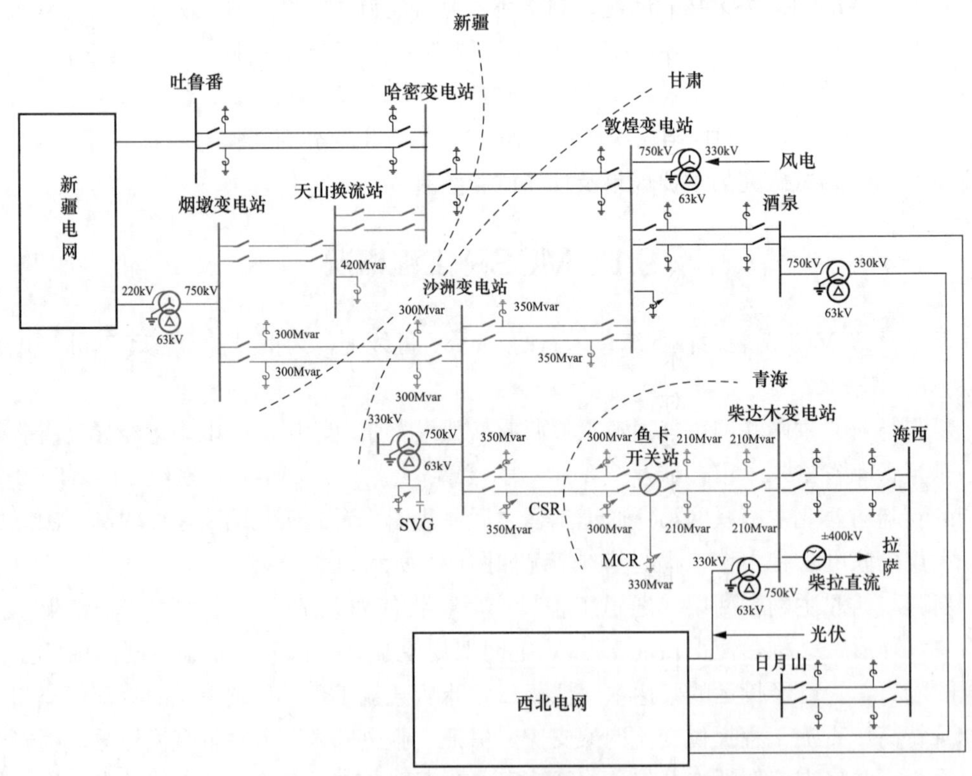

图 9-2　750kV 新疆与西北主网联网第二通道工程新建主设备概况示意图
（浅色为工程新建/扩建变电站）

9.2　MCSR 的系统调试方法及工程实测结果

鱼卡站 750kV MCSR 额定电压高、额定容量大、设备组件多，其采用的三绕组结构及可以靠自励方式调节的特征也与目前国内已投运的 500kV MCSR 存在差异，图 9-3 所示为鱼卡站 750kV MCSR 装置结构简化接线示意图。

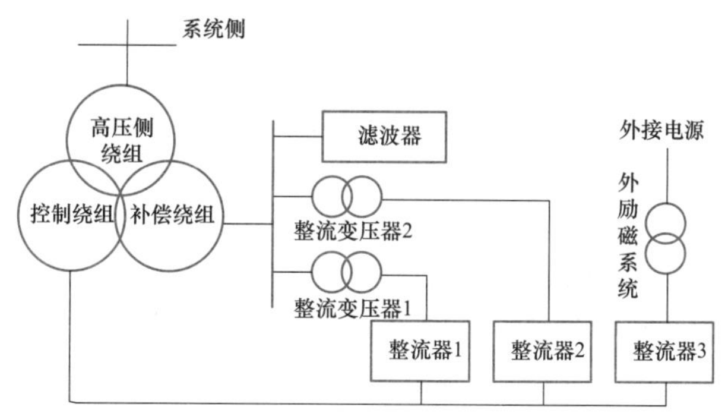

图 9-3　鱼卡站 750kV MCSR 装置结构简化接线示意图

为保证鱼卡站 750kV MCSR 工程的顺利投运，在其投运前，需要在现场进行一系列系统调试，以验证 MCSR 各组件及成套装置的一、二次设备性能是否满足要求。新疆与西北主网联网第二通道工程系统调试存在以下几个突出问题：

（1）网架结构及运行特性变化大，需要优化调试顺序，并根据目标网架制定相应电网运行方式的安排、安控策略；

（2）输电线路长、近区电网电压支撑不足，开展新设备启动试验的电压控制困难；

（3）工程投运后，750kV 电网动态特性发生变化，需要现场试验验证仿真分析的准确性；

（4）新建变压器、MCSR 等带铁心设备启动产生的电压跌落、谐波可能对近区风电机组正常运行产生不利影响；

（5）毗邻已投运的柴达木—拉萨±400kV 直流工程，新设备启动引起的无功波动、电压暂降、谐波等问题可能对直流运行安全产生不利影响；

（6）新建 750kV 线路均采用并行、单回、近间距架设方式，回路间电气耦合产生的感应电压、电流与以往同类型线路相比更高，需要试验检验接地开关选型参数的适应性；

（7）新建多座 750kV 智能变电站，现场试验实施、测试与常规变电站存在差异，现有经验有限。

综上所述，亟须开展对上述工程调试过程中所出现的关键技术问题的研究，并相应制定科学可行的调试方案。

9.2.1　鱼卡站 750kV MCSR 的系统调试方法

鱼卡站 750kV MCSR 的系统调试范围包括其一、二次相关设备，以及单体控制策略（包括机电暂态级、电磁暂态级）。

针对图 9-3 所示鱼卡站 MCSR 装置各组件考核需求，提出鱼卡站 MCSR 的系统调试方法如下：

（1）按照“先单体、后成套”的考核方法对 MCSR 装置各一、二次设备进行试验考核，具体为：先进行 MCSR 空载方式下的带电投切试验、滤波器单组投切试验，并分别考核不带预励磁和带预励磁两种方式；然后进行控制系统（电源断电、主备切换）、励磁系统换流器切换试验；最后进行手动容量调节、自动容量调节等成套装置的功能性验证试验。

（2）采用“系统扰动”的方式实现对鱼卡站 750kV MCSR 各项容量调节功能的试验考核。

（3）针对鱼卡站大容量无功功率变化可能对系统电压形成严重冲击并导致电压越限的风险，试验前研究提出调试电网的断面潮流、安控策略等运行方式预控方案。

（4）综合利用新疆与西北主网联网第一、第二通道各站无功补偿调节手段，进行梯级配合调压，以满足试验条件实现及电网安全控制要求。

提出的系统调试项目包括以下 6 大类、10 项试验：

（1）750kV 高压可控并联电抗器带电及投切试验：2 项；

（2）750kV 高压可控并联电抗器控制系统试验：1 项；

（3）750kV 高压可控并联电抗器励磁系统换流器切换试验：1 项；

（4）750kV 高压可控并联电抗器手动容量调节试验：2 项；

（5）750kV 高压可控并联电抗器手动阶跃特性调节试验：2 项；

（6）750kV 高压可控并联电抗器自动容量调节试验：2 项。

试验期间，进行的测试项目包括以下 5 类：

（1）交流电气量及谐波测试（电压、电流、有功功率、无功功率、频率、谐波）；

（2）投、切操作过电压、过电流测试；

（3）高压可控并联电抗器装置的一、二次设备性能测试（包括 FACTS 装置自身及其与变电站相关的控制保护系统性能）；

（4）主设备特性测试（油样、振动、噪声）；

（5）柴达木—拉萨±400kV 直流工程的运行状态及控制保护系统的工作状态。

9.2.2 鱼卡站 750kV MCSR 系统调试的实测结果

鱼卡站 750kV MCSR 系统调试期间，在新疆与西北主网联网第二通道工程北部环网单回线路合环、沙州变电站带电沙州—鱼卡Ⅰ回或Ⅱ回空载线路方式下，完成了全部 6 类、10 项试验考核，达到了预期目的。本节着重介绍 750kV MCSR 的带电投切试验、控制系统试验、励磁系统换流器切换试验和手动容量调节试验。

9.2.2.1 750kV MCSR 带电投切试验

试验分为“鱼卡站 750kV MCSR 带电及投切试验（不带预励磁）”和“鱼卡站 750kV MCSR 带电及投切试验（带预励磁）”两个部分。试验期间，鱼卡站 750kV MC-

SR本体以及补偿侧滤波器、整流变压器一次设备工作状态正常，绝缘性能良好，鱼卡站750kV MCSR本体控制保护等相关保护状态正常，保护校核及电容式电压互感器（CVT）核相结果正确。

1. 过电压及合闸涌流

不带预励磁方式下投入鱼卡站750kV MCSR过程中，MCSR网侧操作过电压标幺值最高为1.35，低于GB/T 50064—2014《交流电气装置的过电压保护和绝缘配合设计规范》规定的1.8（标幺值），合闸涌流最大峰值为141.9A，在仿真预测范围内。

带5%预励磁（控制电流为200A）方式下投入鱼卡站750kV MCSR过程中，MCSR网侧操作过电压标幺值最高为1.04，低于GB/T 50064—2014《交流电气装置的过电压保护和绝缘配合设计规范》规定的1.8（标幺值），合闸涌流最大峰值为496.4A，在仿真预测范围内，如图9-4所示。

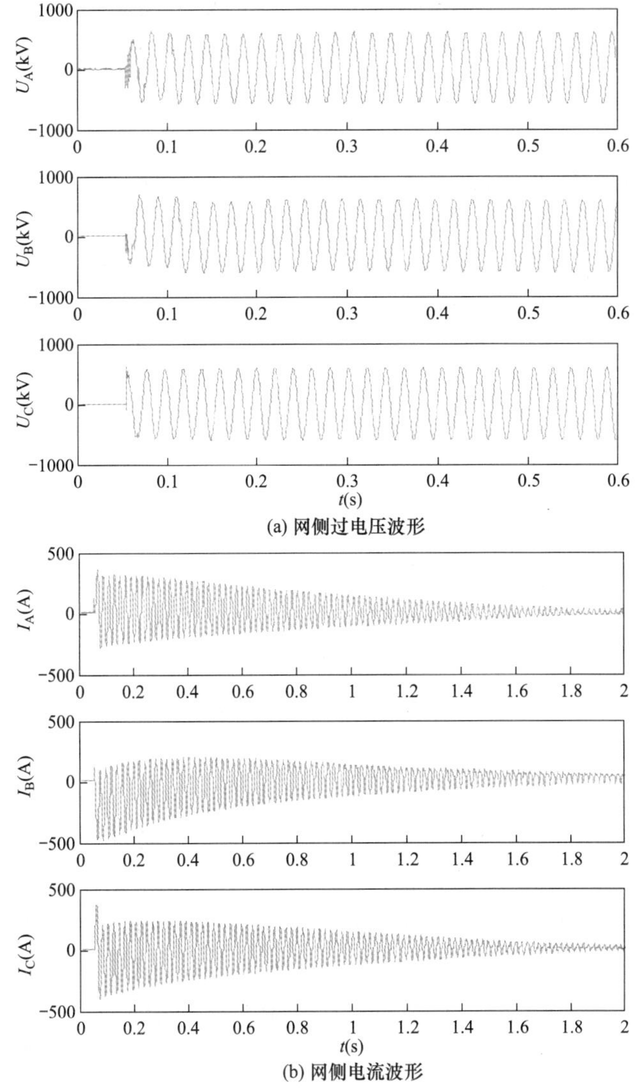

图9-4 带5%预励磁方式下投入鱼卡站750kV MCSR时网侧过电压、电流实测波形

2. 750kV MCSR 补偿侧滤波器投切试验

试验期间多次对鱼卡站 750kV MCSR 补偿侧 5、7 次滤波器进行投切操作，5、7 次滤波器容量折算至 40.5kV 下分别为 27.3Mvar 和 16.2Mvar，与设计值 27.3Mvar 和 16.1Mvar 基本一致。

9.2.2.2　750kV MCSR **控制系统试验**

试验前，鱼卡站 750kV MCSR 在外励磁方式下运行，换流器输出电流为额定励磁电流的 5%（约为 200A）。

在断开鱼卡站 750kV MCSR 其中一套控制系统的一组直流电源时，MCSR 在断电过程中工作正常；投入该套控制系统断开的直流电源，MCSR 在上电过程中工作正常。

在将鱼卡站 750kV MCSR 的控制系统由 A（B）系统切换至 B（A）系统时，MCSR 在控制系统切换过程中工作正常。

9.2.2.3　750kV MCSR **励磁系统换流器切换试验**

试验过程中，进行了外励磁换流器与自励磁换流器之间的切换以及两套自励磁换流器之间的切换。根据现场试验情况，外励磁换流器与自励磁换流器之间、两套自励磁换流器之间均顺利实现切换，MCSR 状态正常，无功功率稳定，未对系统电压造成明显扰动。

9.2.2.4　750kV MCSR **容量调节试验**

试验期间，鱼卡站 750kV MCSR 本体、励磁支路及其控制保护系统工作状态正常，无功功率及调节特性与设计一致；在最大无功功率下，MCSR 的温升、噪声均在允许范围内。

1. 750kV MCSR 手动容量平滑调节特性

鱼卡站 750kV MCSR 在外励磁方式下进行手动容量调节过程中，在网侧电压为 773kV 下，控制侧电流为 200A 时，无功功率为 23Mvar；控制侧电流达到 4200A 时，在网侧电压为 775kV 下，无功功率为 306Mvar。

鱼卡站 750kV MCSR 在自励磁方式下进行手动容量调节过程中，在网侧电压为 770kV 下，控制侧电流为 200A 时，无功功率为 21Mvar；控制侧电流达到 4200A 时，在网侧电压为 760kV 下，无功功率为 298Mvar。

鱼卡站 750kV MCSR 在外励磁和自励磁方式下的容量调节范围基本一致，按照折合至额定电压 800kV 计算，在控制侧电流为 200～4200A（额定励磁电流的 5%～105%）范围内，750kV MCSR 的无功功率为 22.7～330Mvar，为额定设计容量的 6.9%～100%，在设计允许范围内。

鱼卡站 750kV MCSR 的无功容量—控制电流曲线实测与仿真对比如图 9-5 所示。仿真与实测值偏差最大不超过 5%。

2. 750kV MCSR 的阶跃响应时间

试验期间，按照 MCSR 网侧电流从目标值的 0%达到目标值的 90%所需时间来衡量，控制电流由 1000A（25%额定容量对应的控制电流）升至 4000A（100%额定容量对应的控制电流）时，鱼卡站 750kV MCSR 的阶跃响应时间为 1.79～1.89s，控制电流由 4000A 降至 1000A 时，响应时间为 1.09～1.10s。按照 MCSR 网侧电流从目标值的 10%达到目标值的 90%所需时间来衡量，其上升时间约为 1.65s，下降时间约为 0.97s，

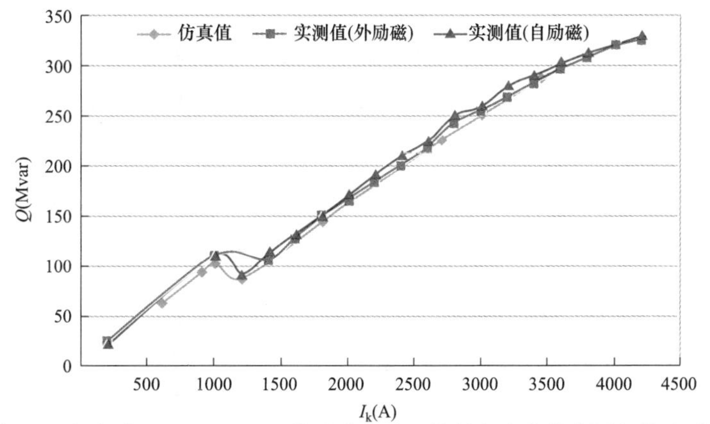

图 9-5　鱼卡站 750kV MCSR 的无功容量—控制电流曲线实测与仿真对比

此时鱼卡站 750kV MCSR 的实际容量从额定容量的 20%近似增大至额定容量的 95%，调节容量约为额定容量的 75%。降功率时的响应速度比升功率时要快，且外励磁换流器与两套自励磁换流器的调节特性基本一致。

图 9-6（a）、（b）分别为鱼卡站 750kV MCSR 自励磁方式下升、降控制电流时的网侧电流基波分量波形，基本反映了该过程中输出无功功率的响应变化趋势。

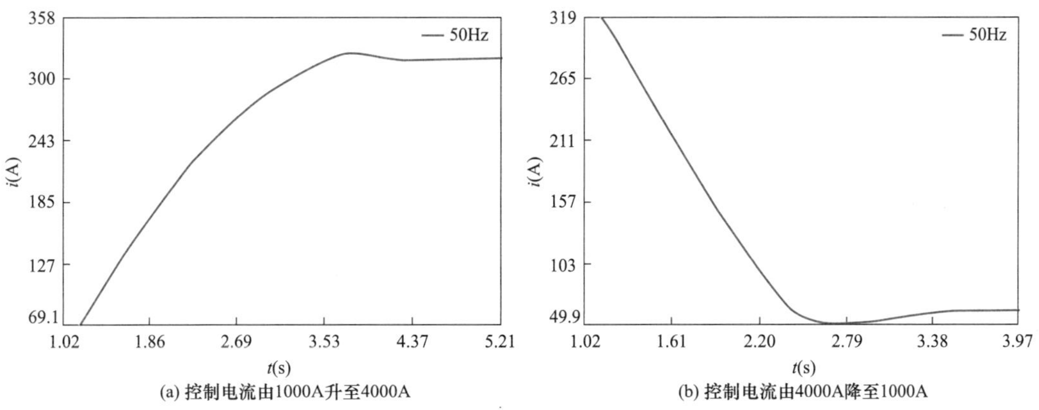

图 9-6　鱼卡站 750kV MCSR 自励磁方式下控制电流时的网侧电流基波分量波形

3. 750kV MCSR 手动容量调节过程中向电网注入的谐波

鱼卡站进行 750kV MCSR 系统调试期间，采用专业的电能质量分析仪对 MCSR 网侧交流电压谐波进行了连续的数据采集，测试结果表明：

（1）鱼卡站 750kV MCSR 手动容量调节过程中，产生的总体谐波水平较低，总谐波畸变率 THD 和各奇次、偶次谐波以及各相电话谐波因数都呈现较低水平。

（2）鱼卡站 750kV MCSR 的 5、7 次滤波器投入运行后，在外励磁、自励磁方式下其向电网注入电流的谐波主要为 3、5、7 次谐波，输出容量低时，谐波含量（比例）相对较大，其中 3 次谐波幅值最高，最高可达额定基波电流的 1.31%，满足 DL/T 1217—2013《磁控型可控并联电抗器技术规范》中规定的 3%要求值。

（3）鱼卡站 750kV MCSR 网侧电压的最大总谐波畸变率 THD 出现在鱼卡站 MCSR

手动容量调节试验（自励磁方式）工况下，鱼卡站 750kV MCSR 测点 B 相 1.395%（以基波为基值）；最大奇次谐波为鱼卡站 750kV MCSR 手动容量调节试验（自励磁方式）工况下，MCSR 测点 B 相 3 次 1.361%。鱼卡站 750kV MCSR 各相及相平均各次测点谐波数据（前 15 次）的谐波畸变率 THD 如图 9-7 所示。

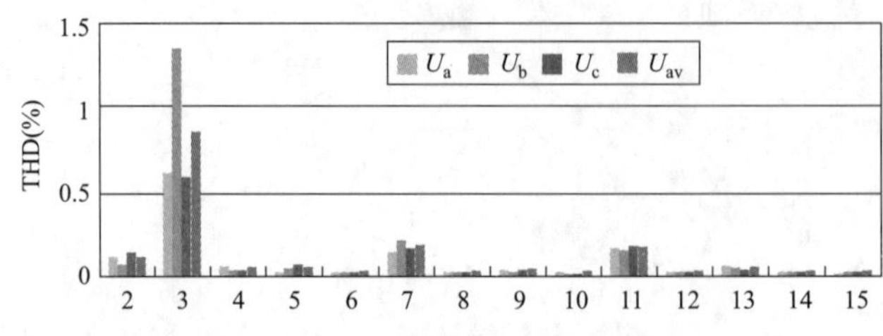

图 9-7　鱼卡站 750kV MCSR 测点谐波数据统计图

试验期间，鱼卡站 750kV MCSR 在外励磁、自励磁方式下均能正确执行控制策略，控制效果与设计一致，实现预期目的。

自励磁方式下，鱼卡站 750kV MCSR 自动容量调节试验包含定电压控制模式、定容量（无功功率）控制模式两类，通过手动改变沙鱼Ⅰ线鱼卡侧 TCSR 容量来改变系统电压和无功功率。监测鱼卡站 750kV MCSR 的响应特性，MCSR 能够自动调节控制电流，将网侧电压（高压电抗器无功功率）维持在目标值附近。

图 9-8 所示为外励磁方式下，手动将沙鱼Ⅰ线鱼卡侧 TCSR 容量从 70%调节至 100%

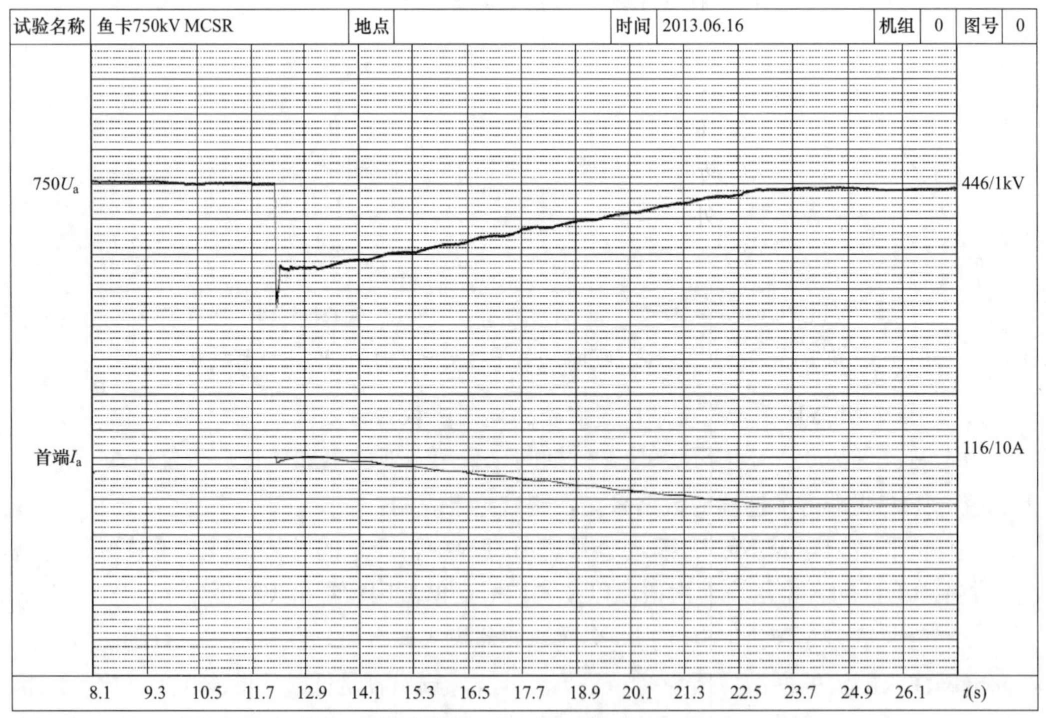

备注：750U_a，MCSR网侧A相电压；首端I_a，网侧A相电流。

图 9-8　鱼卡站 750kV MCSR 在外励磁方式下按照定电压控制方式自动调节时的网侧电压、电流实测波形

时，鱼卡站 750kV MCSR 按照定电压控制方式自动调节时的网侧电压、电流实测波形。由图可见，手动将鱼卡侧 TCSR 容量从 70%调至 100%后，鱼卡站母线线电压降低约 25kV，鱼卡站 750kV MCSR 自动降低无功功率，将网侧电压调回至 770kV，调节动作时间约为 12s，可见调节速度明显慢于手动阶跃特性试验中的 1.9s，其原因为该调节速度参数为手动可调参数，此项试验前对该调节参数进行了调整，现场验证了控制器慢速调节时的实际特性。

9.3　MCSR 与站内其他 FACTS 设备的协调控制策略验证方法及工程实测结果

9.3.1　鱼卡站 750kV MCSR 与站内其他 FACTS 设备的协调控制策略

鱼卡站内的 FACTS 设备包括装设在 750kV 母线上的一组 MCSR，还包括装设在沙州—鱼卡 750kV 双回线路鱼卡侧的两组 SCSR。前期研究过程中，考虑甘肃省酒泉市、新疆维吾尔自治区哈密市等地区风电等新能源快速发展的情况，为解决风电功率波动引起的电压控制困难问题，并兼顾考虑解决装设可控并联电抗器线路的过电压级潜供电流等电磁暂态问题，研究了 750kV FACTS 设备的机电暂态级和电磁暂态级协调控制策略。

9.3.1.1　多 FACTS 设备的机电暂态级协调控制策略

以新疆与西北主网联网第二通道工程的 750kV 鱼卡站为例，以调压为目标，在鱼卡站内设置协调控制器，以实现鱼卡站内 MCSR 和 TCSR 的协调控制。由于 SVC、MCSR 的响应时间都非常短，SVC 的响应时间约几十毫秒，MCSR 的响应时间约 2s，因此实际运行时 SVC、MCSR 能够基于电压实时进行调节，具备跟随式稳态调压功能。

多 FACTS 设备的机电暂态级控制方法分为内层控制、外层控制和最外层控制。其中，最外层控制优先级高于外层控制，外层控制优先级高于内层控制，如图 9-9 所示。

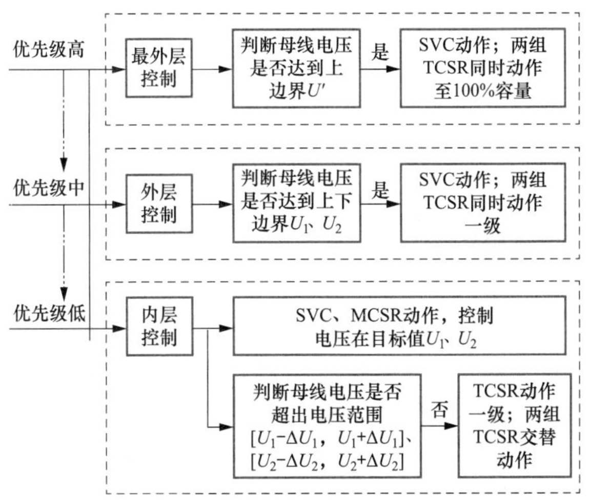

图 9-9　多 FACTS 设备机电暂态级控制策略整体实现框图

内层控制保证变电站电压能精确控制在某个值或某个范围内，主要适用于分钟级的稳态调压；外层控制和最外层控制在系统出现大扰动时提供紧急无功支撑，保证变电站电压能够迅速恢复至允许范围内，主要适用于毫秒级或秒级的机电暂态电压支撑。三层电压控制相结合的方法能够高精度、高效地集中协调控制多FACTS设备动作，具有很强的工程适应性。

9.3.1.2 **多FACTS设备的电磁暂态级协调控制策略**

基于对沙州—鱼卡750kV线路装设4组SCSR时的稳态工频电压分布特性以及过电压、潜供电流等电磁暂态问题的仿真研究，提出多组750kV SCSR采取合空线前调节及线路故障或跳闸后快速联动的设备级控制方法，涵盖SCSR所在线路自身在运行中可能出现的各种工况，满足将相关电磁暂态问题限制在工程设计或标准允许范围内的要求，具体如图9-10所示。由图可见，当装设SCSR的线路出现任一相线路跳闸或断路器拒合时，两侧线路可控并联电抗器需采取协调控制方式，将本回线路两侧6相可控并联电抗器容量联动调节至100%额定容量。

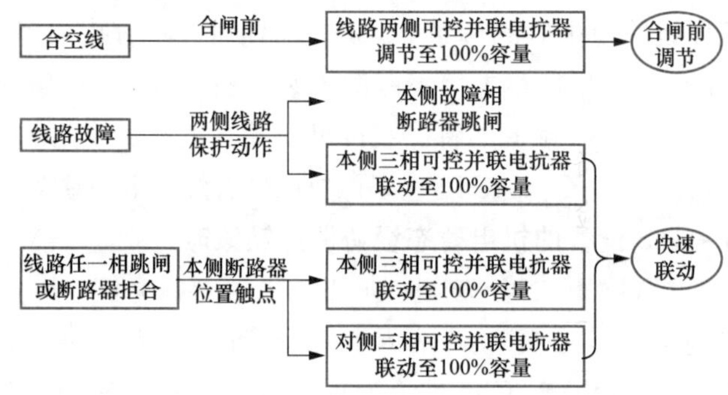

图9-10 750kV SCSR的电磁暂态级协调控制策略框图

对于鱼卡站MCSR，尽管其也具备限制线路三相跳闸甩负荷工频过电压的能力，但其不必采取电磁暂态级控制方法，也不必与线路可控并联电抗器进行电磁暂态级的协调控制，使得在满足电磁暂态级控制要求的基础上，大大简化了多FACTS设备的控制逻辑，提高了控制方法的便捷性和可靠性。

9.3.2 鱼卡站750kV MCSR与站内其他FACTS设备的协调控制策略验证方法

系统调试期间，基于电网实际运行条件，按照前期研究设计的多FACTS设备协调控制策略，对鱼卡站一组750kV MCSR和两组750kV SCSR的协调控制策略实际执行情况和效果进行验证。采取的方法如下：

(1) 在750kV哈密—哈密换—哈密南—沙州—敦煌单回线路合环方式下进行，沙州侧带沙鱼双回空载线路，沙鱼线鱼卡侧两组SCSR容量采取手动方式调节至70%额定容量，沙州站两组66kV SVC投运，控制方式设定为手动模式。

(2) 闭锁鱼卡站内无功协调控制器，鱼卡站750kV MCSR初始无功功率手动设为感性300Mvar，沙鱼线鱼卡侧高压电抗器手动调节至70%额定容量。

(3) 解锁鱼卡站站内协调控制器，目标电压值即设为当前电压。

(4) 鱼卡站750kV MCSR、沙鱼线鱼卡侧SCSR转为自动控制模式。

（5）修改站内协调控制器的控制目标和动作阈值，实现鱼卡站 3 组 FACTS 设备之间的协调控制策略验证。

（6）需要验证的控制策略包括内层、外层和最外层控制策略，但由于外层和最外层控制策略下，鱼卡站 MCSR 和 SCSR 的站内协调控制动作逻辑基本类似，因此调试期间仅对鱼卡站多 FACTS 设备的内层和外层协调控制策略进行验证。其中，内层协调控制策略下，外部扰动造成电压变化后，在 750kV MCSR 达到满出力后，鱼卡站两组 SCSR 应依次动作，使得鱼卡站电压达到目标阈值；而对于外层（最外层）协调控制策略，外部扰动造成电压变化后，应先闭锁鱼卡站 750kV MCSR，达到动作延时定值后，同时调节鱼卡站两组 SCSR。

9.3.3　鱼卡站 750kV MCSR 与站内其他 FACTS 设备协调控制试验工程实测结果

现场试验期间，鱼卡站 750kV MCSR 与两组 SCSR 正确执行站内协调控制策略的动作逻辑，与设计要求一致。试验期间，鱼卡站内母线电压变化与仿真结论基本一致，能够满足预期目的。

9.3.3.1　鱼卡站内多 FACTS 设备协调内层控制策略验证试验

鱼卡站内多 FACTS 设备协调内层控制策略验证试验安排如表 9-1 所示。

根据以上试验安排，试验中鱼卡站内 FACTS 设备动作顺序及电压波动如表 9-2 所示。

表 9-1　　鱼卡站内多 FACTS 设备协调内层控制策略验证试验安排

<table>
<tr><th rowspan="3">试验名称</th><th rowspan="3">试验方式</th><th colspan="6">试验前状态</th></tr>
<tr><th colspan="3">拟安排母线电压</th><th colspan="3">FACTS 设备</th></tr>
<tr><th>母线名称</th><th>初始电压（kV）</th><th>目标电压（kV）</th><th>FACTS 设备</th><th>试验前状态</th><th>控制目标（kV）</th></tr>
<tr><td rowspan="4">鱼卡站内多 FACTS 设备协调控制内层控制策略验证试验</td><td rowspan="4">通过站内无功协调控制器设置鱼卡母线电压目标值低于试验前母线电压值，解锁后 FACTS 设备自动动作</td><td rowspan="2">沙州</td><td rowspan="2">—</td><td rowspan="2">—</td><td>沙侧 SCSR</td><td>手动</td><td>—</td></tr>
<tr><td>沙州 SVC</td><td>手动</td><td>—</td></tr>
<tr><td rowspan="2">鱼卡</td><td rowspan="2">790</td><td rowspan="2">755</td><td>鱼侧 SCSR</td><td>沙鱼Ⅰ、Ⅱ线均为 70% 额定容量</td><td>755±10</td></tr>
<tr><td>鱼卡 MCSR</td><td>励磁电流为 3600A</td><td>755±10</td></tr>
</table>

表 9-2　　鱼卡站内多 FACTS 设备协调控制内层控制策略验证试验实测结果

<table>
<tr><th rowspan="2">试验名称</th><th rowspan="2">解锁后 FACTS 设备动作顺序</th><th colspan="3">母线电压波动</th></tr>
<tr><th>母线名称</th><th>动作前电压（kV）</th><th>动作后电压（kV）</th></tr>
<tr><td rowspan="3">鱼卡站内多 FACTS 设备协调控制内层控制策略验证试验</td><td>鱼卡 MCSR 励磁电流增加至 4000A</td><td>鱼卡</td><td>790</td><td>785</td></tr>
<tr><td>沙鱼Ⅰ线鱼侧 SCSR 由 70% 额定容量动作至 100%额定容量</td><td>鱼卡</td><td>785</td><td>770</td></tr>
<tr><td>沙鱼Ⅱ线鱼侧 SCSR 由 70% 额定容量动作至 100%额定容量</td><td>鱼卡</td><td>770</td><td>758</td></tr>
</table>

根据表 9-2 可以看出，鱼卡站内无功协调控制器解锁后，鱼卡站 750kV MCSR 先动作至满出力，鱼卡站母线电压仍未进入预先设置的目标电压控制带，之后沙鱼Ⅱ线鱼卡侧 SCSR 间隔 1min 依次动作两级，鱼卡站母线电压维持在一定范围内，MCSR 不再反调，动作逻辑与设计控制策略吻合；两组 SCSR 动作后，鱼卡站母线电压为 758kV，进入了预先设置的电压控制带，实现了预期试验验证目的。

9.3.3.2 鱼卡站内多 FACTS 设备协调控制外层控制策略验证试验

鱼卡站内多 FACTS 设备协调控制外层控制策略验证试验安排如表 9-3 所示。

表 9-3　鱼卡站内多 FACTS 设备协调外层控制策略验证试验安排

试验名称	试验方式	试验前状态					
		拟安排母线电压			FACTS 设备		
		母线名称	初始电压（kV）	目标	FACTS 设备	试验前状态	控制目标（kV）
鱼卡站内多FACTS设备协调控制外层控制策略验证试验	通过站内无功协调控制器设置鱼卡母线电压目标值低于试验前母线电压值，解锁后FACTS元件自动动作	沙州	—	—	沙侧 SCSR	手动	—
					沙州 SVC	手动	—
		鱼卡	790	755	鱼侧 SCSR	沙鱼Ⅰ、Ⅱ线为 70% 额定容量	[745，765]
					鱼卡 MCSR	励磁电流为 3600A	外层 [745，765] 内层 755±10

根据以上试验安排，试验中鱼卡站内 FACTS 设备动作顺序及电压波动如表 9-4 所示。

表 9-4　鱼卡站内多 FACTS 设备协调控制外层控制策略验证试验实测结果

试验名称	解锁后 FACTS 设备动作顺序	母线电压波动		
		母线名称	动作前电压（kV）	动作后电压（kV）
鱼卡站内多 FACTS 设备协调控制外层控制策略验证试验	沙鱼Ⅰ、Ⅱ线鱼侧 SCSR 由 70%额定容量动作至 100%额定容量	鱼卡	788	757

根据表 9-4 可以看出，鱼卡站内无功协调控制器解锁后，由于鱼卡母线电压高于鱼卡 MCSR 外层电压控制上限值，鱼卡 MCSR 自动控制闭锁，维持无功功率不变；沙鱼Ⅰ、Ⅱ线鱼卡侧两组 SCSR 同时动作一级，鱼卡母线电压为 757kV，进入了预先设置的电压控制带，之后鱼卡 MCSR 解锁，但由于此时母线电压处于其内层控制目标范围内，故 MCSR 解锁后功率不再调整，整体动作逻辑与设计控制策略吻合，试验实现了预期效果。

9.4 小　　结

MCSR 具有平滑调节、响应速度快等优点，并可以应用在超/特高压等级，额定电压高、额定容量大，可以在新能源送出场景和大电网中发挥动态调压作用。本章基于我国在西北地区鱼卡站建设的世界首台首套 750kV MCSR，介绍了超高压 MCSR 的系统调试技术，包括 MCSR 单套装置性能的试验考核方法以及 MCSR 与站内 TCSR 等其他 FACTS 设备的协调控制策略的验证方法。现场试验结果表明，采用本章介绍的系统调试方法，在确保电网安全平稳的前提下，对鱼卡站 750kV MCSR 装置设计和一、二次设备功能特性进行了全面试验考核，设备整体性能满足设计要求，达到了试验预期考核目的，MCSR 在电网运行中发挥了显著的动态调压作用。并且与站内 TCSR 等其他 FACTS 设备协调动作的行为符合设计控制策略，协同动态调压效果良好，符合预期。

参考文献

[1] 郑彬，周佩朋，韩亚楠. 新疆与西北主网联网 750kV 第二通道电磁暂态研究 [R]. 北京：中国电力科学研究院，2011.

[2] 王雅婷，申洪，周勤勇，等. 新疆与西北主网联网 750kV 第二通道输变电工程并联补偿研究 [R]. 北京：中国电力科学研究院，2011.

[3] 王雅婷，申洪，李晶，等. 新疆与西北主网联网 750kV 第二通道多 FACTS 协调控制系统研究 [R]. 北京：中国电力科学研究院，2013.

[4] 郑彬，韩亚楠，项祖涛. 新疆与西北主网联网 750kV 第二通道多 FACTS 协调控制电磁暂态研究 [R]. 北京：中国电力科学研究院，2013.

[5] 王雅婷，郑彬，申洪，等. 西北新能源外送系统多 FACTS 协调控制方法 [J]. 中国电机工程学报，2013，33 (34)：162-170.

[6] 郑彬，班连庚，宋瑞华，等. 750kV 可控高抗应用中需注意的问题及对策 [J]. 电网技术，2010，34 (5)：88-92.

[7] 郑彬，罗煦之，周佩朋，等. 新疆与西北主网联网第二通道工程系统调试方案 [R]. 北京：中国电力科学研究院，2013.

[8] 罗煦之，张健. 新疆与西北主网联网第二通道工程系统调试潮流稳定研究 [R]. 北京：中国电力科学研究院，2013.

[9] 郑彬，周佩朋，杨大业，等. 新疆与西北主网联网第二通道工程系统调试电磁暂态研究 [R]. 北京：中国电力科学研究院，2013.

[10] 郑彬，罗煦之，周佩朋，等. 新疆与西北主网联网第二通道工程系统调试总结 [R]. 北京：中国电力科学研究院，2013.

[11] 郑彬，印永华，班连庚，等. 新疆与西北主网联网第二通道工程系统调试 [J]. 电网技术，2014，38 (4)：980-987.

[12] 国家电网公司建设运行部. 灵活交流输电技术在国家骨干电网中的工程应用 [M]. 北京：中国电力出版社，2008.

[13] 任丕德，刘发友，周胜军. 动态无功补偿技术的应用现状 [J]. 电网技术，2004，28 (23)：81-83.